Zerstörungsfreie Werkstoffprüfung – Durchstrahlungsprüfung

Karlheinz Schiebold

Zerstörungsfreie Werkstoffprüfung – Durchstrahlungsprüfung

Ein Lehr- und Arbeitsbuch für Ausbildung und Prüfpraxis

1. Auflage
mit 252 Bildern und 66 Tabellen

Springer Vieweg

Autor
Prof. Dr.-Ing. **Karlheinz Schiebold**

Vormals Gründer und Gesellschafter der
LVQ-WP Werkstoffprüfung GmbH, Mülheim an der Ruhr,
LVQ-WP Werkstoffprüfung GmbH, Magdeburg,
LVQ-WP Werkstoffprüfung GmbH, Bremen,
LVQ-WP Prüflabor GmbH, Magdeburg,
LVQ-WP Werkstoffprüfung GmbH & Co.KG, Magdeburg.

ISBN 978-3-662-44668-3   ISBN 978-3-662-44669-0 (eBook)
DOI 10.1007/978-3-662-44669-0

Die Deutsche Nationalbibliothek verzeichnet diese Publikation in der Deutschen Nationalbibliografie;
detaillierte bibliografische Daten sind im Internet über http://dnb.d-nb.de abrufbar.

Springer Vieweg
© Springer-Verlag Berlin Heidelberg 2015

Gedruckt auf säurefreiem und chlorfrei gebleichtem Papier

Springer Vieweg ist eine Marke von Springer DE. Springer DE ist Teil der Fachverlagsgruppe Springer
Science+Business Media.

www.springer-vieweg.de

Dem Andenken meines Vaters
Prof. Dr.-phil. ERNST SCHIEBOLD
(1894 – 1963)
In dankbarer Verehrung gewidmet
Karlheinz Schiebold

In der Durchstrahlungsprüfung (Radiografie) ist gegenwärtig keine Fachliteratur in Lehrbuchform für Fachleute, Studenten und Teilnehmer an Weiterbildungsmaßnahmen auf dem Markt. Es sind jedoch Fachbücher und zahlreiche Artikel zur Durchstrahlungsprüfung im Zusammenhang mit anderen zerstörungsfreien Verfahren oder als Einzelbeiträge in der Literatur und insbesondere in den Normen und Regelwerken veröffentlicht. Da sich in der Technik viele neue Anwendungsgebiete für dieses Fachgebiet erschlossen haben und die digitale Radiografie immer mehr an Bedeutung gewinnt, erscheint es dem Autor doch zweckmäßig, die Durchstrahlungsprüfung in einem Lehr- und Arbeitsbuch in komplexer Form darzustellen.

Das Buch soll insbesondere dem Vater des Verfassers, Prof. Dr.-phil. Ernst Schiebold gewidmet sein, einem Pionier der Zerstörungsfreien Werkstoffprüfung, dessen Aktivitäten zur Entwicklung der Werkstofftechnik und speziell der Röntgentechnik Anfang der 30er Jahre des 20. Jahrhunderts erstmals an die Öffentlichkeit kamen und der aus seiner Zeit in der damaligen Kaiser-Wilhelm-Gesellschaft auch zur Entstehung der Gesellschaft zur Förderung Zerstörungsfreier Prüfverfahren und damit zur Gründung der Deutschen Gesellschaft für Zerstörungsfreie Prüfung (DGZfP) beigetragen hat. Er war einer der Initiatoren der Veranstaltung „Die Röntgentechnik in der Materialprüfung" an der TH Berlin, bei der es um die Erkennung, Klassifikation und Bewertung von Fehlern ging. Diese Untersuchungen hatten allergrößte Bedeutung für die Schweißtechnik im Brücken- und Behälterbau. So war es auch nicht verwunderlich, dass er bereits in den 30er Jahren des 20. Jahrhunderts mit einem Prüfbus über die damals gebauten Autobahnen fuhr und dort die Schweißnähte prüfte. Beteiligt war er auch an der Entwicklung und dem Bau der ersten Röntgen-Grobstruktur Anlagen in Deutschland, die dann ebenfalls in Giessereien und in der Schweißtechnik eingesetzt wurden.

Später war er als Direktor des Amtes für Material- und Warenprüfung (DAMW) in Magdeburg tätig. Von 1953 bis 1963 hat Prof. Ernst Schiebold als ordentlicher Professor und Direktor des Instituts für Werkstoffkunde und Werkstoffprüfung an der Technischen Hochschule Magdeburg (heute Otto-von-Guericke Universität) in kurzer Zeit eine über die Landesgrenzen hinaus bekannte wissenschaftliche Schule mit dem Schwerpunkt Zerstörungsfreie Prüfung aufgebaut. Aus ihr ging auch sein Sohn Karlheinz hervor, der 1963 sein Studium der Werkstoffkunde und -prüfung abgeschlossen hat. Da zum damaligen Zeitpunkt keine Planstelle am Institut frei war, ging er in die Industrie und begann sein erstes Arbeitsleben im damaligen VEB Schwermaschinenbau Kombinat Ernst Thälmann Magdeburg (später SKET SMS GmbH), wo er in der komplexen Werkstoffprüfung über 28 Jahre tätig war.

Dort begann die Laufbahn von Karlheinz Schiebold als Gruppenleiter für Ultraschallprüfung und später als Abteilungsleiter für die Zerstörungsfreie (ZfP) und Zerstörende (ZP) Werkstoffprüfung sowie als stellvertretender Hauptmetallurge. Aufgrund der im SKET doch außerordentlich umfassend vorhandenen Metallurgie mit 3700 Mitarbeitern, die in einem Stahlwerk, drei Eisengiessereien, zwei Stahlgiessereien, einer Großschmiede, zwei Stahlbaubetrieben und zahlreichen Maschinenbaubetrieben arbeiteten, war ein umfangreiches Betätigungsfeld gegeben. Die Werkstoffprüfung gewann über die Jahre eine immer größere Bedeutung für die Untersuchung metallurgischer Produkte und vermittelte für ihn dadurch unschätzbare Erfahrungswerte. Schiebold war insgesamt 25 Jahre mit seinen Prüfern in den Betrieben unterwegs und bearbeitete zudem Forschungs- und Entwicklungsthemen für die Metallurgie.

Aus diesen Erfahrungswerten konnte er nach der Wende in seinem zweiten Arbeitsleben im aus der LVQ GmbH in Mülheim ausgegründeten eigenen Unternehmen LVQ-WP Werkstoffprüfung GmbH und im Magdeburger von der Treuhand erworbenen Unternehmen LVQ-WP Prüflabor GmbH schöpfen und manchmal unter großem Zeitdruck Unterrichtsmaterialien, wie Skripte, Übungen, Wissensteste und teilweise auch Prüfungen verfassen. Durch die Anerkennung der Firma LVQ-WP Werkstoffprüfung GmbH als Ausbildungsstätte der DGZfP sind solche Unterlagen in der ZfP in sechs Prüfverfahren und 3 Qualifikationsstufen entstanden und in der ZP in 9 Prüfverfahren über fast zwanzig Jahre erfolgreich zur Weiterbildung von Werkstoffprüfern verwendet worden. Das so verfasste Skript der Stufe 3 nach DIN EN 473 und seit 2012 nach DIN EN ISO 9712 zur Durchstrahlungsprüfung, ergänzt durch ausgewählte Inhalte von Beiträgen auf den Jahrestagungen der Deutschen Gesellschaft für Zerstörungsfreie Prüfung, bilden eine wesentliche Grundlage für dieses Buch, das somit auch eine willkommene Hilfe bei der Ausbildung von Werkstoffprüfern der Stufen 2 und 3 auf dem Gebiet der Radiografie sein kann.

Leider ist es in einem solchen Fachbuch nicht möglich, sämtliche Techniken und Anwendungen der Durchstrahlungsprüfung zu beschreiben. So wird auf theoretische Ableitungen, mathematische Methoden, Modellierungen, Simulationen, Tomographie (teilweise) oder Topographie verzichtet. Die Röntgenfeinstruktur und die Radiografie im Bau-, Verkehrswesen und in der Luft- und Raumfahrt sowie die Computer-Tomografie sind nach Ansicht des Autors für sich Fachbücher wert. Analoge Überlegungen gelten für den Strahlenschutz, der unabdingbar für die Durchstrahlungsprüfung ist.

Allen am Entstehen des Buches Beteiligten sei an dieser Stelle gedankt. Besonderer Dank gilt meiner lieben Frau Angelika, meinem Freund und Weggefährten Günter Sokolowski und natürlich auch allen Firmen und Personen, von denen ich bei der Vorbereitung und Ausgestaltung dieses Buches Unterstützung erhielt, und insbesondere den Sponsoren, die zum Entstehen und Gelingen des Werkes beigetragen haben. Dem Springer-Verlag danke ich für die bei der Herausgabe des Buches stets gute Zusammenarbeit.

Mülheim an der Ruhr, Sommer 2014
Prof. Dr.-Ing. Karlheinz Schiebold

Benutzungshinweise
Bilder, Tabellen, Gleichungen und Literaturzitate werden jeweils *innerhalb eines Kapitels* (mit Einer-Nummerierung) fortlaufend gezählt, z.B. Abb. 3.10 = 10. Abb. im Kapitel 3 (Gerätetechnik); [7.5] = Literaturzitat zu Kapitel 7 (Belichtungsgrößen) im Literaturverzeichnis am Ende des Buches im Kapitel 15.

In diesem Buch werden die *Maßeinheiten* des Internationalen Einheitensystems (SI) einschließlich der daraus abgeleiteten dezimalen Vielfachen und Teile wie Milli, Mega usw. verwendet.

Inhaltsverzeichnis

Energie		Wellenlänge λ	m		
		10 km	10^4		
		1 km	10^3		
		100 m	10^2		
		10 m	10^1		
		1 m	1		
		10 cm	10^{-1}		
		1 cm	10^{-2}		
		1 mm	10^{-3}		Rundfunkwellen
		100 µm	10^{-4}		
		10 µm	10^{-5}		Wärme- und Infrarot-Strahlung, Sichtbares Licht und UV-Strahlung
		1 µm	10^{-6}		
		100 nm	10^{-7}		
100 eV		10 nm	10^{-8}		
1 keV		1 nm	10^{-9}		
10 keV		0,1 nm	10^{-10}		
100 keV		0,01 nm	10^{-11}		Röntgen- und Gamma-strahlung (Radiografie)
1 MeV		0,001 nm	10^{-12}		
10 MeV		1 XE	10^{-13}		
100 MeV		0,1 XE	10^{-14}		
		0,01 XE	10^{-15}		

Übersicht über die elektromagnetische Strahlung [A]

Einführung

Die *Durchstrahlungsprüfung* (nach den international üblichen Abkürzungen für die verschiedenen Prüfverfahren mit RT bezeichnet) ist ein *zerstörungsfreies* Verfahren der Materialprüfung, welches sich vom Funktionsprinzip her als ein eigenständiges Verfahren in die Reihe der anderen etablierten zerstörungsfreien Prüfverfahren

- Akustische Prüfung UT
- Magnetische und elektrische Prüfung MT
- Eindringprüfung PT
- Sichtprüfung VT
- Wirbelstromprüfung ET

einordnet, wobei als *zerstörungsfreies* Prüfverfahren (ZfP, engl. NDT/Nondestructive Testing) in Anlehnung an DIN EN ISO 17025 nach [0.1] definiert werden kann:
Technischer Vorgang zur Bestimmung eines oder mehrerer vorgegebener Qualitätskennwerte eines Werkstoffes oder Erzeugnisses gemäß vorgeschriebener Verfahrensweise, wobei die dazu genutzte Energie (z.B. als Wellen- oder Teilchenstrahlung, elektrisches, magnetisches oder elektromagnetisches Feld, mechanische Schwingungen oder Wellen, Licht, Wärmestrahlung u.a.) in Wechselwirkung mit dem Material tritt, ohne dass dadurch dessen Eigenschaften oder das vorgesehene Gebrauchsverhalten (Beanspruchungsart, -höhe und -dauer) unzumutbar beeinträchtigt werden.
Neben den o.g. werden oft auch solche Verfahren bzw. Untersuchungsmethoden den zerstörungsfreien Prüfverfahren zugeordnet, die traditionell bzw. nach der vorstehenden Begriffsdefinition nicht in diese Kategorie einzuordnen sind oder sich wissenschaftlich verselbstständigt haben, wie z.B. die Röntgen-Feinstrukturuntersuchung, die röntgenographische Spannungsmessung, die Spektralanalyse, die akustische Emission, Verformungsmessungen, Rauheitsmessung u.a. [0.2].
In diesem Fachbuch werden DIN EN ISO-Normen des gegenwärtigen Standes 2014 zitiert, um die Fachleute zu befähigen, ohne die Normen detailliert zu lesen, diese in ihrer

K. Schiebold, *Zerstörungsfreie Werkstoffprüfung – Durchstrahlungsprüfung,*
DOI 10.1007/978-3-662-44669-0_0, © Springer-Verlag Berlin Heidelberg 2015

täglichen Arbeit umsetzen zu können. Deshalb sind entsprechende Erläuterungen zu den Texten, Tabellen und Bildern in den Normen eingearbeitet worden.

Der ASME-Code wird ausführlich behandelt, weil diese amerikanische Druckgeräte-Richtlinie nur in englischer Sprache angeboten wird und weil sich die Ausführungen in den für die Praxis wichtigen Kapiteln doch wesentlich von den DIN EN ISO-Normen unterscheiden. Vor allem Firmen, die ASME-Inspektionen für ihre Produkte bestehen müssen, können sich mit den Erläuterungen zum ASME-Code eventuell besser auf solche Inspektionen vorbereiten.

Literatur

[0.1] Mc Master, Nondestructive Testing Handbook, ASNT 1959
[0.2] DGZfP Kursprogramm 2013

Seit etwa 120 Jahren, seit Conrad Wilhelm Röntgen 1895, kennt man Röntgenstrahlen (engl. X-Ray) als elektromagnetische Strahlung großer Durchdringungsfähigkeit. Während das Licht, ebenfalls eine elektromagnetische Strahlung, nur durchsichtige Stoffe durchdringt, können Röntgen- und Gammastrahlen undurchsichtige feste Werkstoffe durchdringen und Aufschluss über verborgene innere Unregelmäßigkeiten, Hohlräume und Einschlüsse geben. Damit sind sie hervorragend geeignet, in der Werkstoffprüfung Aussagen über Ungänzen und volumenhafte innere Fehler von Werkstücken zu treffen. Als Ungänzen werden im physikalischen Sinne unganze mit freien Grenzflächen versehene Unregelmäßigkeiten beschrieben, für die noch keine Einschränkungen der Verwendbarkeit des Prüfgegenstandes wie bei einem Fehler vorhanden sind. Kenntnisse ihrer Eigenschaften, ihrer Erzeugung, ihres Nachweises sowie des Schutzes vor ihren, die Gesundheit schädigenden Wirkungen, sind dafür notwendige Voraussetzungen.

1.1 Begriffe, Atomaufbau, Radioaktive Isotope, Ionisation

Man unterscheidet die in ihrer Wirkung gleichen Röntgen- und Gammastrahlen nach ihrer Entstehungsweise. Die Röntgenstrahlung wird über Beschleunigung von Elektronen im Vakuum von Röntgenröhren und Abbremsung der Elektronen am Material des Anodenwerkstoffs erzeugt. Die Gammastrahlung entsteht durch den Kern-Zerfall radioaktiver Stoffe.

Quantitativ werden Röntgen- oder Gammastrahlung durch die Dosis H erfasst. Die Einheit ist das Sievert [Sv]. Eine Dosisleistung H^* als Dosis H pro Zeiteinheit t ergibt sich zu

$$H^* = H/t \ [Sv/h].$$

Die Wirkung der Dosis auf den Menschen beschreibt die Äquivalentdosis, die Wirkung auf Materie die Ionendosis. Zur Ermittlung der Körperdosis wird die Personendosis gemessen.

K. Schiebold, *Zerstörungsfreie Werkstoffprüfung – Durchstrahlungsprüfung,*
DOI 10.1007/978-3-662-44669-0_1, © Springer-Verlag Berlin Heidelberg 2015

Die Personendosis ist mit Dosimetern zu messen, die bei einer von der zuständigen Behörde bestimmten Messstelle anzufordern sind. Die Dosimeter sind an einer für die Strahlenexposition als repräsentativ geltenden Stelle des Körpers, in der Regel an der Vorderseite in Brusthöhe, zu tragen. Für eine Person der Bevölkerung beträgt der Grenzwert der effektiven Dosis 1 mSv im Kalenderjahr. Für beruflich strahlenexponierte Personen beträgt dieser Grenzwert 20 mSv im Kalenderjahr.

Der Energiebereich der Röntgen- und Gammastrahlung (Abb. 1.1) beginnt bei etwa 10 KeV, was einer sehr weichen Strahlung entspricht, mit einer Wellenlänge λ von 0,1 nm ($\lambda = 10^{-10}$ m) und geht bis zu technisch möglichen Energien von 100 MeV (ultraharte Strahlung) mit Wellenlängen $\lambda = 10^{-14}$ m. Aus dem radioaktiven Zerfall entstehende Gammastrahlung verwendet man in der Defektoskopie[ehb1] ab ca. 200 KeV (Yb 169) bis ca. 1,2 MeV (Co 60). In der Durchstrahlungsprüfung mit Röntgenanlagen arbeitet man mit Energien ab 100 KeV bis 450 KeV; mit Beschleunigern oberhalb 400 KeV bis 15 (25, 30) MeV.

Stoffe geringer Dichte und Ordnungszahl (Luft) werden leichter von Strahlung durchdrungen als solche hoher Dichte und Ordnungszahl (Eisen). Zum Schutz vor Röntgen- und Gammastrahlung sind vorrangig Stoffe hoher Ordnungszahl, Atomgewicht und Dichte (Blei, angereichertes Uran, Wolfram) geeignet. Das Durchdringungsvermögen der Strahlung erhöht sich mit zunehmender Energie. Dabei nimmt die Wellenlänge λ in dem Maße ab, in dem die Frequenz f zunimmt ($c = \lambda \times f$). Die Lichtgeschwindigkeit c = 300.000 km/s ist eine absolute Grenze für die Strahlungsausbreitungsgeschwindigkeit.

Folgende Eigenschaften lassen sich feststellen:

- Die Durchdringungsfähigkeit der Röntgen- und Gammastrahlung steigt mit zunehmender Energie, zunehmender Frequenz und abnehmender Wellenlänge.
- Röntgen(Rö)- und Gamma(γ)-Strahlung breiten sich geradlinig mit Lichtgeschwindigkeit aus. Im Gegensatz zur Teilchenstrahlung (α, β) werden sie von Magnetfeldern nicht abgelenkt.
- Der Werkstoff (Ordnungszahl, Atomgewicht, Dichte) beeinflusst die Durchdringungsfähigkeit.
- Röntgen- und γ-Strahlung schwärzen einen fotografischen Film und ionisieren Luft. Sie können lebende Zellen beschädigen oder zerstören.

Folgende Elementarteilchen werden unterschieden:

- Protonen: besitzen positive Ladung und relativ große Masse,
- Neutronen: sind ohne elektrische Ladung und haben die gleiche Masse wie Protonen,
- Elektronen: besitzen negative Ladung und eine sehr viel kleinere Masse als Protonen.

Abb. 1.1 „Spektrum" elektromagnetischer Wellen [1.1], [1.13]

1	Infrarot
2	Sichtbares Licht
3	Ultraviolett
4	Gammastrahlen
5	Höhenstrahlung
6	Röntgenstrahlung

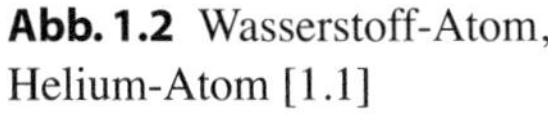

λ von … bis	1	10^{-2}	10^{-4}	10^{-6}	10^{-8}	10^{-10}	10^{-12}	10^{-14}	10^{-16}
	10^{-4}	10^{-2}	1	10^{2}	10^{4}	10^{6}	10^{8}	10^{10}	10^{12}

In den Atomen sind zahlreiche Elementarteilchen enthalten, deren Zahl und Anordnung die Atomart festlegen lassen. Die schwereren Elementarteilchen (Protonen und Neutronen) befinden sich im Kern, die leichteren (Elektronen) auf Umlaufbahnen um den Kern, die man Elektronenhüllen nennt. Die Elektronen werden durch die Anziehungskräfte der Protonen in ihren Umlaufbahnen gehalten. Die Zahl der Protonen und der Elektronen ist ausgeglichen, so dass die Atome nach außen elektrisch neutral sind.

Beispiele:
Ein Wasserstoff-Atom besteht aus einem Proton und einem Elektron, ein Helium-Atom aus 2 Protonen und 2 Neutronen im Kern und 2 Elektronen in der Hülle (Abb. 1.2)

Abb. 1.2 Wasserstoff-Atom, Helium-Atom [1.1]

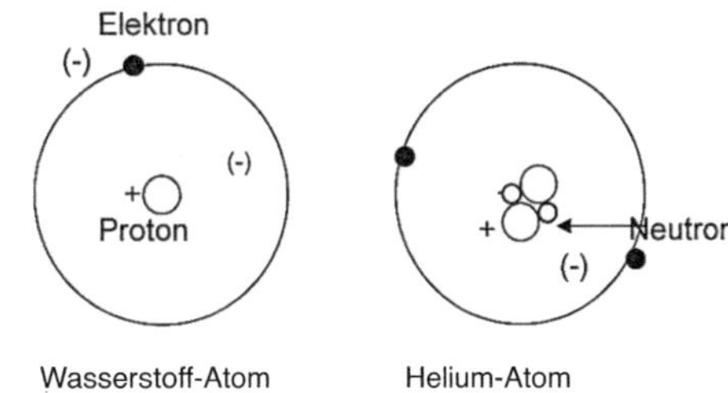

Bei einer bestimmten Atomart (Element) kann die Anzahl der Neutronen schwanken. Man bezeichnet die Atome derselben Elemente mit unterschiedlichen Neutronenzahlen als **Isotope**. Maßgebend für die Charakterisierung der Isotope einer Atomart sind die Ordnungszahl **Z** (= Zahl der Protonen) und die Massenzahl **M** (= Zahl der Protonen und Neutronen). Anstelle der Ordnungszahl wird auch ein Kurzzeichen zur Kennzeichnung eines Elements eingesetzt, wie z.B:

H   – Wasserstoff   Ir   – Iridium,
He – Helium   Co – Kobalt,
Be – Beryllium   Cs – Caesium,
Fe – Eisen.

Zur Beschreibung eines Elements, wie z.B. dem Wasserstoff, wird die jeweilige Massenzahl hinzugefügt:

$_1$H = Wasserstoff mit 1 Proton

$_2$H = Wasserstoff mit 1 Proton + 1 Neutron (auch Deuterium genannt).

$_3$H = Wasserstoff mit 1 Proton + 2 Neutronen (auch Tritium genannt).

Da Isotope Elemente mit unterschiedlichen Neutronenzahlen sind, kennzeichnet die Anzahl der Neutronen ihren Zustand. Weil ein Atomkern jedoch nur eine begrenzte Zahl von Neutronen entsprechend der Zahl der vorhandenen Protonen aufnehmen kann, begegnet er einer zu hohen Zahl von Neutronen durch Verwandlung von Neutronen in Protonen. Er versucht seinen Zustand zu stabilisieren. Dabei sendet er Beta- (Elektronen) und Gamma-Strahlung („überschüssige" Energie) aus. Dies geschieht bei natürlichen Isotopen, wie z.B. Radium oder Uran. Ein Isotop kann also stabil oder instabil sein. Instabile Isotopen werden auch als „radioaktiv" bezeichnet.

In der Werkstoffprüfung braucht man künstliche Isotope, um eine genügend hohe Strahlenmenge pro Zeit zur Verfügung zu haben. Solche Isotope, wie z.B. Ir 192, Co 60, Se 75 werden in einem Kernreaktor durch Neutronenbeschuss hergestellt, die vorher stabilen Isotope werden dabei aktiviert und instabil. DIN EN ISO 17636 gibt folgenden Dickenbereich des Prüfgegenstandes für Gamma- und Röntgenstrahler ab 1 MeV Grenzenergie für Stahl, Kupfer und Nickel-Basis-Legierungen an (Tabelle 1.1).

Ein Ion ist ein elektrisch geladenes Atom, welches aus einer seiner Atomhüllen ein Elektron verloren hat und somit ein Proton mehr aufweist. Das Herauslösen von Elektronen aus den Atomen kann durch Wärme, Licht oder elektromagnetische Strahlung erfolgen. Man bezeichnet deshalb diesen Vorgang auch als Ionisation. Die Ionisation ist demzufolge auch an die Röntgen- oder Gammastrahlung gebunden, so dass man diese als „ionisierende Strahlung" bezeichnet. Besondere Bedeutung hat die Ionisation für die Messgeräte im Strahlenschutz, wie z.B. bei der Ionisationskammer.

1.2 Röntgen- und Gammastrahlung

1.2.1 Erzeugung von Röntgenstrahlung

Röntgenstrahlung wird erzeugt, indem Elektronen in einer evakuierten Glas- oder Keramikröhre von der Kathode (–) durch Anlegung einer Hochspannung zur Anode (+) beschleunigt werden. Die Anode besteht aus einem Grundkörper aus Kupfer, in dem sich ein

Tab. 1.1 Dickenbereich des Prüfgegenstandes für Gamma- und Röntgenstrahler für Stahl, Kupfer und Nickel-Basis-Legierungen [1.2]

Strahlenquelle	Durchstrahlte Dicke w (mm)	
	Klasse A	Klasse B
Tm 170	$w \leq 5$	$w \leq 5$
Yb 169 [a]	$1 \leq w \leq 15$	$2 \leq w \leq 12$
Se 75 [b]	$10 \leq w \leq 40$	$14 \leq w \leq 40$
Ir 192	$20 \leq w \leq 100$	$20 \leq w \leq 90$
Co 60	$40 \leq w \leq 200$	$60 \leq w \leq 150$
Röntgenstrahlen mit Energien von 1 MeV - 4 MeV	$30 \leq w \leq 200$	$50 \leq w \leq 180$
Röntgenstrahlen mit Energien von 4 MeV - 12 MeV	$w \geq 50$	$w \geq 80$
Röntgenstrahlen mit Energien über 12 MeV	$w \geq 80$	$w \geq 100$

a Für Aluminium und Titan ist die durchstrahlte Dicke des Werkstoffs $10 < w < 70$ für Klasse A und $25 < w < 55$ für Klasse B.

b Für Aluminium und Titan ist die durchstrahlte Dicke des Werkstoffs $35 < w < 120$ für Klasse A.

fester Körper (Target) aus Wolfram befindet, das die Elektronen abbremst und damit die Röntgenstrahlung auslöst. Die Energie der dabei entstehenden Röntgenstrahlung ist umso größer, je höher die Beschleunigung durch die angelegte Hochspannung ist. Der Wirkungsgrad der Röntgenröhre beträgt bei 200 kV allerdings nur 1%, d.h. 99% der Energie werden in Wärme und 1% in Röntgenstrahlung umgewandelt.

Abb. 1.3 zeigt den Aufbau einer Röntgenröhre schematisch und Abb. 1.4 in der Ansicht [1.3], [1.4].

Beim Abbremsen des Elektronenstroms am Targetmaterial sind folgende Prozesse zu beobachten:

1. Beim Auftreffen von Elektronen auf die Elektronenhülle der Target-Atome werden Elektronen der Hülle herausgeschlagen und ein Teil der Energie auf die so erzeugten

Abb. 1.3 Prinzipbild einer Röntgenröhre [1.3]

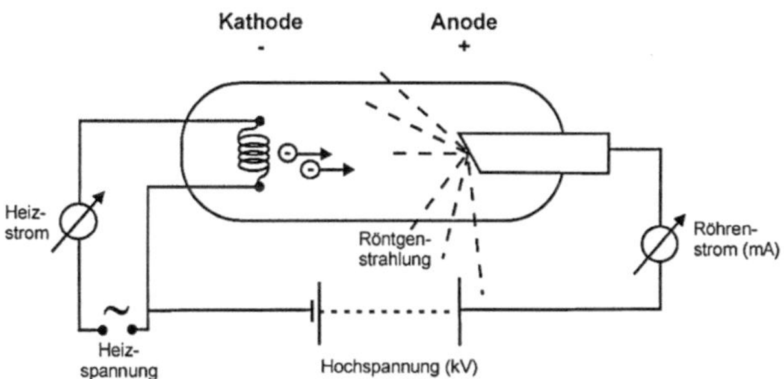

Abb. 1.4 Ansicht einer Röntgenröhre [1.4]

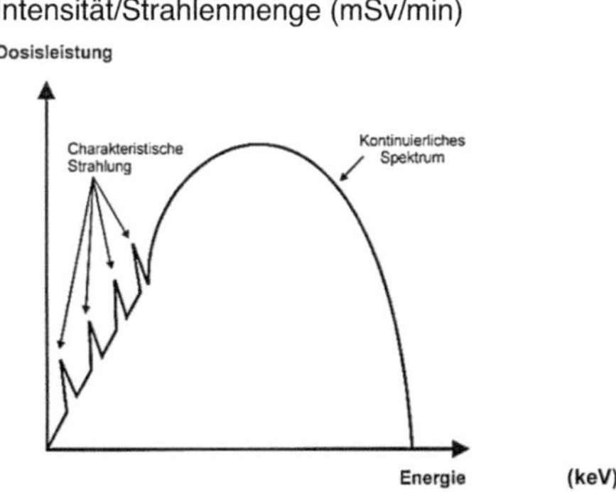

Abb. 1.5 Röntgenstrahlungsspektrum [1.3]

freien Elektronen übertragen. Dies geschieht so oft, bis nur noch ein kleiner Energieanteil vorhanden ist und als UV-, Licht- oder Wärmestrahlung abgeführt wird.

2. Beim Abbremsen der Elektronen im positiven elektrischen Feld des Atomkerns wird die frei werdende Energie vom Atomkern aufgenommen und sofort wieder emittiert. Die entstehende Strahlung weist bei vollständigem Abbremsen des gesamten Elektronenstromes höchstens dessen Energie auf, die die Grenzenergie darstellt. Die Strahlenenergie ist jedoch meistens geringer als die Energie der Elektronen vor dem Abbremsvorgang. Die entstehende Strahlung ist daher ein Spektrum aus vielen Energien, das man Bremsspektrum nennt.

Das gesamte Spektrum der Röntgenstrahlung (Abb. 1.5) enthält kontinuierliche und charakteristische Anteile. Während die kontinuierlichen Anteile durch die beschriebene Wechselwirkung mit dem Atomkern hervorgerufen werden, entstehen die charakteristischen Anteile durch Kollision mit kernnahen Hüllenelektronen. Dabei werden scharf definierte Strahlenanteile hoher Intensität und relativ niedriger Energie erzeugt.

Das Spektrum wird verändert durch

a) eine Erhöhung des Röhrenstroms (mA), der mehr Elektronen und damit mehr Strahlung pro Zeit sowie eine höhere Dosisleistung hervorbringt, wobei die Grenzenergie (Spannung) unverändert bleibt,

b) eine Erhöhung der Spannung, die zu einer Erhöhung der Grenzenergie führt, wobei gleichzeitig auch mehr Elektronen aus der Heizwendel herausgesaugt werden, so dass sich die Dosisleistung ebenfalls erhöht.

Abb. 1.6 Wirksame Brennfleckabmessung [1.3], [1.4]

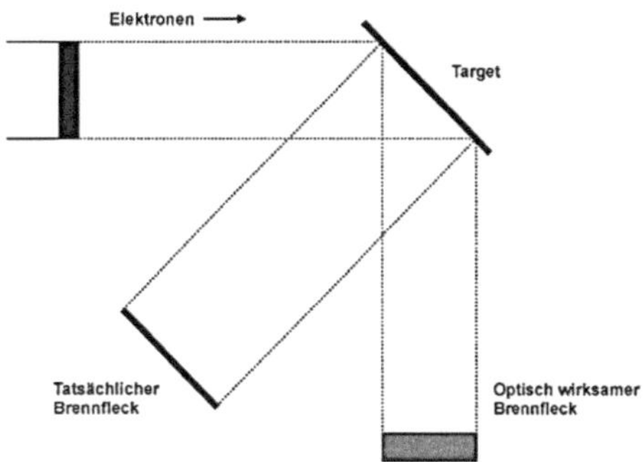

Eine wichtige Größe hinsichtlich des Wirkungsgrades der von der Röntgenröhre abgege-
benen Strahlung ist die Brennfleckgröße. Da das Target unter einem bestimmten Winkel
zur Richtung des Elektronenstromes stehen muss, um die Strahlung seitlich aus der Röhre
herauszuführen, kann der „optisch wirksame Brennfleck" auch nur kleiner als der „wahre
tatsächliche Brennfleck" sein (Abb. 1.6). Die Brennfleckgröße ist insbesondere durch die
große Wärmeentwicklung beim Abbremsen des Elektronenstromes begrenzt. Zur guten
Wärmeableitung ist das Target in einem Kupferblock eingelassen, der gekühlt wird. Das
Target selbst besteht aus Wolfram, das einen hohen Schmelzpunkt besitzt, also thermisch
hoch belastbar ist.

Röntgenröhren werden üblicherweise mit jeweils zwei Brennfleckgrößen ausgestattet,
einerseits für die Radiografie und andererseits für die Radioskopie. Es gibt aber auch
schon Röntgengeräte mit variablem Brennfleck zwischen 70 und 300 μm [1.5].

In Mikrofokusröhren ist der Brennfleck auf 5 bis 300 μm festgelegt. Für kleinere
Brennflecke gibt es keine entsprechende Norm. Um noch kleinere Brennflecke zuverläs-
sig zu charakterisieren, benutzt man die Durchstrahlungsaufnahme eines Liniengitters,
wobei deren Spaltbreite im Bereich des Brennfleckdurchmessers liegt und ein Grauwert-
profil senkrecht zum Verlauf der Gitterspalten zur iterativen Berechnung des Brennfleck-
profils verwendet wird [1.6]. Die Brennfleckvermessung von Röntgenröhren kann auch
mit Speicherfolien erfolgen [1.7]. In Ermangelung geeigneter Messvorschriften oder Normen für die Größenbestimmung von Mikrobrennflecken wurden in der BAM Messverfahren entwickelt, die aus der geometrischen Unschärfe der Röntgenaufnahme eines
schwer durchstrahlbaren Objektes und einem Kreuz aus Platindraht [1.8] und schließlich
auch durch Anwendung der Kantenmethode diese Größe ermittelt [1.9]. Nach der Norm
DIN 12543-1 [1.10] sind die Brennflecke von industriellen Röntgenröhren mit einem speziellen Brennfleckscanner zu vermessen. Der Scanner bietet u.a. den Vorteil, auch im oberen Spannungsbereich bis 450 kV zuverlässige Ergebnisse zu liefern, ohne dass Positio-
nierfehler auftreten [1.11].

In Abb. 1.7 ist schematisch der Einfluss einer Änderung des Röhrenstroms und der Röhrenspannung auf das Bremsspektrum dargestellt [1.3].

Bei Änderung des Röhrenstromes ändert sich die Intensität des Bremsspektrums. Die
Grenzenergie und die Lage des Intensitätsmaximums bleiben unverändert. Bei einer Än-

Abb. 1.7 Änderungen des Bremsspektrums bei [1.3]. a) Änderung des Röhrenstromes, b) Änderung der Röhrenspannung

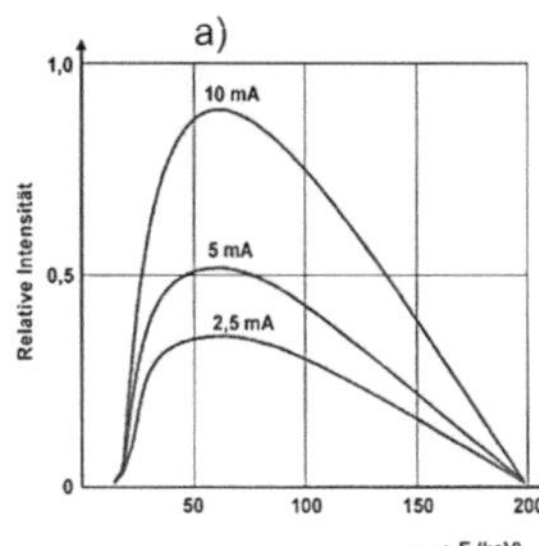

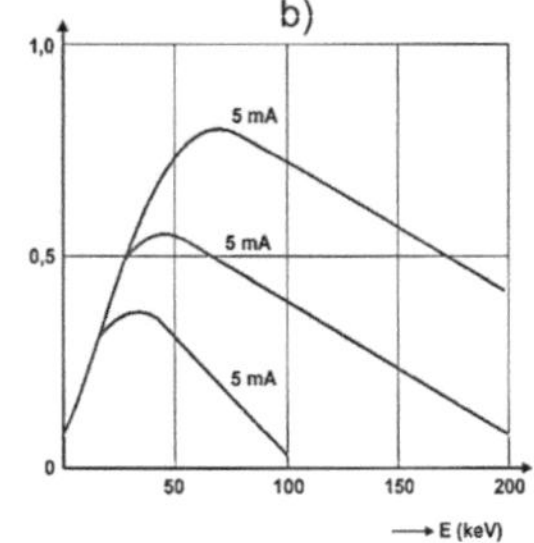

derung der Röhrenspannung ändern sich sowohl Grenzenergie und Lage des Intensitätsmaximums als auch die Intensität der Strahlung.

1.2.2   Entstehung von Gammastrahlung

Gammastrahlung entsteht im Gegensatz zur Röntgenstrahlung aus einzelnen diskreten Kernzerfallsprozessen. Während also Röntgenröhren kontinuierliche Spektren aussenden, enthalten die Energiespektren von radioaktiven Isotopen diskrete Linienspektren. Abb. 1.8 zeigt die Energiespektren der wichtigsten in der Werkstoffprüfung verwendeten Präparate [1.4].

Röntgenstrahlung (Rö-Strahlung) und Gammastrahlung (γ-Strahlung) können hinsichtlich ihrer radiografischen Wirksamkeit verglichen werden. Es entspricht eine Ir 192-Strahlung einer Rö-Strahlung mit einer Grenzenergie von ca. 600 keV und eine Co 60-Strahlung einer Rö-Strahlung mit einer Grenzenergie von ca. 2500 keV. Die äquivalenten Grenzenergien sind für die Auswahl der geeigneten Strahlenquelle in der Praxis wichtig.

Neben der Art eines radioaktiven Präparates sind in der zerstörungsfreien Werkstoffprüfung insbesondere seine Aktivität und seine Halbwertzeit von Bedeutung. Unter Aktivität eines Isotops versteht man die Zahl der Atomkern-Zerfälle pro Sekunde. Zur Realisierung rationeller Belichtungszeiten sind Isotope mit 37 bis 3.700 Milliarden Zerfällen pro Sekunde notwendig. Daher wird die Einheit „Bequerel (Bq)" benutzt.

$$1\ Bq = 1\ \text{Zerfall pro Sekunde.}$$

Vor Einführung der SI Einheiten war noch eine andere Einheit im Gebrauch, das Curie (Ci). Für die Umrechnung gilt:

$$1\ Ci \cong 37\ GBq.$$

Für die Werkstoffprüfung benötigt man hohe Aktivitäten, aber auch möglichst kleine Brennflecke zur scharfen Abbildung. Kenngröße einer hohen Aktivität bei kleiner Masse ist die spezifische Aktivität in (Gbq/g).

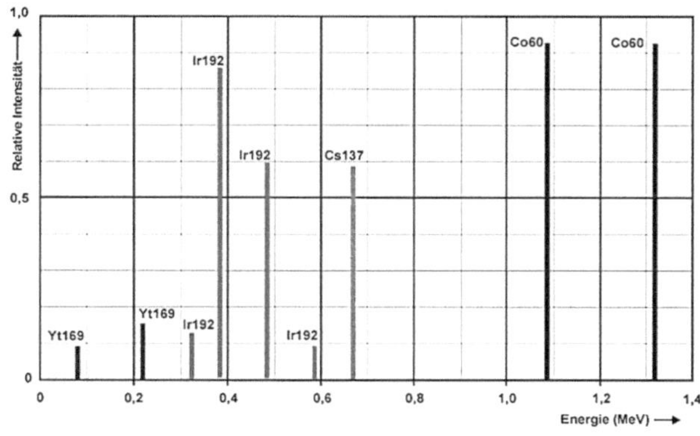

Abb. 1.8 Energiespektren der in der Werkstoffprüfung verwendeten Präparate [1.4]

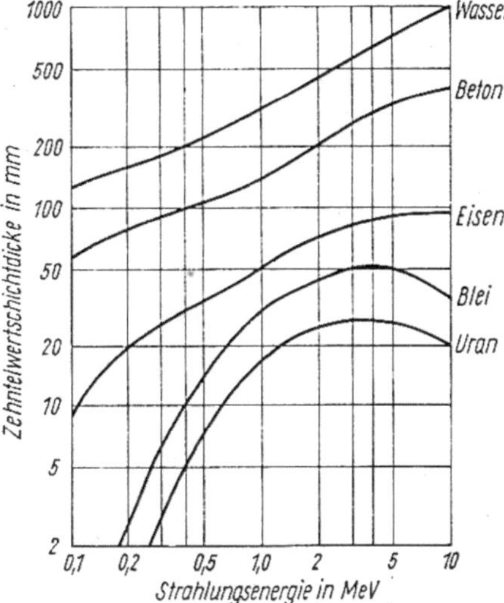

Abb. 1.9 Zehntelwertschichtdicken einiger Werkstoffe in Abhängigkeit von der Strahlungsenergie [1.13]

Da jedes radioaktive Atom nur einmal zerfallen kann, nimmt die Gesamtzahl der radioaktiven Atome in einer bestimmten Menge eines Stoffes ständig ab. Damit nimmt die Aktivität eines radioaktiven Stoffes ab. Die Geschwindigkeit, mit der diese Aktivitätsabnahme erfolgt, ist für jeden radioaktiven Stoff charakteristisch. Als Maß für diese Aktivitätsabnahme während einer bestimmten Zeit wird die sog. **Halbwertszeit** verwendet.

Die Halbwertzeit (HWZ) ist die Zeit, in der die Aktivität eines bestimmten Isotops auf die Hälfte ihres Ausgangswertes abnimmt.

Im gleichen Sinne wird manchmal auch die sog. **Zehntelwertszeit** eines radioaktiven Stoffes angegeben. Die Zehntelwertszeit ist analog dazu die Zeit, in der die Aktivität auf ein Zehntel abgenommen hat. Abb. 1.9 zeigt die Zehntelwertschichtdicken einiger Werkstoffe in Abhängigkeit von der Strahlungsenergie [1.13].

Aus der Angabe der Halbwertszeit eines Strahlers und seiner Aktivität kann noch nichts über die Intensität der Gammastrahlung ausgesagt werden. Die Größe, die diese Aussage erlaubt, ist die sog. **Dosisleistungs- oder Gammakonstante (Γ).**

Tab. 1.2 Dosisleistungskonstanten verschiedener Strahler [1.3], [1.4]

Strahler	Halbwertszeit	$\Gamma_I = \dfrac{mSv \times m^2}{h \times Gbq}$
Yb 169	31 Tage	0,049
Ir 192	74 Tage	0,17
Se 75	119 Tage	0,072
Co 60	5,2 Jahre	0,35

Tab. 1.3 Dosisleistungskonstanten von Röntgenanlagen [1.12]

Röntgenröhre einer Gleichspannungsanlage nach DIN 54113-3	$\Gamma_R = \dfrac{(mSv \times m^2)}{(min \times mA)}$
100 KV	2.0
150 KV	6.5
200 KV	13.0
250 KV	20.0
300 KV	30.0
350 KV	40.0
400 KV	50.0

Jeder radioaktive Stoff hat, wie Tabelle 1.2 zeigt, eine bestimmte für ihn charakteristische Dosisleistungskonstante.

Auch für Röntgenstrahler ist die Dosisleistungskonstante (Γ_R) definiert. Analog zu den Gammastrahlern gibt die Dosisleistungskonstante einer Röntgenröhre die Dosisleistung in einem Meter Abstand vom Brennfleck bei 1mA Röhrenstrom an. In Tabelle 1.3 sind die Dosisleistungskonstanten für eine Gleichspannungsanlage mit unterschiedlichen Betriebsspannungen zusammengestellt.

Soll die Dosisleistung eines Gammastrahlers in beliebiger Entfernung und mit beliebiger Aktivität errechnet werden, gilt das **Abstandsquadratgesetz** (Abb. 1.10):

$$H^* = \Gamma \times \frac{A}{a^2} \left[\frac{mSv \times m^2 \times GBq}{h \times GBq \times m^2} \right] mSv/h,$$

Der quadratische Zusammenhang zwischen Entfernung von der Strahlenquelle und Dosisleistung rührt daher, dass im Allgemeinen die verwendeten Strahlenquellen als punktförmig anzusehen sind. Bei der Abstrahlung von einer punktförmigen Quelle nimmt, wie

Abb. 1.10 Erläuterung des
Abstandsquadratgesetzes [1.4]
mit A = Aktivität, a = Abstand,
Γ = Dosisleistungskonstante.

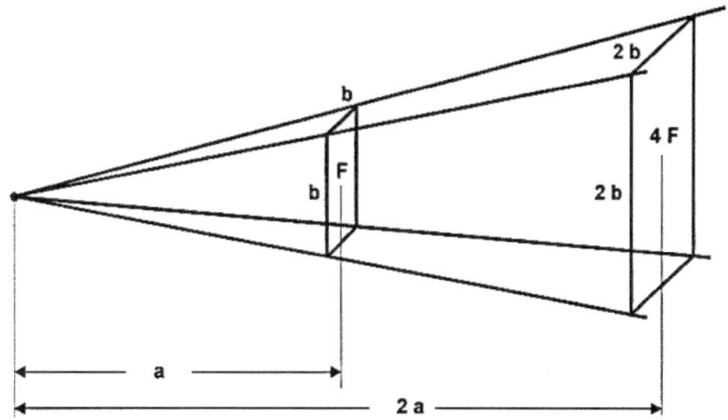

in Abb. 1.10 schematisch dargestellt, die bestrahlte Fläche mit dem Quadrat der Entfernung zu. Da die Intensität umgekehrt proportional zur ausgestrahlten Fläche ist, nimmt sie quadratisch zur Entfernung von der Strahlenquelle ab. Im Beispiel hat danach ein Iridium-Strahler mit einer Aktivität von 750 GBq (20 Ci) im Abstand von 1m von der Strahlenquelle eine Dosisleistung von 100 mSv/h. Bei einer Verdopplung des Abstandes auf 2m verringert sich die Dosisleistung auf ein Viertel, d.h. auf 25 mSv/h. Bei einer Vergrößerung des Abstandes um den Faktor 10, das entspricht der Vergrößerung des Abstandes von einem auf zehn Meter, verringert sich die Dosisleistung um den Faktor 100 auf 1 mSv/h.

Die Dosisleistungskonstanten für Gammastrahler und Röntgenröhren unterscheiden sich lediglich darin, dass bei Gammastrahlern die Bezugsgröße für die Intensität die Aktivität in Bq und bei Röntgenröhren der Röhrenstrom in mA ist. Allerdings ist zu beachten, dass die Dosisleistung bei Gammastrahlern in mSv/h und bei Röntgenröhren in mSv/min angegeben wird. Die Dosisleistungskonstante der Röntgenröhren ist natürlich sehr stark abhängig von der eingestellten Röhrenspannung. Es muss daher angegeben werden, für welche eingestellte Hochspannung der jeweilige Wert gilt. Normalerweise wird die zugehörige Röhrenspannung als Index an das Formelzeichen für die Dosisleistungskonstante angegeben, z.B. Γ **300 kV**. Weiterhin ist die Dosisleistungskonstante einer Röntgenröhre bestimmter Bauart nicht auf eine andere übertragbar, da der Aufbau der Röntgenröhre einen wesentlichen Einfluss auf die Dosisleistungskonstante hat.

Da es sich auch bei den in der Durchstrahlungsprüfung verwendeten Röntgenröhren um annähernd punktförmige Brennflecke handelt, gilt hier ebenfalls das Abstandsquadratgesetz. Es lautet in Bezug auf die Dosisleistung:

$$H^* = \Gamma_R * \frac{I}{a^2} \left[\frac{mSv \times m^2 \times mA}{min \times mA \times m^2} \right] mSv\,/\,min .$$

Will man die tatsächliche Dosisleistung in einem bestimmten Abstand für eine bestimmte Aktivität ausrechnen, so muss man eine Abnahme der Dosisleistung mit dem Quadrat des Abstands und eine lineare Zunahme der Dosisleistung mit der Aktivität berücksichtigen. Der Zusammenhang der Abnahme der Dosisleistung mit dem Quadrat des Abstandes ist

Tab. 1.4 Eigenschaften von Alpha-, Beta- und Neutronenstrahlung [1.3]

Teilchenart	Ladung	Reichweite
Alphastrahlung	elektrisch positiv (Protonen + Neutronen)	geringe Eindringtiefe
Betastrahlung	elektrisch negativ (Elektronen)	geringe Eindringtiefe
Neutronenstrahlung	elektrisch neutral (Neutronen)	größere Eindringtiefe

auch für die praktische Prüfung wichtig, wenn der Abstand des Prüfobjekts (Film!) vom Brennfleck der Röhre oder des Isotops verändert wird. Die für die Schwärzung des Films notwendige Dosisleistung oder Belichtungsgröße H^*_{neu} verhält sich zur bekannten Dosisleistung H^*_{alt} wie [1.4]:

$$\frac{H^*_{neu}}{H^*_{alt}} = \frac{a_{alt}^2}{a_{neu}^2} \text{ oder } H^*_{neu} = H^*_{alt} \times a_{alt}^2/a_{neu}^2$$

mit a_{alt} = alter Abstand und a_{neu} = neuer Abstand.

1.2.3 Alpha-, Beta- und Neutronenstrahlung

Bei diesen Strahlungsarten handelt es sich um Teilchenstrahlung und nicht um elektromagnetische Strahlung. Deshalb haben die Teilchen eine begrenzte Reichweite und werden je nach Art, Ladung und Bewegungsenergie vom Medium sehr schnell und vollständig absorbiert. Die Eigenschaften dieser Strahlungsarten sind in Tabelle 1.4 zusammengestellt.

Neutronenstrahlung unterliegt aufgrund der Neutralität der Ladung weder Anziehungs- noch Abstoßungskräften und hat demzufolge einen geringeren Energieverlust (Schwächung) und damit auch eine etwas größere Eindringtiefe als Alpha- und Betastrahlen.

1.3 Strahlenwirkungen

1.3.1 Ionisierende Wirkungen

In den vorhergehenden Vorträgen wurde bereits auf die ionisierende Wirkung der Strahlung hingewiesen. Die Ionisationswirkung stellt für den Strahlungsnachweis die wesentlichste Methode dar, da ionisierende Vorgänge schon bei sehr niedrigen Energien nachweisbar sind, eine Abhängigkeit der Zahl der Ionisationsvorgänge von der Strahlungsintensität (Dosisleistung) besteht und in bestimmten Fällen auch die Zahl der Ionisationsvorgänge von der Höhe der Energie abhängig gemacht werden kann. Ionisationsvorgänge an nichtleitenden Stoffen mit dem Effekt der Erhöhung der Leitfähigkeit findet man besonders bei Gasen. Die Vorgänge werden auf feste Volumen begrenzt. Technische Ausführungen kennt man als Ionisationskammern, z.B. Geiger-Müller-Zählrohre. Will man höhere Empfindlichkeiten erreichen, so ist auch höherer Aufwand erforderlich. Es werden Gase eingesetzt und elektronische Hilfsmittel verwendet [1.3].

1.3.2   Fotochemische Wirkungen

Die einfallende und nachzuweisende Strahlung, Photonen entsprechender Energie, löst in fotografischen Emulsionen z.B. bei Filmen, chemische Effekte aus. Diese Vorgänge können bei bestimmten Kunststoffen auch zu optischen Veränderungen führen (Trübungen). Diese Wirkung wird zur Personendosimetrie (Dosisüberwachung mit Film und Havariedosimeter) im Strahlenschutz genutzt. Der Röntgenfilm selbst ist wohl die häufigste technische Anwendung zum Strahlennachweis [1.3].

1.3.3   Fluoreszierende Wirkungen

Ionisation kann bei bestimmten Stoffen eine Umwandlung der nicht sichtbaren Röntgenphotonen in sichtbare Lichtphotonen hervorrufen. Diesen Vorgang nennt man Fluoreszenz. Fluoreszierende Schichten werden bei der Röntgendurchleuchtung benutzt. In bestimmten Kunststoffen erzeugen Photonen sog. Szintillationen, kleine Lichtblitze, die elektronisch verstärkt hochempfindliche Strahlennachweise (Szintillationszähler) ergeben [1.3].

1.3.4   Biologische Wirkungen

Biologische Wirkungen der Strahlung sollten so weit wie möglich vermieden werden. Es sind Wirkungen der Strahlung auf lebende Zellen. Insbesondere der Mensch sollte sich nicht den Strahlenwirkungen aussetzen. Die lebenden Zellen bestehen überwiegend aus Wasser. Energieeinwirkung durch Strahlung hat eine Dissoziation des Wassers und Bildung von H_2O_2 zur Folge. Dieses Wasserstoffperoxid führt zur Vergiftung der Zelle, ggfls. zum Zelltod (Somatische Strahlenschäden). Wird der Zellkern von Strahlung getroffen, kann es zu Veränderungen der Chromosomen kommen, in deren Folge stochastische Strahlenschäden bzw. bei Beschädigung von Keimzellen auch genetische Schäden entstehen können [1.3].

Literatur

[1.1] Zimmermann, Günther, Wissenspeicher Metallurgie und Werkstofftechnik, Deutscher Verlag für Grundstoffindustrie Leipzig Bd. 1 1976;

[1.2] DIN EN ISO 17636-1, Zerstörungsfreie Prüfung von Schweißverbindungen – Durchstrahlungsprüfung, Mai 2013;

[1.3] Schiebold, Skript RT 3 LVQ-WP Werkstoffprüfung GmbH;

[1.4] Agfa-Gevaert NV. Industrielle Radiografie 1990;

[1.5] Roye, Talke, Röntgenanlagen mit variabler Brennfleckgröße, DGZfP-Jahrestagung Luzern 1991

[1.6] Jobst, Kostka, Schmitt, Neue Methode zur Charakterisierung von Brennflecken kleiner als 5 µm, DGZfP-Jahrestagung Salzburg 2004;

[1.7] Zscherpel, Ewert, Rädel, Redmer, Holm, Wandfluh, Steiner, Brennfleckmessung von Röntgenröhren mit Speicherfolien, DGZfP-Jahrestagung Salzburg 2004;

[1.8] Nabel, Heidt, Schnelle Methoden für die Überwachung von Mikrobrennflecken, DGZfP-Jahrestagung Lindau 1987;

[1.9] Nabel, Doyum, Eine einfache und praktische Methode zur Brennfleckmessung von Industrieröntgenröhren, DGZfP-Jahrestagung Garmisch-Partenkirchen 1993;

[1.10] DIN EN ISO 12543-1, Glas im Bauwesen – Verbundglas und Verbund-Sicherheitsglas – : Definitionen und Beschreibung von Bestandteilen

[1.11] Niemann, Niehaus, Wie ändern sich die Brennflecke von Röntgenröhren mit den Betriebsparametern, DGZfP-Jahrestagung Bamberg 1998;

[1.12] DIN 54113-3, ZfP- Strahlenschutzregeln für die technische Anwendung von Röntgeneinrichtungen bis 1 MV, Formeln und Diagramme für Strahlenschutzberechnungen für Röntgeneinrichtungen bis zu einer Röhrenspannung von 450 kV;

[1.13] Eisenkolb, Kurzmann, Einführung in die Werkstoffkunde, Deutscher Verlag für Grundstoffindustrie, Band VI, 1970;

Schwächung **2**

Für die Schwächung von Röntgen- oder Gammastrahlung kann definiert werden [2.1]:

Schwächung bedeutet eine Verringerung der Dosisleistung von Strahlung beim Durchdringen von Materie.

Bei der Durchstrahlungsprüfung werden die Dosis- bzw. Dosisleistungsunterschiede zwischen dem Grundmaterial und der Ungänze in Einstrahlrichtung verglichen. Sind die Unterschiede groß, werden die Ungänzen deutlich auf dem radiografischen Film abgebildet. Große Unterschiede ergeben sich, wenn die einfallende Strahlung (H^*_0) beim Durchgang durch das Werkstück (H^*_1) von den Ungänzen so geschwächt werden (H^*_2), dass sie sich gegenüber dem Grundmaterial im Film gut abheben (Abb. 2.1).

Diese Unterschiede in der Dosis zeigen sich als Schwärzungsdifferenzen und sind besonders effektiv nachweisbar, wenn eine genügend hohe Dosisleistung optimal auf den zu untersuchenden Werkstoff, die Wanddicke und die kritische Ungänzengröße abgestimmt ist.

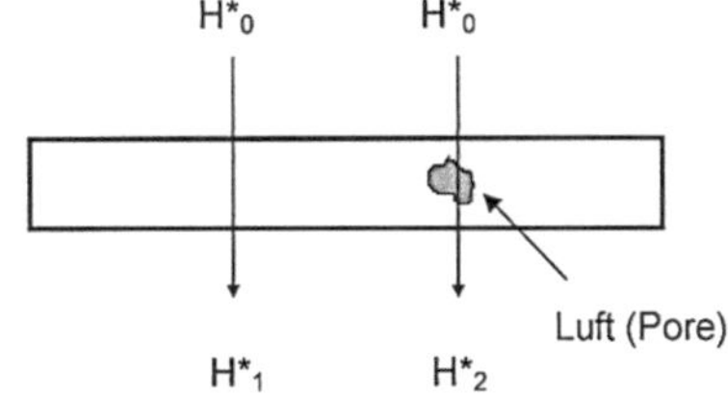

Abb. 2.1 Unterschiedliche Schwächung des Primärstrahlenbündels durch das Grundmaterial und die Ungänze, wobei $H^*_0 > H^*_2$ und $H^*_0 > H^*_1$ ist [2.2].

K. Schiebold, *Zerstörungsfreie Werkstoffprüfung – Durchstrahlungsprüfung,*
DOI 10.1007/978-3-662-44669-0_2, © Springer-Verlag Berlin Heidelberg 2015

2.1 Das Schwächungsgesetz

Der Anteil der Primärstrahlung H*, der nach Absorption und Streuung das Werkstück noch bildzeichnend durchdringt, wird nach dem Schwächungsgesetz (Abb. 2.2) bestimmt durch [2.2]

$$H^* = H^*_0 \times e^{-\mu \times s}$$

Darin bedeuten: e   = 2,718,

H^*_0 = Dosisleistung der Primärstrahlung ohne Werkstück, im gleichen Abstand Strahler/Werkstück,

μ = Schwächungskoeffizient,

s   = Wanddicke.

Der Faktor e-μs beschreibt die funktionelle Abnahme der Dosisleistung H^*_0 mit der Dicke s. Die Materialeigenschaften des Werkstoffs (Dichte, Ordnungszahl, Atomgewicht) werden abhängig von der Energie durch den Schwächungskoeffizienten μ ausgedrückt. Mit o.g. Gleichung lässt sich die Dosisleistung H* für jede Wanddicke berechnen. Die Abnahme der Dosisleistung lässt sich vereinfacht auch in Form von Halbwertsschichten HWS ausdrücken, nachdem die Ausgangsdosisleistung jeweils um die Hälfte abnimmt. HWS-Angaben sind für Strahlenschutzabschätzungen sehr gebräuchlich. Die Streustrahlung wird in dieser Form des Schwächungsgesetzes nicht berücksichtigt. Die Dosisleistung einer Strahlung bei Schwächung durch verschiedene Werkstoffe ist in Abb. 2.3 dargestellt [2.2].

Das Schwächungsgesetz gilt streng genommen nur für monochromatische Strahlung (einer Wellenlänge). Bei Anwendung von Röntgenstrahlung wird aber das gesamte Bremsspektrum wirksam, Energien von 0 bis zur Grenzenergie. Auch einige Gammastrahler besitzen mehrere Linien im Energiespektrum. Wird mit solchen Strahlungen der Schwä-

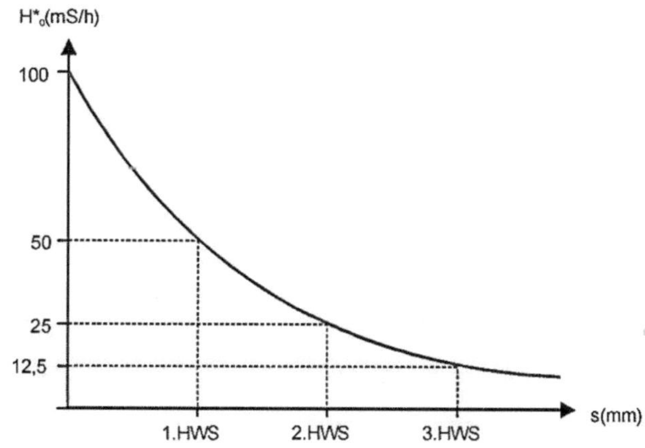

Abb. 2.2 Dosisleistung in Abhängigkeit von der Wanddicke [2.2]. HWS = Halbwertsschicht

Abb. 2.3 Auswirkungen des Werkstoffs auf die Schwächung bei gleicher Energie [2.2]

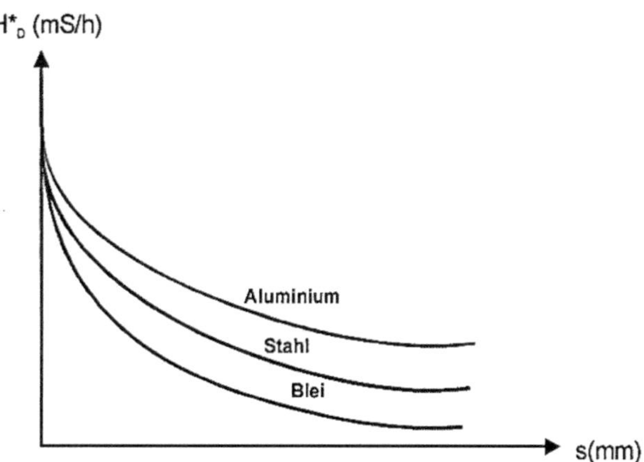

chungskoeffizient ermittelt, so stellt man mit zunehmender Wanddicke eine Abnahme des Schwächungskoeffizienten oder größere Durchdringungsfähigkeit fest. Dieser Effekt, **„Aufhärtung"** genannt, ist die Folge stärkerer Absorption der weichen Strahlungsanteile in den ersten Millimetern des Werkstoffs. Mit zunehmender Dicke wird der Anteil, der Strahlung, der noch durchdringen kann, immer härter und kurzwelliger.

Tabelle 2.1 gibt eine Darstellung ermittelter Schwächungskoeffizienten von Stahl bei Anwendung von Röntgenstrahlung und Gammastrahlung zum Vergleich. Es ist sichtbar, dass die Änderung des Schwächungskoeffizienten mit zunehmender Dicke und zunehmender Grenzenergie geringer wird.

Tab. 2.1 Gesamtschwächungskoeffizienten bei verschiedenen Strahlenenergien [2.2]

Rö - 200 keV		Rö - 300 keV		Rö - 15 MeV		Ir 192 300 - 600 keV		Co 60 1,25 MeV	
s [mm]	μ [cm⁻¹]	s [mm]	μ [cm⁻¹]	s [mm]	μ [cm⁻¹]	s [mm]	μ [cm⁻¹]	s [mm]	μ [cm⁻¹]
12	1,93	17	1,42	45	0,28	27	0,74	40	0,44
22	1,63	22	1,26	65	0,27	37	0,72	100	0,45
32	1,54	32	1,17	215	0,26	67	0,69	-	-
42	1,43	42	1,10	300	0,24	127	0,67	-	-
47	1,38	52	1,08	-	-	-	-	-	-
52	1,36	62	1,05	-	-	-	-	-	-
-	-	73	1,04	-	-	-	-	-	-
*	1,15	*	0,87	*	0,24	*	0,54	*	0,32

* rechnerischer Wert

2.2 Schwächungskoeffizient und Energieabhängigkeit

Die Abhängigkeit der Eindringtiefen bzw. des Schwächungskoeffizienten von der Energie aus der Strahlung ist recht kompliziert. Aus Abb. 2.4 erkennt man, dass μ mit zunehmender Strahlenenergie stark abfällt, ab 200 keV sehr viel geringer abfällt, um ab 9 MeV wieder anzusteigen. Der Kurvenverlauf des Schwächungskoeffizienten ist aber nur zu interpretieren, wenn man μ als Summe von Absorptionskoeffizient τ, Streukoeffizient σ und Paarbildungskoeffizient π ($\mu = \tau + \sigma + \pi$) betrachtet. Aufgrund der verschiedenen Schwächungsmechanismen zeigt sich auch ein Unterschied in der Dosisleistung bei verschiedenen Strahlenenergien (Abb. 2.5). Absorptionskoeffizient τ, Streukoeffizient σ und Paarbildungskoeffizient π kennzeichnen die Schwächungsmechanismen [2.2].

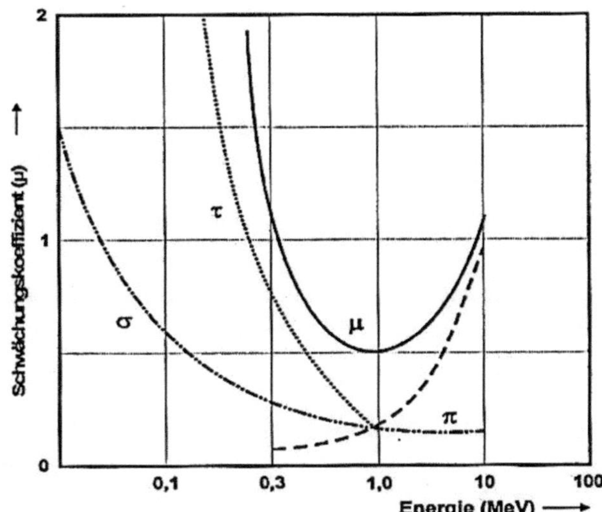

Abb. 2.4 Abhängigkeit des Schwächungskoeffizienten von der Energie in Stahl [2.2]

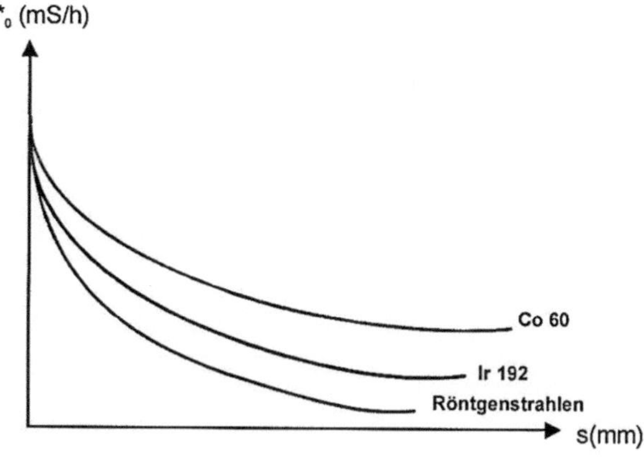

Abb. 2.5 Auswirkungen der Strahlenenergie auf die Schwächung bei gleichem Werkstoff [2.2]

2.3 Schwächungsmechanismen

2.3.1 Absorption (Photo-Effekt)

Strahlung (Photonen) niedriger Energie, die auf Elektronen in der Atomhülle vorzugsweise kernnahe trifft, überträgt seine Energie vollständig auf das Elektron, so dass dieses
vom Atomverband getrennt, also absorbiert wird. Die Wahrscheinlichkeit für das Eintreten des Photo-Effektes nimmt mit steigender Ordnungszahl zu und mit steigender Energie
ab (Abb. 2.6). Diese Erscheinung tritt sowohl in dem zu untersuchenden Objekt, als auch
in den Folien und im Fim auf.

2.3.2 Streuung (Compton-Effekt)

Steigt die Energie der einfallenden Strahlung, so überträgt die Röntgen- oder Gammastrahlung einen Teil ihrer Energie auf das Elektron, die Strahlung wird langwelliger und

Abb. 2.6 Absorptionseffekt
(Photoelektrischer Effekt) [2.3]

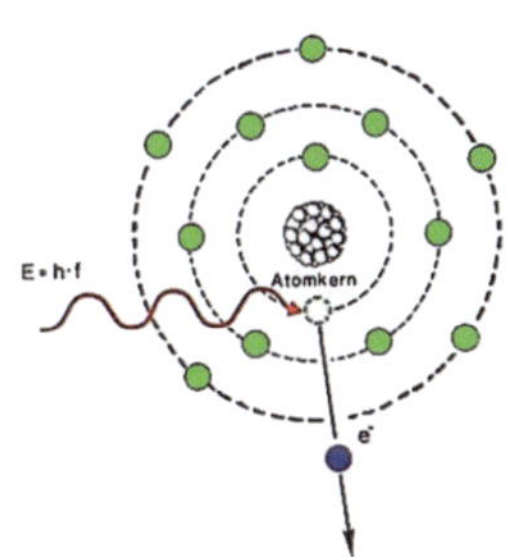

Abb. 2.7 Compton-Effekt
[2.3]

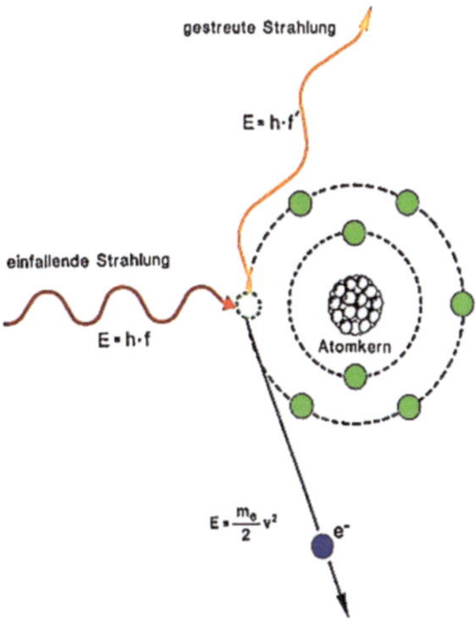

ändert ihre Richtung (Abb. 2.7). Das Elektron wird aus dem Atomverband herausgeschlagen. Dieser Effekt wird nach dem Physiker Compton, der diesen Effekt nachwies, benannt.

Die Compton-Streuung von γ-Quanten dient auch zur Kontrolle des Füllstandes von flüssigen Medien in Rohrleitungen [2.4].

Prallt ein Photon gegen die Elektronenhülle und wird ohne Energieverlust aus seiner Richtung gelenkt, so spricht man von der Rayleigh-Streuung. Bei Energien unter 100 kV spielen die Streumechanismen keine entscheidende Rolle in der Radiographie.

2.3.3 Paarbildung

Für sehr hohe Energien (Beschleuniger oder Co 60) verringert sich der Anteil des Compton-Effektes (σ) erheblich, Absorption (τ) findet kaum noch statt, es überwiegt der Paarbildungseffekt (π). Die Paarbildung setzt Energien > 1,02 MeV voraus, und findet in Kernnähe statt. Ein 1,02 MeV-Photon bildet je 1 Positron und 1 Elektron, bei höherer Energie als 1,02 MeV werden den Teilchen größere Energiebeträge ungleichmäßig zugeliefert. Die Energie des Elektrons wird durch Abbremsung im Feld in Bremsstrahlung umgesetzt. Das Positron verschmilzt mit einem Elektron der Atomhülle unter Freisetzung von zwei entgegen gesetzten Photonen von 0,51 MeV, sog. Vernichtungsstrahlung (Abb. 2.8).

Abb. 2.8 Paarbildungseffekt [2.3]

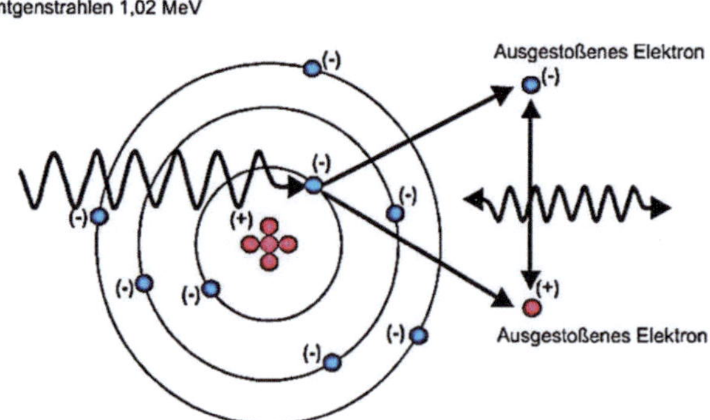

2.4   Schwächungskoeffizient und Werkstoffabhängigkeit

Abb. 2.9 zeigt die Abhängigkeit des Schwächungskoeffizienten von der Energie für verschiedene Werkstoffe. Die Größen Dichte ρ, Atomgewicht A und Ordnungszahl Z kennzeichnen die unterschiedlichen Materialien. Der Schwächungskoeffizient μ setzt sich aus den Teilkoeffizienten τ, σ und π zusammen. Die Materialgrößen wirken in unterschiedlicher Weise auf die Teilkoeffizienten:

$$\tau \sim \frac{\rho}{A} \times Z^3 \times \frac{1}{E^3},$$

$$\sigma \sim \frac{\rho}{A} \times Z \times \frac{1}{E},$$

$$\pi \sim \frac{\rho}{A} \times Z^3 \times E.$$

Die Absorption von Röntgenstrahlung in Materie ist ein komplexer Prozess, der sich aus den dargestellten Streuprozessen zusammensetzt. In Abb. 2.10 ist der Anteil der Prozesse bei verschiedenen Energien auf dem gesamten Schwächungskoeffizienten abgebildet.

Stoffe großer Ordnungszahl besitzen sowohl hohe Anteile im Bereich der Absorption und Streuung als auch bei der Paarbildung. Für Stoffe mit niedriger Dichte und Ordnungszahl kommt offensichtlich als Schwächung nur Absorption und Streuung infrage. Für gebräuchliche Energien (bis 1 MeV) kann das in Tabelle 2.2 angegeben Schwächungsverhalten der Werkstoffe angenommen werden.

2.5 Aufbaufaktor und Streuverhältnis

Bei der Behandlung des Schwächungsgesetzes wurde nur der Teil der Dosisleistung, der bildzeichnend das Werkstücks verlässt, betrachtet, die absorbierte Energie wurde als vernichtet angesehen. Es verlässt aber ein Teil dieser Energie das Werkstück als langwellige Röntgenstrahlung, ungerichtet und mit niedriger Energie, die Streustrahlung.

Diese Streustrahlung ist unerwünscht. Sie verschlechtert die Bildqualität, erhöht die Grundschwärzung auf dem Film und überdeckt die Abbildung kleiner Ungänzen. Mess-

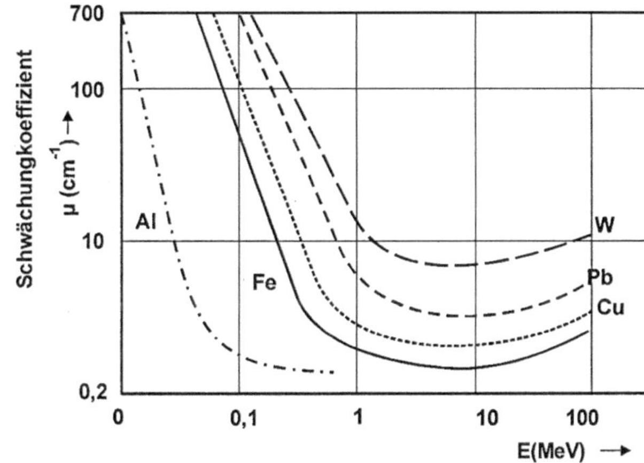

Abb. 2.9 Schwächungskoeffizienten für verschiedene Werkstoffe [2.3].
W = Wolfram;
Pb = Blei;
Cu = Kupfer;
Fe = Eisen;
Al = Aluminium

Abb. 2.10 Gesamtschwä-
chungskoeffizient für Stahl in
Abhängigkeit von der Strah-
lungsenergie [2.3].
C = Comton-Streuung,
F = Photoeffekt,
P = Paarbildung

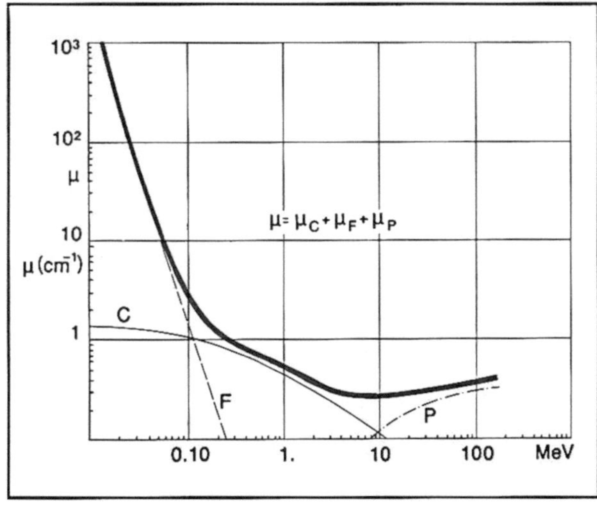

Tab. 2.2 Schwächungsverhalten verschiedener Werkstoffe [2.2]

zunehmende Schwächung, Absorption	↑	Uran Wolfram Blei Kupfer Eisen Beton Aluminium Magnesium Wasser	↓	zunehmende Streuwirkung

technisch ist die Erfassung des Verhältnisses von Streustrahlungsintensität zur Primärstrahlenintensität als Streuverhältnis k mittels Film möglich (Abb. 2.11). Dazu wird ein
Prüfstück mit einem breiten Strahlenbündel durchstrahlt und auf dem Film die Schwärzung aus dem Primärstrahlenbündel D_1 festgestellt. Unter gleichen Bedingungen wird im
Zentralstrahl mit einem starken Bleiklotz eine zweite Aufnahme angefertigt. Hinter dem
Bleiklotz wird die Schwärzung D_2 bestimmt; sie ist das Ergebnis der zeitlich einfallenden,
ungerichteten Streustrahlung aus dem Werkstück. Die Intensität der Dosisleistung H^*_{streu}
zu H^*_{prim} ergibt das Streuverhältnis.

$$\frac{H_{streu}}{H^*_{prim}} = \frac{D_2}{D_1 - D_2} = k \text{ mit } 1 + k \text{ als Aufbaufaktor.}$$

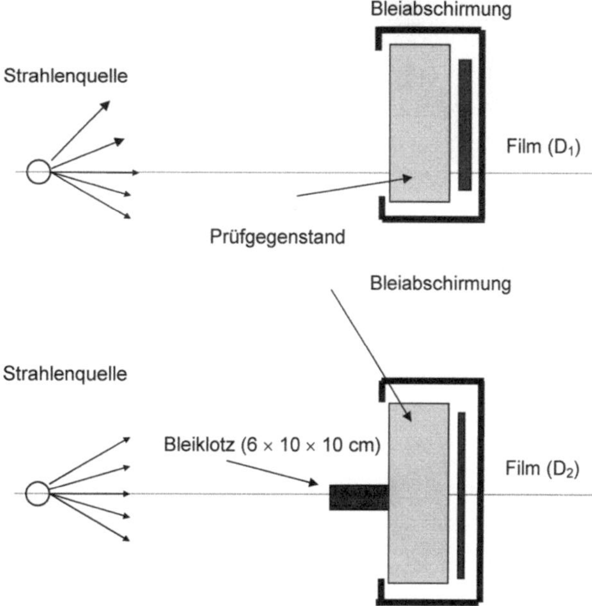

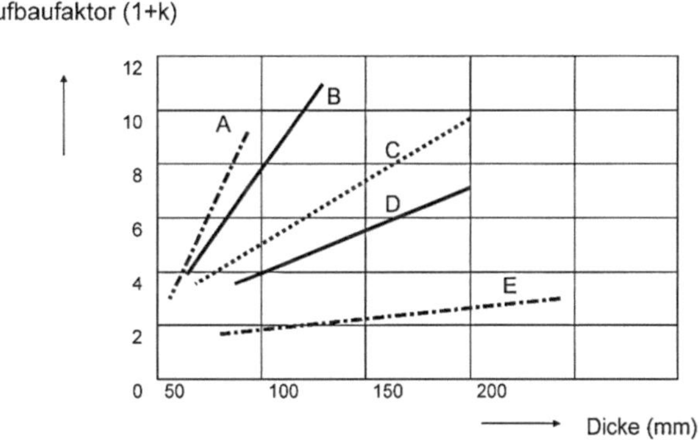

Abb. 2.11 Die Methode v. Möller und Weeber zur Streustrahlenmessung [2.3]

Abb. 2.12 Aufbaufaktoren von Röntgengeräten [2.2].
A = 200 kV Rö-Strahlung;
B = 400 kV Rö-Strahlung;
C = 1 MV Rö-Strahlung;
D = 2 MV Rö-Strahlung;
E = 5 MV Rö-Strahlung

In Abb. 2.12 sind Aufbaufaktoren für verschiedene Strahlenarten aufgetragen. Ein Vergleich von Kurve A (Rö, 200 kV) und Kurve E (Rö, 5 MeV) zeigt, dass der Streustrahlenanteil mit steigender Wanddicke für kleine Strahlenenergien bedeutend schneller ansteigt als für große. Das gleiche Bild ergibt sich beim Vergleich von Isotopen (Abb. 2.13). Bei den nach Regelwerk für die jeweiligen Wanddicken zulässigen Strahlenenergien wäre der Streustrahlenanteil um ein Vielfaches höher als der Primärstrahlenanteil.

Deshalb vermindert man in der Praxis den Streustrahlenanteil durch Verwendung von Folien (Abb. 2.14) [2.2]. Ein Vergleich der Kurven A (Rö, 200 kV ohne Folie) und E (Rö, 200 kV mit Folie) zeigt, dass die Verwendung von Folien das Streuverhältnis massiv beeinflusst und die Anwendung der Röntgenstrahlen für die industrielle Radiografie technischer Wanddicken überhaupt erst möglich hat.

Wenn mehrere Werkstücke gleichzeitig auf einer Aufnahme dargestellt werden sollen, können Bleibleche oder auch Metallbleche als Zwischenfilter zwischen die Werkstücke gelegt werden, um die Streustrahlung zu vermindern (Abb. 2.15).

Abb. 2.13 Aufbaufaktoren von Gammastrahlern in Stahlplatten [2.2]
Ir 192 = 317 keV; 486 keV;
Cä 137 = 500 keV; 1200 keV;
Co 60 =1173 keV; 1332 keV.

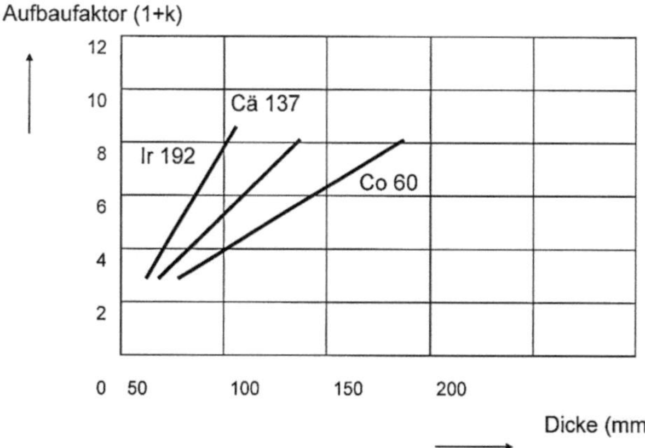

Abb. 2.14 Aufbaufaktoren von Röntgenstrahlern bei Verwendung von Bleifolien.
A = 200 kV ohne Folie;
B = 400 kV ohne Folie;
C = 200 kV Bleifolie 0,05 mm;
D = 400 kV Bleifolie 0,05 mm;
E = 200 kV Bleifolie 0,3 mm

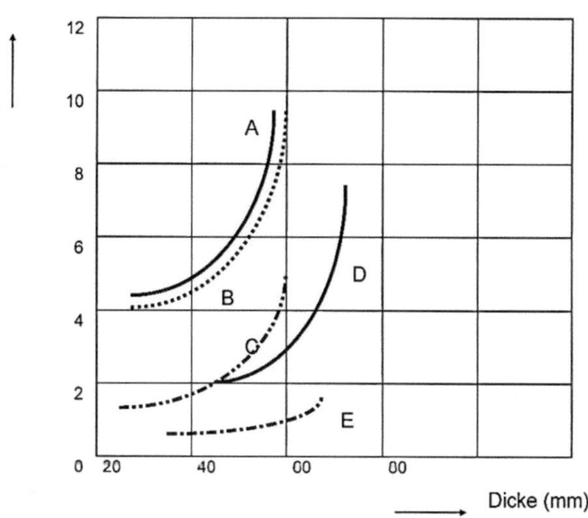

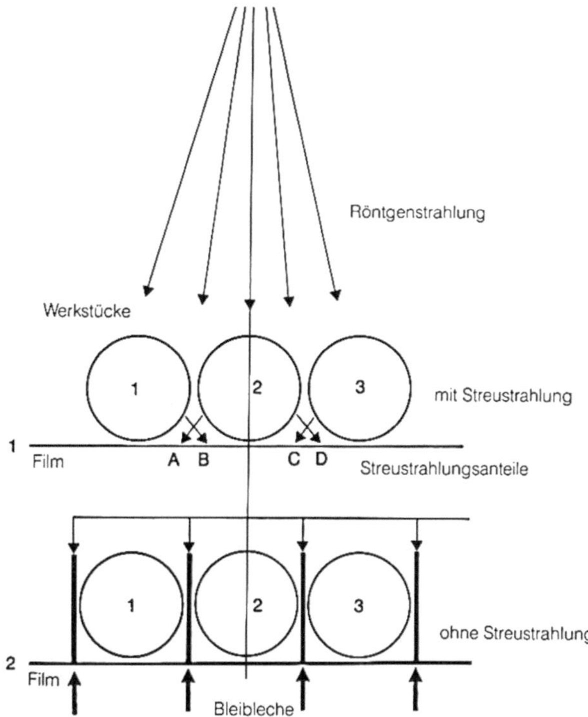

Abb. 2.15 Zwischenlagen von Bleiblechen bei der Durchstrahlungsprüfung von zylindrischen Bauteilen [2.3]

2.6 Spezifischer Kontrast und Strahlenkontrast

Für den Nachweis einer kleinen Ungänze im Werkstoff ist entscheidend, welche Dosisleistungsdifferenz oder Schwärzungsdifferenz (Film) noch erreicht werden kann. Dabei sind Werkstoff und Strahlenenergie die bestimmenden Faktoren. Für eine optimale Abbildung müsste die Schwächung der Strahlung groß (E $\downarrow$, ρ $\uparrow$) und die erzeugte Streustrahlung geringer sein (E $\uparrow$, ρ $\uparrow$). Da bei großer Schwächung aber auch viel Streustrahlung entsteht und mit hoher Energie die Schwächung geringer wird, sind diese Betrachtungen widersprüchlich und ein Kompromiss notwendig. Dieser Kompromiss besteht im Erreichen eines großen Verhältnisses:

$$\frac{\text{Schwächungskoeffizient}}{\text{Aufbaufaktor}} = \frac{\mu}{1+K} = C_{sp} \text{ (spezifischer Kontrast)}.$$

Der spezifische Kontrast ist groß, wenn bei möglichst großer Schwächung der Streustrahlungsanteil gering ist. Außerdem wird aber der spezifische Kontrast noch von der durchstrahlten Wanddicke beeinflusst, da der Anteil der Streustrahlung (Aufbaufaktor) mit steigender Wanddicke wächst. Abb. 2.16 stellt den spezifischen Kontrast von Eisen für verschiedene Energien in Abhängigkeit von der durchstrahlten Dicke dar.

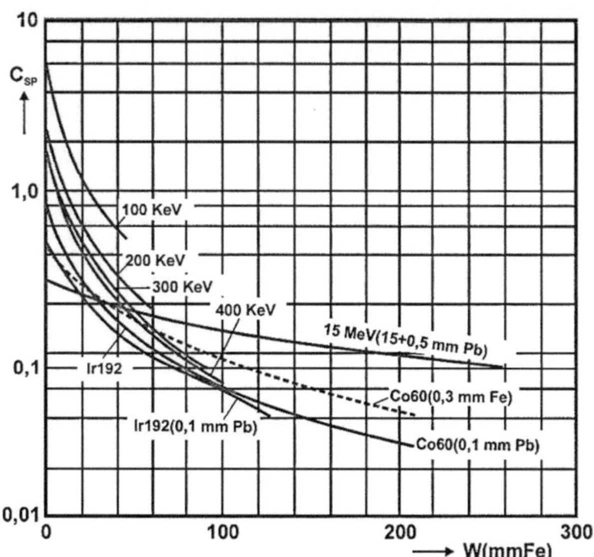

Abb. 2.16 Spezifischer Kontrast Csp [2.3]

Bei **kleinen Wanddicken** (bis 40 mm) ist aufgrund des großen Schwächungsbeiwerts und des relativ niedrigen Aufbaufaktors der spezifische Kontrast groß bei niedrigen Strahlenenergien; d.h. die Röhre ist besser geeignet als der Gammastrahler.

Bei sehr **großen Wanddicken** (> 60 mm) ist zwar der Schwächungsbeiwert klein, das Streuverhältnis für hohe Strahlenenergien aber so klein, dass sich für Co 60 und Linearbeschleuniger günstige spezifische Kontraste ergeben. Erst bei Strahlenenergien über 15 MeV steigen auch die Schwächungskoeffizienten wieder an. Zwischen 40 und 60 mm sind Ir 192, Co 60 und 400 kV Rö-Strahlung gleichwertig, so dass man aufgrund der einfachen Anwendbarkeit Ir 192 vorzieht.

Der **Strahlenkontrast**, ist das von Nutzstrahlung und Streustrahlung optimal mögliche Dosisleistungsverhalten. Er beschreibt die Dosisleistungsunterschiede hinter dem Werkstück und hängt dann vom spezifischen Kontrast (C_{sp}) und den Wanddickenunterschieden (Δs) ab.

$$Cs = Csp \times \Delta s$$

Der spezifische Kontrast gilt für eine bestimmte Energie und Wanddicke eines Werkstoffs. Er gibt die Möglichkeit der Auswahl von Strahlenquellen bzw. Energien in Abhängigkeit von der zu durchstrahlenden Wanddicke. Häufig finden sich in Regelwerken auch Forderungen nach der Einhaltung der Grenzenergie. Bezogen auf eine abzubildende Wanddickendifferenz Δs spricht man vom Strahlenkontrast C_s. Dieser Strahlenkontrast wird häufig, da er mit den subjektiven Eigenschaften des Prüfstücks und der Energie verbunden ist, auch als Subjektkontrast bezeichnet.

Literatur

[2.1] Eisenkolb, Kurzmann, Einführung in die Werkstoffkunde, Deutscher Verlag für Grundstoffindustrie, Band VI, 1970;
[2.2] Schiebold, Skript RT 3 LVQ-WP Werkstoffprüfung GmbH;
[2.3] Agfa-Gevaert NV. Industrielle Radiografie 1990;
[2.4] Gerl, Ameil, Rost, Schmid, Radiometrische Füllstand-Kontrolle an Rohrleitungen, DGZfP-Jahrestagung Weimar 2002;
[2.5] Sauerwein, Link, Weinlich, Vereinheitlichung der europäischen Normen und die Konsequenzen für Gammagrafiegeräte, DGZfP-Jahrestagung Garmisch-Partenkirchen 1993;

3.1 Prüfeinrichtungen für Gammastrahlen

Die in der zerstörungsfreien Prüfung verwendeten Prüfeinrichtungen für Gammastrahlen, auch Gamma-Arbeitsbehälter genannt, sind in den meisten Fällen gleichzeitig Transportbehälter. Sie geben eigentlich nur den erforderlichen Strahlenschutz ab, wenn sich der Strahler im Behälter in seiner Ruhestellung befindet.

Die Arbeitsbehälter sind in den meisten Fällen mechanisch zu bedienen und in ihrem Aufbau daher relativ einfach. Sie müssen allerdings eine genügende Anzahl von Sicherheitseinrichtungen aufweisen, die verhindern, dass der Behälter unabsichtlich oder von Unbefugten geöffnet werden kann. Allgemeine Geräteeigenschaften lassen sich wie folgt zusammenfassen [3.5]:

- Korrosionsbeständigkeit,
- Schmutzunempfindlichkeit,
- Praxisgerechter Temperaturbereich,
- Strahlenresistenz der verwendeten Werkstoffe,
- Griffe und Kranösen für den Transport,
- Öffnen des Behälters nur mit Spezialwerkzeug,
- Abschirmungswirkung bei 800°C,
- Schutzanstrich der Uranabschirmung gegen β-Strahlung und Kontamination,
- Einhaltung der Dosisgrenzwerte.

Aufgrund der Anforderungen an eine Strahlenquelle, die in der Durchstrahlungsprüfung verwendet werden kann (passende Strahlenenergie, hohe Dosisleistungskonstante, hohe spezifische Aktivität und geringe Kosten) gibt es nur wenige Radionuklide, die für die Durchstrahlungsprüfung brauchbar sind. Ihre Eigenschaften sind in Tabelle 3.1 zusammengestellt.

K. Schiebold, *Zerstörungsfreie Werkstoffprüfung – Durchstrahlungsprüfung,*
DOI 10.1007/978-3-662-44669-0_3, © Springer-Verlag Berlin Heidelberg 2015

Tab. 3.1 Eigenschaften der gebräuchlichsten Radionuklide [3.2]

Radio-nuklid	Vergleichs-grenzenergie E_G (keV)	Halbwertszeit	Dosisleistungs-konstante (mSvm^2/hGBq)	max. Aktivität	
				(Ci)	GBq
Yb 169	ca. 250	31 Tage	0,064	10	370
Se 75	ca. 400	118,5 Tage	0,055	80	2960
Ir 192	ca. 600	74 Tage	0,13	100	3700
Co 60	ca. 2500	5,3 Jahre	0,35	100	3700

Die angegebene Vergleichsgrenzenergie ist eine fiktive Grenzenergie, die für ein gedachtes Bremsspektrum eine sog. Hüllkurve über den diskreten Linienspektren mit gleicher radiografischer Wirksamkeit ergibt, wie das Linienspektrum des entsprechenden Strahlers. Mit dieser Angabe lässt sich die Wirkung der Gammastrahler besser mit den Bremsspektren aus Röntgenanlagen vergleichen.

Co 60 hat von allen verwendeten Strahlern die höchste Strahlenenergie, die größte Dosisleistungskonstante und die größte Halbwertszeit. Thulium 170 hat die geringste Strahlenenergie, allerdings auch die kleinste Dosisleistungskonstante. Die geringste Halbwertszeit von diesen verwendeten Strahlern weist Yb 169 mit 31 Tagen auf. Die größten Abschirmdicken und Abstände müssen bei Verwendung von Co 60-Strahlern angewendet werden. Die beiden Strahlenquellen Yb 169 und Tm 170 erfordern aufgrund ihrer Eigenschaften die geringsten strahlenschutz-technischen Maßnahmen.

In der zerstörungsfreien Prüfung wird praktisch nur mit „umschlossenen radioaktiven Stoffen in besonderer Form" als Strahlenquellen gearbeitet. Ein „umschlossener radioaktiver Stoff" ist nach der Strahlenschutzverordnung ein Bauelement, in dem der radioaktive Stoff von einer festen dichten Hülle umschlossen ist. Damit wird sichergestellt, dass bei üblicher Beanspruchung während des Betriebes nichts von dem radioaktiven Stoff aus dieser Hülle austreten kann.

An die dichte Hülle des radioaktiven Stoffes werden bei umschlossenen Strahlern in „besonderer Form" noch weitere Anforderungen gestellt. Die Hülle muss solchen thermischen und mechanischen Beanspruchungen standhalten, die bei Transportunfällen auftreten können. Insbesondere muss ein radioaktiver Stoff in besonderer Form Temperaturen von 800°C, einen Fall aus neun Meter Höhe auf eine harte Aufprallplatte und einer Schlagprüfung standhalten, ohne dass die Hülle dabei undicht wird.

Entsprechend ihrem Gewicht, ihrer Größe und ihrer Beweglichkeit werden die Arbeitsbehälter in die Klassen P und M eingeteilt. Die Bezeichnung P bedeutet dabei portabel, die Bezeichnung M ist das Kurzzeichen für mobil. Zur Klasse P gehören solche Geräte, die von einer Person allein getragen werden können. Geräte der Klasse M haben größere Gewichte, so dass sie nicht von einer Person getragen werden können. Sie sind aber mit einer Vorrichtung zu bewegen und damit auch transportabel (mobil).

Weiterhin werden die Arbeitsbehälter in unterschiedliche Kategorien eingeteilt. Der Unterschied zwischen den Behälter-Kategorien bezieht sich auf die Technik des Gerätes, mit der der Strahler aus seiner abgeschirmten Ruhestellung in Arbeitsstellung gebracht wird. Es gibt drei Behälter-Kategorien [3.2], [3.6]:

- Bei Arbeitsbehältern der Kategorie 1 (Abb. 3.1) bleibt der Strahler im Arbeitsbehälter. Durch Drehen einer Blende oder Aufklappen des Behälters wird das Nutzstrahlenbündel freigegeben.
- Bei Arbeitsbehältern der Kategorie 2 (Abb. 3.2) wird der Strahler mit Hilfe einer Fernbedienung aus dem Arbeitsbehälter in die Arbeitsstellung herausgefahren.
- Zur Kategorie 3 gehören Arbeitsbehälter, bei denen der Strahler durch eine Zusatzvorrichtung oder mit geeigneten Werkzeugen aus dem Behälter entnommen und in Arbeitsstellung gebracht werden kann.

In der Werkstoffprüfung werden heute in den meisten Fällen Arbeitsbehälter der Kategorie 2 verwendet. In einigen Sonderbauarten für ganz bestimmte Anwendungszwecke und für Ytterbium-Strahler werden auch Behälter der Kategorie 1 angewendet. Zur Kategorie 3 gehörte die früher sehr häufig verwendete sog. „Keule" für Iridium-Strahler. Dieses Gerät ist heute aus Strahlenschutzgründen nicht mehr zugelassen. Kategorie 3-Behälter sind heute noch für Ytterbium-Strahler geeignet, da diese nur relativ geringe Aktivitäten bei relativ kleiner Dosisleistungskonstante aufweisen. Für andere Strahler (Iridium und Kobalt) sind Kategorie 3-Behälter heute lediglich noch als Aufbewahrungsbehälter, aber nicht als Arbeitsbehälter in Verwendung.

In Ruhestellung befindet sich der Strahler in der Gerätemitte im Ausfahrkanal. Der Ausfahrkanal wird in Ausfahrrichtung durch einen exzentrisch gelagerten Zylinder ver-

Abb. 3.1 Arbeitsbehälter der Kategorie 1 mit Dreh- und Kippverschluss (nach DIN 54115, T.4) [3.6]

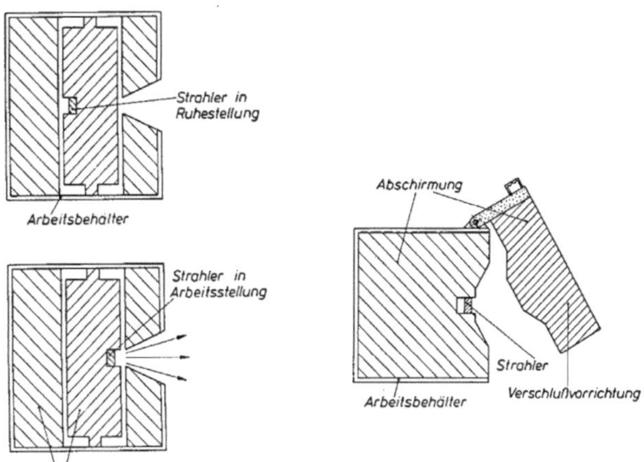

Abb. 3.2 Arbeitsbehälter der Kategorie 2 (nach DIN 54115-4) [3.6]

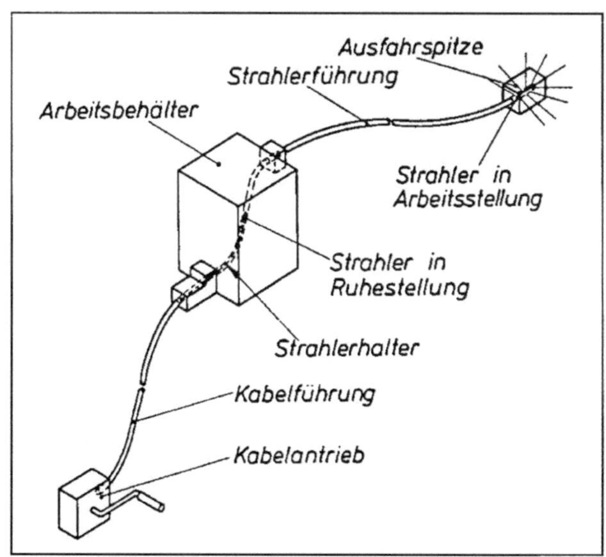

Abb. 3.3 Ansicht eines Ir 192-Arbeitsbehälters [3.2]

schlossen, der den Strahlenaustritt nach vorn verhindert. Der exzentrisch gelagerte Verschlusszylinder hat eine exzentrisch angeordnete Bohrung, die im Durchmesser dem Ausfahrkanal entspricht. Durch Drehen des an der Fernbedienungsseite angeordneten Schaltringes wird über den Drehzapfen der Verschlusszylinder soweit gedreht, dass seine Bohrung in der Achse des Ausfahrkanales liegt, und damit der Ausfahrweg für den Strahler und Strahlerhalter nach vorn freigegeben wird. Der Strahlenschutz in Richtung der Fernbedienungsseite wird durch den Strahlerhalter selbst erreicht. Die ersten drei Glieder des Strahlerhalters hinter dem Strahler sind daher aus Wolfram hergestellt, die restlichen aus Edelstahl. Die Abbildungen 3.3 und 3.4 zeigen die Ansicht sowie den Aufbau und die Funktionsweise eines heute am meisten verwendeten Arbeitsbehälter-Typs der Kategorie 2.

Abb. 3.4 Aufbau und Funktionsweise eines Ir 192-Arbeitsbehälters [3.2]

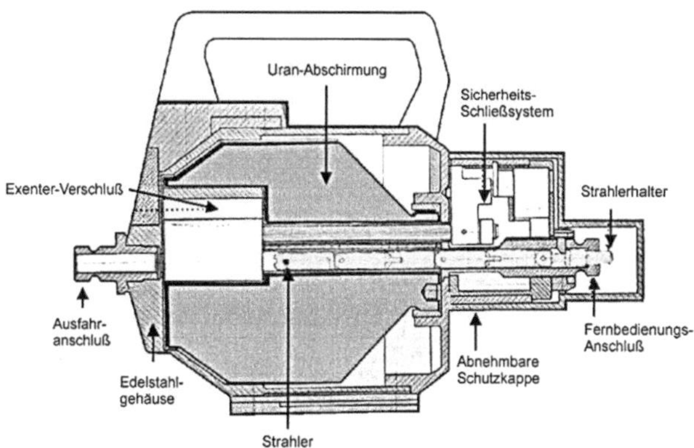

Das Gerät enthält weitere Sicherheitseinrichtungen (z.B. ein Sicherheitsschloss), die verhindern, dass der Strahler bei nicht angeschlossener Fernbedienung oder nicht angeschlossenem Ausfahrschlauch unbeabsichtigt oder von Unbefugten aus dem Gerät herausgenommen werden kann.

Die Abschirmung im Behälter besteht aus angereichertem Uran, die Außenseite aus rostfreiem Stahl. Die Dosisleistung an der Oberfläche von Arbeitsbehältern der Klasse P darf nicht größer als 2 mSv/h und in 20 cm Entfernung von der Oberfläche nicht größer als 0,1 mSv/h sein. Bei Arbeitsbehältern der Klasse M darf die Dosisleistung an der Oberfläche des Gerätes ebenfalls nicht größer als 2 mSv/h sein. In 1 m Entfernung von der Oberfläche des Arbeitsbehälters darf die Dosisleistung 0,05 mSv/h nicht überschreiten.

Alle in der Werkstoffprüfung verwendeten Arbeitsbehälter müssen nach DIN 54115-4 [3.6] und nach Strahlenschutzverordnung bauartgeprüft sein. Die Bauartprüfung bestätigt, dass das Gerät gegenüber den betrieblichen Beanspruchungen und den möglichen Unfallbedingungen ausreichend widerstandsfähig ist. In die Bauartprüfung sind auch die Fernbedienung und Ausfahrschläuche einbezogen.

Die in der Werkstoffprüfung verwendeten Arbeitsbehälter sind, wie bereits erwähnt, in den meisten Fällen gleichzeitig Transportbehälter und müssen als solche auch die Anforderungen an einen sog. Typ B-Behälter erfüllen. Bei einem Typ B-Behälter ist sichergestellt, dass er den Beanspruchungen, die bei einem Transportunfall auftreten können, standhält, ohne dass eine erhöhte Strahlenintensität freigesetzt wird.

Neben der Fernbedienung und den unterschiedlich langen Ausfahrschläuchen oder Ausfahrspitzen sind die sog. Schutzköpfe oder Kollimatoren das wichtigste strahlenschutztechnische Zubehör von Arbeitsbehältern. Diese Kollimatoren bestehen aus stark absorbierendem Material (Wolfram oder Uran). Mit ihrer Hilfe wird die vom Strahler in alle Richtungen abgegebene Strahlung so ausgeblendet, dass das verbleibende gerichtete Nutzstrahlenbündel möglichst nicht viel größer als der zu prüfende Bereich am Werkstück ist. Für die abgeschirmten Richtungen beträgt der Schwächungsfaktor solcher Schutzköpfe 60 bis 100. Sie können entweder direkt am Arbeitsbehälter, an der Ausfahrspitze oder am Ende des Ausfahrschlauches befestigt werden. In Abb. 3.5 sind verschiedene Ausfüh-

Abb. 3.5 Strahlenschutzköpfe
in verschiedener Ausführung
[3.2]

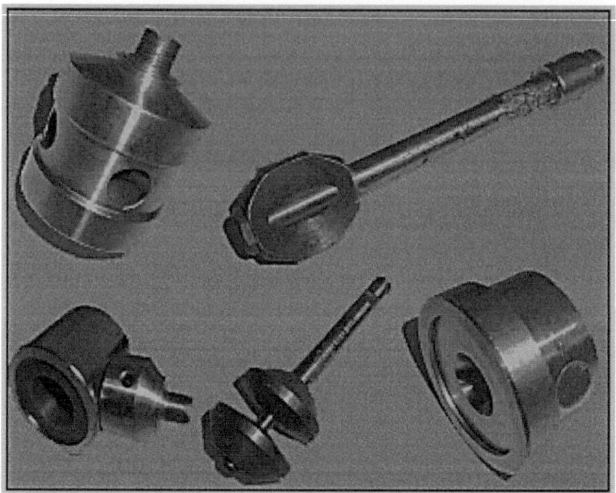

rungsformen solcher Kollimatoren für die unterschiedlichsten Aufnahmeanordnungen
wiedergegeben.

3.2 Röntgeneinrichtungen

3.2.1 Gleichspannungsanlagen

Gleichspannungsanlagen werden überwiegend als Mehrtankanlagen ausgeführt. Mehrtankanlage bedeutet, dass die gesamte Anlage aus mehreren Einzelbaugruppen besteht.
Diese sind:

- Das Röhrenschutzgehäuse, in das die Röntgenröhre eingebaut ist,
- ein oder zwei Hochspannungserzeuger (Generatoren),
- ein Kühlaggregat und
- das Bedienungspult.

Gleichspannungsanlagen geben eine konstante Röntgenstrahlung mit relativ hoher Dosisleistung ab. Die Dosisleistungen einer Röntgenröhre sind um ein Vielfaches höher als die
Dosisleistungen, die bei den Gammastrahlern mit maximal üblicher Aktivität auftreten. Im
Gegensatz dazu sind bei den Eintankanlagen (siehe 3.2.2) der Generator und die Röhre in
einem Gehäuse untergebracht.

Gleichspannungsanlagen geben eine konstante Röntgenstrahlung mit relativ hoher Dosisleistung ab. In Tabelle 3.2 sind die Dosisleistungskonstanten für Gleichspannungsanlagen bei verschiedenen Röhrenspannungen und einer Gesamtfilterung von 0,5 mm Kupfer
nach DIN 54112-3 [3.7], wiedergegeben. Aus diesen Werten ist abzuleiten, dass die Do-

Tab. 3.2 Dosisleistungskonstanten für Gleichspannungsanlagen mit 0,5 mm Gesamtfilterung nach DIN 54113-3 [3.8]

Röhrenspannung (kV)	Dosisleistungskonstante Γ_R ($mSv\ m^2$ / min mA)
60	0,30
100	2,00
150	6,50
200	13,00
250	20,00
300	30,00
350	40,00
400	50,00

sisleistungen einer Röntgenröhre um ein Vielfaches höher sind als die Dosisleistungen, die bei den Gammastrahlern mit maximal üblicher Aktivität auftreten.

Da die Isolation in den Hochspannungsgeneratoren bisher in den meisten Fällen durch Isolationsöl sichergestellt wurde, hatten Gleichspannungsanlagen insgesamt ein sehr hohes Gewicht und wurden deshalb vorwiegend als stationäre Anlagen verwendet. Die neueren Techniken (gasisolierte Hochspannungserzeuger und Metallkeramik-Röhren) haben zu sehr viel kompakteren und leichteren Anlagen geführt, die heute auch für mobile Einsatzzwecke sehr verbreitet sind. Als Beispiel hierfür zeigt Abb. 3.6 eine 160 kV-

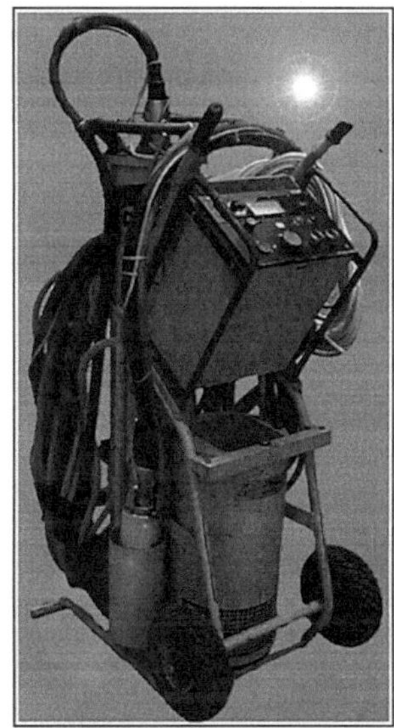

Abb. 3.6 Mobile 160 kV-Gleichspannungsanlage [3.2]

Gleichspannungsanlage. Hochspannungserzeuger, Kühlaggregat, Bedienungspult, Hochspannungskabel und Röhrenschutzgehäuse sind für den Transport einfach und auf sehr kleinem Raum auf einer Transportkarre unterzubringen.

3.2.2 Halbwellenanlagen

Halbwellenanlagen sind in ihrem elektrischen Aufbau sehr viel einfacher als Gleichspannungsanlagen. Die elektrische Ausrüstung besteht im Prinzip nur aus einem Hochspannungstransformator, durch den die Netzspannung auf die gewünschte Hochspannung umgeformt wird. Halbwellenanlagen werden daher ausschließlich als Eintankanlagen ausgeführt. Die gesamte Anlage besteht nur noch aus einem Tank mit elektrischer Versorgungseinheit und Röntgenröhre und dem davon getrennten Bedienungspult. Die Anlagen sind damit insgesamt sehr viel leichter und handlicher als Gleichspannungsanlagen. Sie sind insbesondere für den mobilen Baustellenbetrieb gut geeignet.

Die auf die gewünschte Hochspannung umgeformte Wechselspannung wird direkt an der Röntgenröhre angelegt. Im Vergleich zur Gleichspannungsanlage ergibt sich damit der in Abb. 3.7 dargestellte zeitliche Verlauf der an der Anode anliegenden Hochspannung. Statt der konstanten positiven Gleichspannung im Fall der Gleichspannungsanlage liegt an der Anode Wechselspannung, d.h. während der negativen Halbwelle entstehen keine Röntgenstrahlen. Auch während der Zeit der positiven Halbwelle ist die Hochspannung nicht konstant, sondern steigt von Null bis zum Spannungsmaximum an und fällt dann wieder bis auf Null ab. Die Intensitätsausbeute einer Halbwellenanlage ist demnach kleiner als die Hälfte im Vergleich zu einer Gleichspannungsanlage mit gleichen Einstelldaten. Weiterhin ist das Bremsspektrum im Mittel weicher als bei einer Gleichspannungsanlage. Bei gleichen Einstelldaten ist damit auch die Dosisleistungskonstante wesentlich kleiner als bei Gleichspannungsanlagen. Rechnet man bei Strahlenschutzberechnungen auch bei Halbwellenanlagen mit den Dosisleistungskonstanten der Gleichspannungsanlage (Tabelle 3.2) liegt man immer auf der sicheren Seite.

Abb. 3.7 Zeitlicher Verlauf der Spannung an der Anode bei Gleichspannungs- und Halbwellenanlagen [3.2]

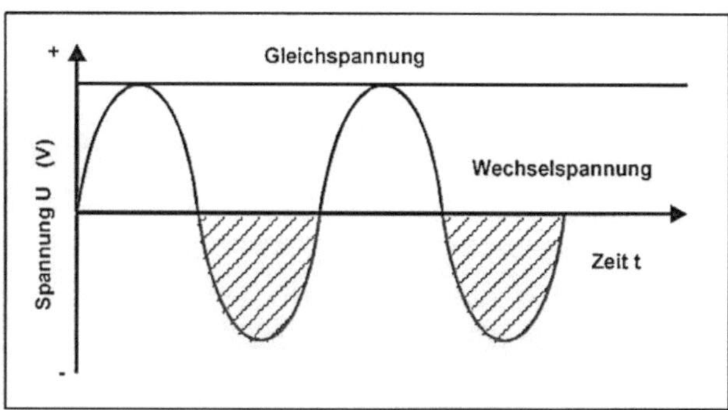

3.2.3 Röntgenröhren und Zubehör

Gebräuchliche Röntgenröhrentypen sind in den Bildern 3.8 bis 3.11 schematisch und in der Ansicht dargestellt. Entsprechend der elektrischen Schaltungsweise wird zwischen Zweipol- und Einpol-Röhren unterschieden. Bei Zweipolröhren liegt sowohl an der Kathodenseite als auch an der Anodenseite Hochspannung an. Die Anodenseite kann daher nur durch ein Isolationsmittel, z.B. Öl, gekühlt werden. Die dadurch begrenzte Wärmeabfuhr aus der Anode begrenzt die Strombelastbarkeit der Zweipolröhren bei maximal 10 mA.

Da über flexible Hochspannungskabel z. Z. keine höhere Hochspannung als etwa 210 kV pro Kabel übertragbar ist, kann eine Zweipolröhre (Abb. 3.8). mit maximal 420 kV Hochspannung betrieben werden.

Bei Einpolröhren liegt die Hochspannung nur an der Kathodenseite und die Anode ist geerdet. Dadurch treten an der Anodenseite keine Isolationsprobleme auf und die Anode kann direkt mit Wasser gekühlt werden. Einpolröhren können daher mit einem Röhrenstrom von maximal 30 mA belastet werden. Allerdings bedeutet die nur einseitig zugeführte Hochspannung, dass diese Röhren nur bis maximal 225 kV Hochspannung betrieben werden können. Mit Röhren, die diese Hochspannung zulassen, können Leistungen bis 1200 W erreicht werden [3.9]. Für die mobile Rohrprüfung sind Miniatur-Röntgenröhren in Metall-Keramik-Ausführung mit einer maximalen Röntgenenergie von 240 kV und 600 W entwickelt worden, die einen Brennfleck von $0{,}4 \times 0{,}4$ mm aufweisen. Die beiden typischen Bauformen der Einpolröhre sind die Kurzanodenröhre (Abb. 3.9) und die Hohl- oder Stabanodenröhre (Abb. 3.10). Bei diesen beiden Röhrentypen ist die Anodenseite aus dem eigentlichen Röhrenkörper herausgeführt. Dadurch ergibt sich eine bessere Zugänglichkeit für die Innenbereiche von zylindrischen Hohlkörpern.

Die modernere Bauweise von Röhrengehäusen verwendet eine Metall-Keramik-Kombination (Abb. 3.11). Das eigentliche Röhrengehäuse bildet ein Edelstahlzylinder, auf dessen Enden je ein Keramik-Isolationskörper aufgesintert ist. Diese Keramik-Körper isolieren die Hochspannungszuführung zur Anode und Kathode vom Röhrengehäuse. Die Anschlussstecker werden in diesen Keramikkörpern direkt nach außen geführt, so dass das eigentliche Röhrengehäuse (der Stahlzylinder) auf Erdpotential gelegt werden kann. Damit treten innerhalb der Röhre keine Isolationsprobleme gegenüber der Hochspannung auf. Als Vorteil ergibt sich eine sehr starke Gewichtsersparnis (keine Isolationsölfüllung notwendig) und die dadurch bedingte wesentlich kleinere Bauform. Die Metallkeramik-Bauweise wird sowohl als Einpol- als auch als Zweipol-Röhre ausgeführt.

Bei allen Röhrenbauformen ist die Wolfram-Aufprallplatte, in der die Röntgenstrahlen erzeugt werden, bereits durch einen relativ starken, aufgesetzten Kupferzylinder abgeschirmt. Dieser Abschirmkopf auf der Anode hat eine Öffnung, aus der die Strahlung in die gewünschte Richtung und mit dem gewünschten Öffungswinkel praktisch ungeschwächt abgestrahlt wird. Dieses sog. Strahlenaustrittsfenster ist durch eine dünne Metallplatte abgeschlossen, damit die aufprallenden Elektronen nicht durch die Öffnung in andere Richtungen unkontrolliert abwandern können. Bei den Glaskolbenröhren besteht das Strahlenaustrittsfenster in den meisten Fällen aus einem 2 mm dicken Aluminiumblech oder einem 0,5 mm dicken Kupferblech. Für diese sog. Eigenfilterung der Röhre gelten die in Tabelle 3.2 wiedergegebenen Dosisleistungskonstanten [3.1].

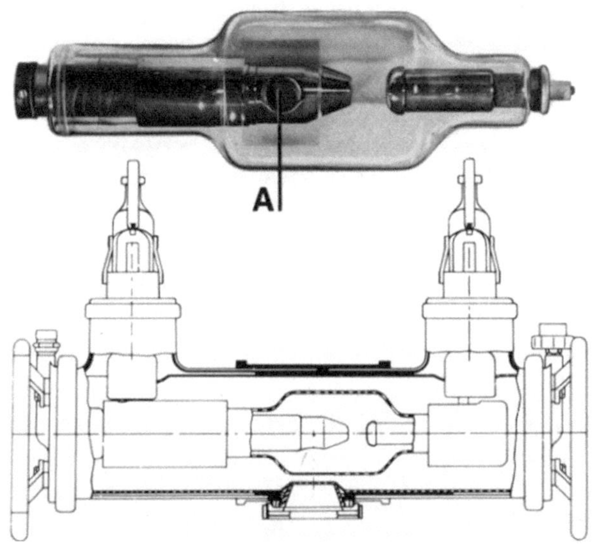

Abb. 3.8 Ansicht und schematische Darstellung einer Zweipolröhre [3.1]

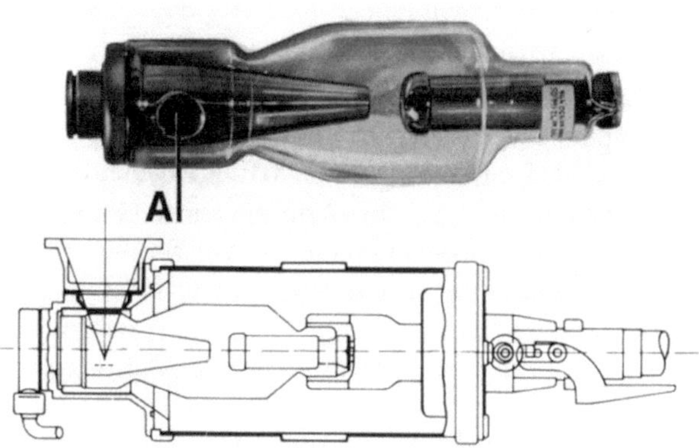

Abb. 3.9 Ansicht und schematische Darstellung einer Kurzanodenröhre [3.1]

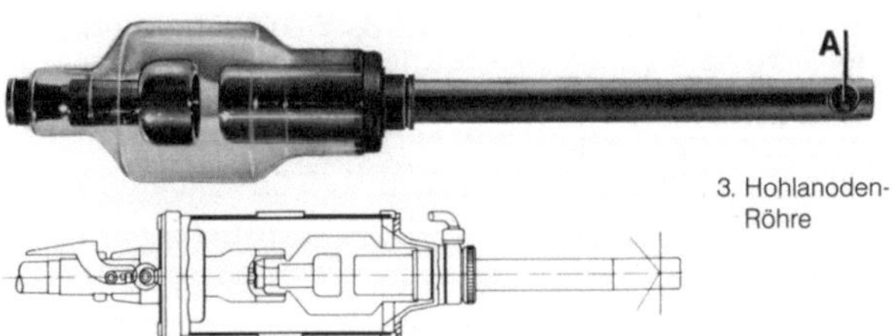

Abb. 3.10 Ansicht und schematische Darstellung einer Hohl- oder Stabanodenröhre [3.1]

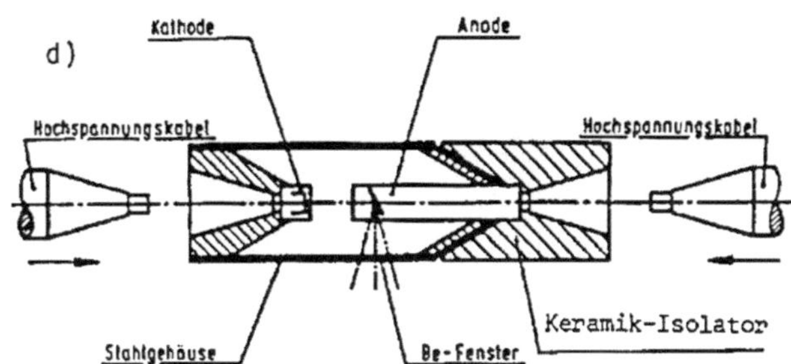

Abb. 3.11 Schematische Darstellung der Metallkeramikröhre [3.2]

Die Metallkeramikröhren haben in den meisten Fällen als Strahlenaustrittsfenster ein dünnes Beryllium-Blech. Beryllium ist ein Metall sehr geringer Dichte, so dass auch die weichsten Strahlenanteile die Röhre verlassen können. Für den Strahlenschutz ist zu beachten, dass Berylliumfensterröhren im Vergleich zu Röhren mit Aluminium- oder Kupfer-Strahlenaustrittsfenstern eine bis zum Faktor 10 höhere Dosisleistungskonstante im ungeschwächten Primärstrahl haben können. Die weichen Anteile des Bremsspektrums werden zwar beim Durchgang durch dünnste Materialschichten bereits vollständig absorbiert; aber die ungeschwächte Primärstrahlung ist wegen der hohen Dosisleistungskonstante wesentlich gefährlicher als die Primärstrahlung einer kupfer- oder aluminiumgefilterten Röntgenröhre. Die Röntgenröhren sind in ein Schutzgehäuse eingebaut, das zusätzlich innen mit Bleiblechen ausgekleidet ist und somit einen weiteren Strahlenschutz in allen Richtungen außerhalb des Nutzstrahlenbündels darstellt. Abb. 3.12 zeigt die typischen gebräuchlichen Bauformen von Röhrenschutzgehäusen [3.2].

Bei Gleichspannungsanlagen sind normalerweise nur die Stabanodenröhre und die Kurzanodenröhre als Rundstrahlröhren ausgebildet. Alle anderen Röhrentypen sind sog. Direktstrahler, die nur senkrecht zur Röhrenachse in einem Strahlenkegel mit etwa 40 grd. Öffnungswinkel Primärstrahlung abgeben. Bei Eintankanlagen gibt es auch Zweipolröhren, die als Rundstrahler ausgebildet sind und etwa in der Mitte des Röhrenschutzgehäuses den Strahlenaustritt aufweisen.

Das wichtigste strahlenschutztechnische Zubehör für Röntgenanlagen sind Blenden zur Begrenzung des Primärstrahlenbündels und Warnlampen für den ortsveränderlichen Betrieb bzw. Türkontakte für ortsfeste Anlagen. Bei den Blenden gibt es je nach Abstand vom Film und auszuleuchtendem Filmformat unterschiedliche feste Einsatzblenden, die in eine Haltevorrichtung direkt am Röhrenschutzgehäuse eingesetzt werden. Weiterhin gibt es auch elektrisch oder mechanisch steuerbare Universalblenden, an denen das Primärstrahlungsfeld stufenlos eingegrenzt bzw. eingestellt werden kann. Die Blenden sind normalerweise aus Blei gefertigt.

Beim Betrieb von Röntgenanlagen als ortsfeste Anlage müssen die Zugänge zum Röntgenraum durch Türkontakte oder Lichtschranken so abgesichert sein, dass bei einem Betreten des Raumes bei eingeschalteter Röntgenanlage die Strahlung sofort ausgeschaltet wird. Bei ortsveränderlichem Betrieb von Röntgenanlagen müssen je nach Übersichtlichkeit des Prüfortes eine oder mehrere Warnlampen außerhalb des Kontrollbereiches oder an

Abb. 3.12 Typische Bauformen von Röhrenschutzgehäusen [3.2]

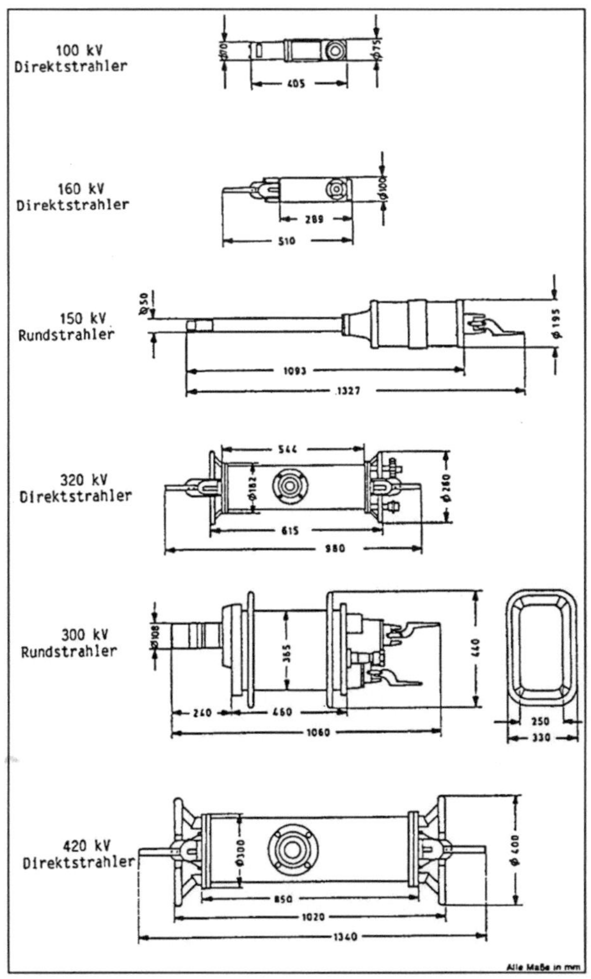

der Kontrollbereichsgrenze so mit der Anlage verbunden werden, dass die Warnlampen in Betrieb sind, solange die Röntgenanlage Strahlung abgibt. Einige moderne Röntgenanlagen sind elektrisch so geschaltet, dass sie nicht in Betrieb genommen werden können, wenn keine Warnlampe mit der Anlage verbunden ist oder die Glühlampe in der Warnleuchte nicht mehr funktionsfähig ist.

Schließlich sollen noch Röntgenblitzröhren erwähnt werden, die als stationäre und als tragbare batteriebetriebene Strahlensysteme verfügbar sind. Sie senden Serien von Röntgenblitzen mit fest eingestellter maximaler Anodenspannung bis 300 kV aus. Die gegenüber kontinuierlich strahlenden Röntgenröhren deutlich geringere Dosisleistung bedeutet den bevorzugten Einsatz mit digitaler Radiografie anstelle des Röntgenfilmes mit Bleifolien. Das Einsatzgebiet solcher Röntgenblitzröhren ist speziell der Sicherheitsbereich und Aufnahmen von bewegten Objekten [3.10].

3.3 Strahlenmessgeräte

3.3.1 Dosismessgeräte

Das einfachste Messgerät zur Ermittlung der Dosis ist die **Filmplakette** [3.2]. Sie wird insbesondere zur Ermittlung der Personendosis verwendet. Jede Filmplakette enthält zwei Filme unterschiedlicher Empfindlichkeit. Im Plakettengehäuse sind einige Filterplättchen aus Kupfer und Blei unterschiedlicher Dicke angeordnet, die die einfallenden Strahlen unterschiedlich schwächen. Dadurch können bei der Auswertung Hinweise auf die Strahlenenergie erhalten werden. Weiterhin kann aus der Schärfe der Abbildung der einzelnen Filterplättchen beurteilt werden, ob die vorhandene Dosis aus verschiedenen Richtungen oder immer aus einer Vorzugsrichtung eingewirkt hat. Eine Dosis infolge unabsichtlichen Bestrahlens der Plakette durch Liegenlassen im Kontrollbereich kann deshalb von tatsächlicher Körperdosis unterschieden werden.

Die **Filmplakette** ist sichtbar am Oberkörper im Brustbereich zu tragen. Es muss darauf geachtet werden, dass immer die Vorderseite der Plakette vom Körper abgewandt ist. Durch die beiden in der Plakette vorhandenen Filme kann nämlich die Messstelle auch unterscheiden, ob mehr Strahlung von vorn oder von hinten auf die Plakette aufgetroffen ist. Der Auswertebereich der Filmplaketten liegt zwischen 0,2 mSv und 500 mSv.

Das jederzeit ablesbare **Stabdosimeter** ist ebenfalls ein sehr verbreitetes Dosismessgerät. Es wird meistens gleichzeitig zur Dosismessung mit der Filmplakette verwendet, um unabhängig von der amtlichen Messung der Personendosis die Dosiskontrolle durch Selbstablesung zu ermöglichen. Abb. 3.13 zeigt die Ansicht eines solchen Stabdosimeters. Der übliche Messbereich für die Personendosimetrie reicht von Null bis 2 mSv. Sog. Unfalldosimeter können Messbereiche bis zu 6 Sv aufweisen. In dem in der Werkstoffprüfung verwendeten Energiebereich der Röntgen- und Gammastrahlen sind die Stabdosimeter praktisch energieunabhängig. Sie sind allerdings sehr stoßempfindlich. Bei stärkeren Stößen kann es vorkommen, dass sich die Anzeige sprungartig verändert und so die Dosisermittlung zu diesem Zeitpunkt nicht mehr möglich ist.

Abb. 3.13 Stabdosimeter [3.2]

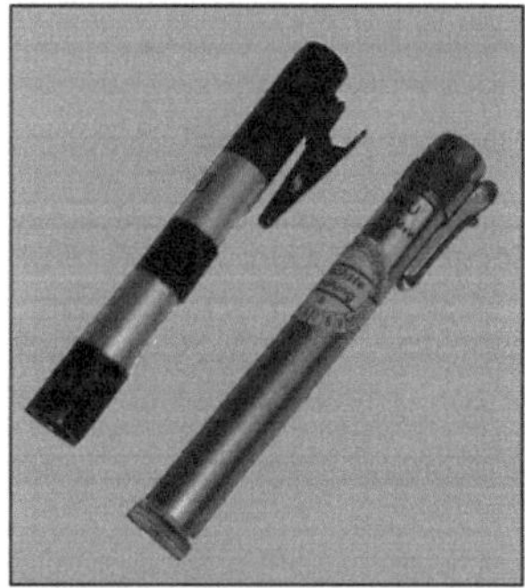

Weiterhin weisen die Stabdosimeter einen gewissen Selbstlauf auf, der bei einwandfreien Geräten allerdings nur einige Prozent pro Monat beträgt. Wenn das Stabdosimeter jeweils morgens und abends abgelesen wird, ist der Messwert durch diesen Selbstablauf praktisch unbeeinflusst. Die Ablesegenauigkeit auf der Skala liegt bei ungefähr +/– 0,03 mSv.

Festkörperdosimeter haben sich zur Personendosismessung noch nicht allgemein durchgesetzt, obwohl sie gegenüber der Filmplakette einige Vorteile aufweisen. Sie können wie die Filmplaketten bei den staatlichen Messstellen angefordert werden.

3.3.2 Dosisleistungsmessgeräte

Das in der Praxis für Strahlenschutzmessungen am häufigsten verwendete Handgerät ist das Dosisleistungsmessgerät mit Geiger- Müller-Zählrohr. Diese Messgeräte sind am handlichsten, robustesten und preiswertesten. Abb. 3.14 zeigt ein gebräuchliches Dosisleistungsmessgerät mit Geiger-Müller-Zählrohr. Diese Geräte haben mehrere einstellbare Messbereiche, die bis zu 1 Sv/h reichen können. Die kleinsten Messbereiche reichen herunter bis zur Anzeige der natürlichen Umgebungsstrahlung (0,1 bis 0,2 mSv/h). Bei einigen Geräten besteht auch die Möglichkeit, eine Außensonde anzuschließen, mit deren Hilfe Dosisleistungsmessungen aus größerer Entfernung vom Messort durchführbar sind. Bei der Einstellung der Messbereiche ist bei solchen Geräten darauf zu achten, dass der zur angeschlossenen Messsonde (Außenzählrohr oder Innenzählrohr) passende Messbereich gewählt wird. Nachteile dieser relativ einfachen Dosisleistungsmessgeräte sind die starke Abhängigkeit des Messwertes von der Strahlenenergie, ihre unruhige Anzeige bei kleinen Dosisleistungen, ihre relativ großen Messungenauigkeiten und ihr außerordentlich großer Messfehler bei pulsierender Strahlung.

Die angezeigten Dosisleistungen sind insbesondere bei kleinen Strahlenenergien zu niedrig. Es ist daher darauf zu achten, bei welcher Energie die Messgeräte kalibriert worden sind. Bei kleinen Dosisleistungen ist ein genaues Ablesen nicht möglich, da durch die ausgelösten Ionenlawinen ein sehr starkes Schwanken der Anzeige hervorgerufen wird. Je

Abb. 3.14 Dosisleistungsmessgerät mit Geiger-Müller-Zählrohr [3.2]

nach Ausführungstyp kann die Messungenauigkeit bis zu +/– 100 % betragen. Bei etwas anspruchsvolleren Geräten liegt die Messungenauigkeit bei etwa +/– 30 %. Bei pulsierender Strahlung wird die Dosisleistungsmessung besonders ungenau oder sogar unmöglich. Bei Strahlung aus Halbwellenanlagen zeigen Geiger-Müller-Zählrohre etwa nur den halben Wert der vorhandenen Dosisleistung an. Diese Charakteristik kann durch Verwendung von Korrekturfaktoren berücksichtigt werden. Bei Röntgenstrahlung aus Röntgenblitzgeräten ist eine Dosisleistungsmessung mit Geiger- Müller-Zählrohren überhaupt nicht möglich, da die Geräte auf solche Strahlungen nicht ansprechen [3.10]. Ionisationskammermessgeräte weisen diese Nachteile nicht auf [3.4]. Allerdings ist ihre Messempfindlichkeit nicht so groß wie bei Messgeräten mit Geiger-Müller-Zählrohren. In vielen Fällen beginnen ihre Messbereiche erst bei 0,01 mSv/h. Diese Messgeräte sind wesentlich teurer, unhandlicher und empfindlicher gegenüber mechanischen Stößen, wie sie beim Baustellenbetrieb nicht zu vermeiden sind. Sie sind daher für den allgemeinen Baustellenbetrieb weniger gut geeignet.

3.3.3 Dosisleistungswarngeräte

Dosisleistungswarngeräte arbeiten mit Geiger-Müller-Zählrohren. Sie haben im Normalfall keine ablesbare Anzeige, sondern sind so geschaltet, dass bei Überschreiten eines fest eingestellten oder auf verschiedene Werte einstellbaren Dosisleistungsgrenzwertes optische oder akustische Warnsignale abgegeben werden. Als Taschengeräte dienen sie der persönlichen Sicherheit des Prüfpersonals, indem dieses gewarnt wird, wenn am Aufenthaltsort ein zu hoher Strahlenpegel herrscht (Taschenschreier). In Verbindung mit Warnlampen werden sie zur Warnung vor Strahlenbereichen verwendet. Einige Gerätetypen zeigen die Zunahme der Dosisleistung über den eingestellten Schwellwert hinaus qualitativ durch Zunahme der Warntonfrequenz oder ähnlichem an. Diese Gerätetypen sollten wirklich nur als persönliche Warngeräte und nicht als Dosisleistungsmessgeräte verwendet werden, da die Messunsicherheiten dieses einfachen elektrischen Messaufbaues wesentlich größer als von Dosisleistungsmessgeräten sind und damit eher in der Größenordnung von + 100 % liegen. Abb. 3.15 zeigt einige übliche Ausführungen von Dosisleistungswarngeräten [3.2].

An die Warngeräte zur persönlichen Sicherheit der Prüfer werden heute zusätzliche Bedingungen gestellt. Die Batteriespannung darf nicht abschaltbar sein, damit das Gerät nicht versehentlich beim Fortsetzen der Arbeiten ausgeschaltet bleibt. Das Gerät muss die Batteriespannung selbst überwachen und bei nicht mehr ausreichender Batteriespannung ein deutlich wahrnehmbares Signal abgeben. Für die Dosisleistungswarngeräte gelten die gleichen Vorbehalte wie für Dosisleistungsmessgeräte mit Geiger-Müller-Zählrohren. Bei Röntgenstrahlung aus Halbwellenanlagen sprechen auch die Warngeräte erst bei etwa der doppelten Dosisleistung im Vergleich zum eingestellten Schwellwert an. Bei Röntgenblitzstrahlung erfolgt auch bei sehr hoher Dosisleistung überhaupt keine Warnung mehr.

Abb. 3.15 Verschiedene Aus-
führungsformen von Dosisleistungswarngeräten [3.2]

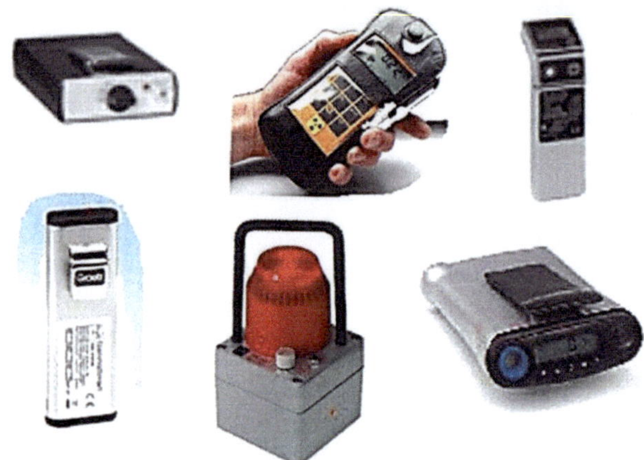

Abb. 3.16 Dosisleistungsmessgeräte der Fa. Graetz [3.8]

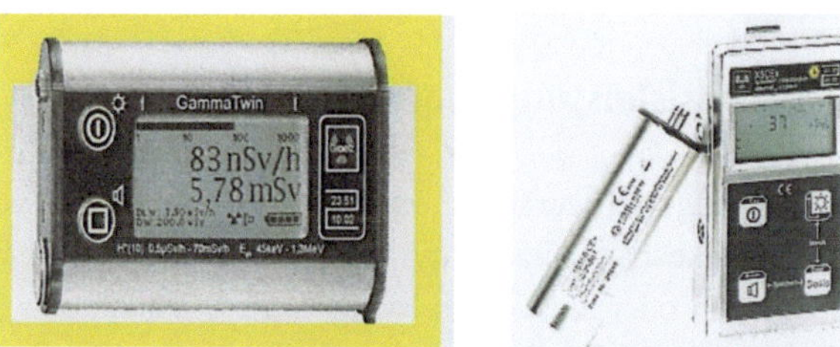

Für Arbeiten in Kernkraftwerken werden auch Dosiswarngeräte verwendet, die beim
Überschreiten eines bestimmten eingestellten Dosiswertes akustisch warnen.

In Abb. 3.16 sind zwei Typen von Dosisleistungsmessgeräten abgebildet, die gleichzeitig auch als Warngeräte arbeiten können. Sie besitzen je 4 Warnschwellen für die Dosis
und die Dosisleistung und sind eichfähig [3.8].

Die Funktionskontrolle bei Stabdosimetern erfolgt im Prinzip jedes Mal automatisch
beim Nullstellen des Gerätes. Weiterhin sollte bei älteren Stabdosimetern von Zeit zu Zeit
der Selbstablauf kontrolliert werden. Bei einem Verdacht, dass ein Gerät nicht mehr rich-
tig misst, sollte eine Vergleichsmessung mit mehreren Dosimetern durchgeführt werden,
indem alle im Vergleich verwendeten Dosimeter gleichzeitig und unter gleichen geometrischen Bedingungen eine bestimmte Zeit bestrahlt werden.

Zur Funktionskontrolle von Dosisleistungsmessgeräten gehört vor allem die regelmäßige Kontrolle der Batteriespannung. Diese muss unbedingt vor dem Mitnehmen der Geräte auf Baustellen kontrolliert werden, da die in diesen Geräten verwendeten Batterien
meist keine handelsüblichen Batterien, sondern Spezialbatterien sind, die nicht in jedem
Elektrogeschäft zu erhalten sind. Eine weitere Kontrollmöglichkeit besteht darin, das
Messgerät in die Nähe eines Gammaarbeitsbehälters zu halten, um zu kontrollieren, ob ein
Zeigerausschlag auftritt. Weiterhin ergibt auch hier ein Vergleich mehrerer Messgeräte

untereinander unter gleichen Messbedingungen Hinweise auf eventuelle Dejustierungen einzelner Messbereiche.

Die Funktionskontrolle bei Dosisleistungswarngeräten erfolgt z.B. durch Beobachtung des Kontrolltones zur Überprüfung der ausreichenden Batteriespannung und durch Heranbringen des Gerätes an ein geschlossenes Gammaarbeitsgerät. Stehen keine Gammaarbeitsgeräte zur Funktionskontrolle zur Verfügung, z.B. wenn nur mit Röntgengeräten gearbeitet wird, ist die Anschaffung eines Prüfstrahlers empfehlenswert.

Nach dem „Eichgesetz" und der „Eichordnung" müssen Dosis- und Dosisleistungsmessgeräte seit dem 1. Januar 1977 im Energiebereich von 5 keV bis 3 MeV jedes zweite Jahr geeicht sein. Bei der Eichung wird jedem angezeigten Wert auf dem Gerät ein bestimmter Messwert zugeordnet. Von den in der Praxis angewendeten Messgeräten betrifft die Eichpflicht die Stabdosimeter und die Dosisleistungsmessgeräte. Dosisleistungswarngeräte und Dosiswarngeräte unterliegen nicht der Eichpflicht, da sie nicht zu der Gruppe der anzeigenden Messgeräte gehören.

Literatur

[3.1] Agfa-Gevaert NV. Industrielle Radiografie 1990;
[3.2] Schiebold, Skript RT 3 LVQ-WP Werkstoffprüfung GmbH;
[3.3] Dosisleistungsmesssysteme Graetz Gamma Twin und X 5 C Ex, Prospekt 2011;
[3.4] Eisenkolb, Kurzmann, Einführung in die Werkstoffkunde, Deutscher Verlag für Grundstoffindustrie, Band VI, 1970;
[3.5] Sauerwein, Link, Weinlich, Vereinheitlichung der europäischen Normen und die Konsequenzen für Gammagrafiegeräte, DGZfP-Jahrestagung Garmisch-Partenkirchen 1993;
[3.6] DIN 54115-4, ZfP- Strahlenschutzregeln für die technische Anwendung umschlossener radioaktiver Stoffe, Herstellung und Prüfung ortsveränderlicher Strahlengeräte für die Gammaradiographie, Jan. 2006;
[3.7] DIN 54113-3, ZfP- Strahlenschutzregeln für die technische Anwendung von Röntgeneinrichtungen bis 1 MV, Formeln und Diagramme für Strahlenschutzberechnungen für Röntgeneinrichtungen bis zu einer Röhrenspannung von 450 kV;
[3.8] DIN 54113-3, Beiblatt, Abschätzen von Kontrollbereichen;
[3.9] Liebram, Niemann, Nielsen, Neue tragbare Röntgengeräte mit 1200 W Leistung, DGZfP-Jahrestagung Rostock 2005;
[3.10] Osterloh, Zscherpel, Ewert, Weiss, Einsatzmöglichkeiten mobiler Röntgenblitzröhren, DGZfP-Jahrestagung Mainz 2003;

Spezielle Durchstrahlungstechniken

4

4.1 Digitale Durchstrahlungsprüfung

Noch vor nicht allzu langer Zeit war der Nachweis von Röntgen- und Gammastrahlen auf Methoden beschränkt (Abb. 4.2), die eine Mechanisierung oder Automatisierung der Durchstrahlungsprüfung nicht oder nur im beschränktem Maße zugelassen haben. In den letzten fünfzig Jahren hat die Durchstrahlungsprüfung wesentliche Fortschritte vollbracht, insbesondere in Bezug auf die technische Ausführung hin zur Mechanisierung und Automatisierung. Abb. 4.1 gibt einen Überblick über den Aufbruch in der Durchstrahlungsprüfung.

Seit langer Zeit schon besteht der Wunsch nach filmloser Radio*grafie*. Die Radioskopie ist ein konkreter Anwendungsfall dafür. Hauptmerkmale für einen Ersatz der radiografischen Filme ist deren Verarbeitung und Auswertung. Selbst beim Einsatz automatischer Filmentwickleranlagen sind die Geschwindigkeit der Prüfung und damit der Durchsatz von Werkstücken nicht ausreichend. Die Mechanisierung oder Automatisierung der radiografischen bzw. radioskopischen Prüfung verlangt die digitale Radiografie mit entsprechenden Sensoren oder Speichermedien. Man kann deshalb davon ausgehen, dass die digitale Radiografie in folgenden Richtungen betrieben wird:

Abb. 4.1 Fortschritte in der Durchstrahlungsprüfung [4.29]

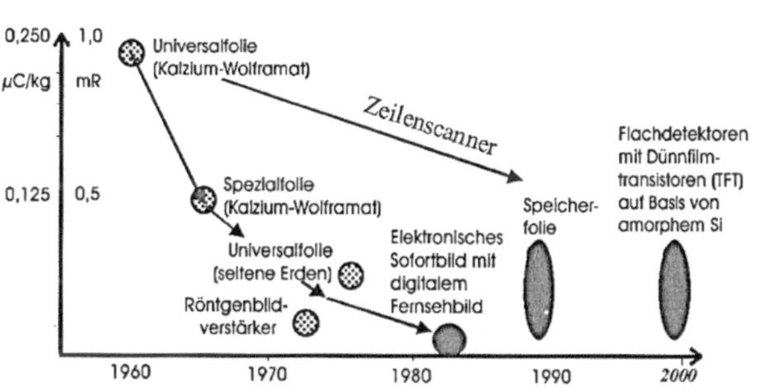

K. Schiebold, *Zerstörungsfreie Werkstoffprüfung – Durchstrahlungsprüfung,*
DOI 10.1007/978-3-662-44669-0_4, © Springer-Verlag Berlin Heidelberg 2015

- Digitalisierung vorhandener Filme,
- Speicherleuchtstofftechnik,
- Ersatz von Röntgenfilmen durch Sensoren.

Zu den Einsatzgebieten der Filmdigitalisierung gehören ferner:

- Die digitale Archivierung der Filme in Datenbanken,
- Die quantitative Analyse der Ergebnisse der Durchstrahlungsprüfung,
- Die Anwendung digitaler Filmverarbeitung zur Fehlerabbildung,
- Die Nutzung von Kommunikationsnetzen zur Bildübertragung.

Der Einsatz digitaler Technik in der Durchstrahlungsprüfung ist jedoch auch abhängig von der Bildverarbeitung und der Bildqualität.

Abb. 4.2 Methoden zum Nachweis von Röntgen- oder Gammastrahlung [4.33]

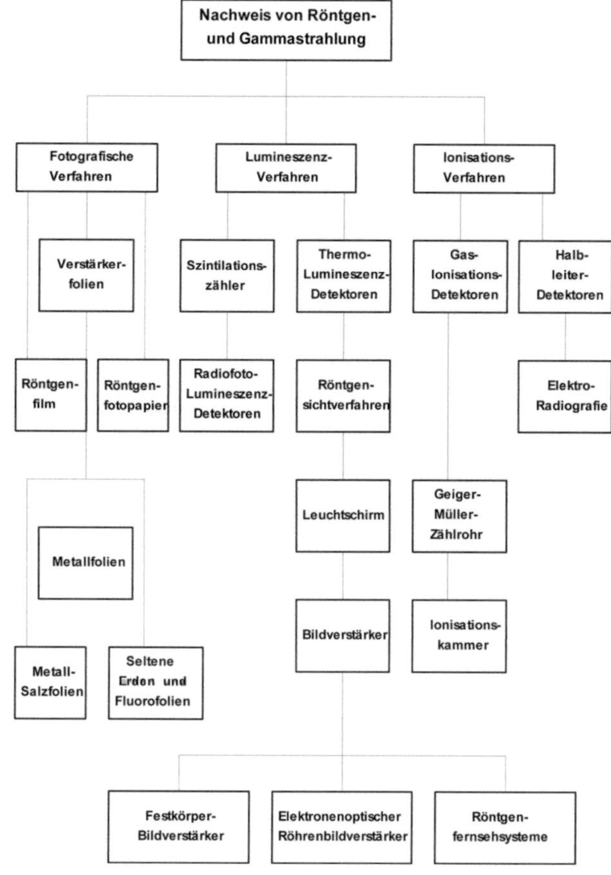

4.1.1 Digitalisierung vorhandener Filme

Ein Grund für die Digitalisierung radiografischer Aufnahmen besteht darin, dass Prüfdienstleister oft die Filme an ihre Auftraggeber abgeben müssen [4.3]. Da man vorher nicht weiß, welche Aufnahme Fehler aus den Werkstücken zeigen wird, müsste man stets zwei Filme zur Belichtung vorbereiten, was sich aus Kostengründen ausschließt. So kam man frühzeitig auf die Idee, die kritischen Filme, die unter Umständen die Grundlage für die Diskussion und Entscheidung von Schadensfällen oder Reklamationen bilden können, zu digitalisieren. Die von den Filmherstellern angebotenen Geräte für die Filmkopierung sind diesbezüglich nicht oft angenommen worden, weil sie einerseits relativ teuer und andererseits t.w. Qualitätsverluste beim Kopieren nicht zu vermeiden waren. Mit der Entwicklung der industriellen Scannersysteme wurde eine Möglichkeit zur Digitalisierung einzelner Filme geebnet, allerdings zunächst auch mit zum Teil nicht geringen Qualitätsverlusten. Die gegenwärtig bekanntesten Funktionsprinzipien zur Digitalisierung radiografischer Aufnahmen sind ZfP-Film-Folien-Systeme als Vergleichsaufnahmen, die anschließend digitalisiert werden, auch digitale Reproduktion von Durchstrahlungsfilmen genannt. Diese Reproduktion vollzieht sich in drei Schritten, dem Einscannen der Originalfilme, der Datenaufbereitung zur digitalen Ausgabe und der Belichtung der Daten auf dem Laserfilmbelichter.

Das Scannen kann in Abhängigkeit vom Filmschwärzungsbereich mit einem Laser-Scanner oder mit dem CCD-Zeilenscanner erfolgen. Bei der Datenaufbereitung handelt es sich um eine densitometrische und eine geometrische Skalierung. Bei der densitometrischen Skalierung werden die unterschiedlichen Filmschwärzungen im auszuwertenden Bereich der Durchstrahlungsfilme am Graustufenmonitor proportional in 256 Graustufen kodiert. Die densitometrisch skalierten Bilddaten werden bei der geometrischen Skalierung auf die jeweilige Filmformatgröße angepasst, so dass sich das Ausgabebild problemlos beliebig oft auf dem Filmbelichter ausgeben lässt (Abb. 4.3).

Nach erfolgter Filmbelichtung wird der belichtete Spezialfilm in einer Entwicklermaschine auf nasschemischem Wege entwickelt und fixiert. Abb. 4.4 zeigt einen speziellen Multifunktionsscanner für die zerstörungsfreie Prüfung.

Anstelle der Scanner werden zunehmend auch CCD-Kameras zur Auswertung von digitalisierten Röntgenfilmen eingesetzt. Sie müssen in der Lage sein, auch geringe Schwärzungsunterschiede aufzulösen und möglichst verlustfrei in digitale Daten umzuwandeln, um z.B. feinste Risse in Schweißnähten erkennen zu können [4.30].

4.1.2 Speicherleuchtstofftechnik

Speicherfolien sind als Ersatz für konventionelle Filme entwickelt worden. Sie sind in der Lage, Strahlung zu speichern. Dabei entsteht im Leuchtstoffkristall proportional zur Dosisleistung ein latentes Abbild der Strahlungsverteilung. Diese Folien sind digitale Speicherfolien, die man auch als Imaging Plates bezeichnet. Man belichtet sie ähnlich wie

Abb. 4.3 Technische Daten eines Filmbelichters [4.3]

Abb. 4.4 Spezieller Multifunktionsscanner für die ZfP [4.19]

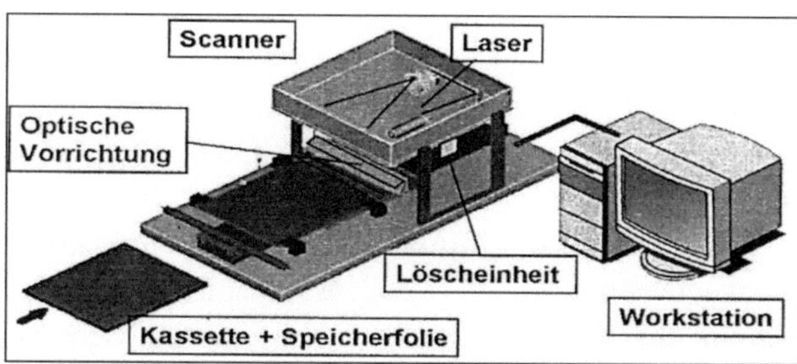

Röntgenfilme und übernimmt die gespeicherten Daten mit Hilfe eines Laser-Scanners. Anschließend kann der Inhalt der Speicherfolien in einem separaten Löschgerät gelöscht werden. Man kann davon ausgehen, dass die Folien ca. 1000-fach wiederverwendet werden können [4.31].

Die Folien, wie z.B. Lumineszenz-Folien haben z.B. Formate von 20 × 25 cm oder 20 × 40 cm. Zum System gehören flexible Speicherfolien mit einer 10 μm dicken Schutzschicht über der Phosphorschicht und einer Folie ohne Schutzschicht. Grundsätzlich basiert diese Technologie auf dem Prinzip der Fotoluminiszenz.

Spezielle Leuchtstoffe werden durch Röntgen- oder Gammastrahlung metastabil angeregt. Die latente Bildinformation wird durch Stimulierung mit Laserlicht ausgelesen, wobei die Lichtemission von der empfangenen Dosis abhängig ist. Das durch einen Abtastlaser generierte Licht wird von einem Fotovervielfacher erfasst, elektronisch verarbeitet und digital abgespeichert. Die digitalen radiografischen Aufnahmen können auf einem Monitor angezeigt oder auf einem Film ausgedruckt werden.

Speicherfoliensysteme bieten bei der Bilderstellung, Bilddarstellung und Bildanalyse Vorteile gegenüber der klassischen Radiografie. Ihre Qualität ist allerdings vom verwendeten Speicherfoliensystem (Folientyp und Scanner) abhängig, weil die Abbildungseigen-

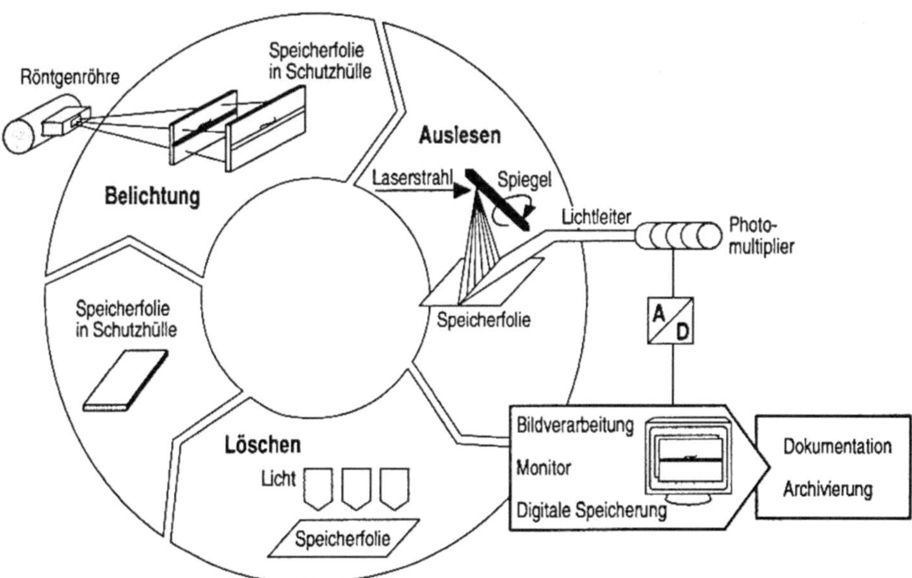

Abb. 4.5 Verarbeitungskreislauf der Speicherfolien-Radiografie [4.54], [4.55]

schaften durch den Aufbau und die Wirkungsweise des Scanners und der Speicherfolie beeinflusst werden. Generell benötigen Lumineszens-Speicherfolien Vorder- und Hinterfolien, um den gleichen spezifischen Kontrast wie der Film zu erreichen [4.31]. In Abb. 4.5 wird der Verarbeitungskreislauf der Speicherfolien-Radiografie gezeigt.

4.1.3   Digitale Sensoren

Solche Sensoren zur Digitalisierung vorhandener Filme der bekannten Formate sind beispielsweise Festkörper-Matrix-Detektoren aus amorphem Silizium zum indirekten Nachweis von Röntgenstrahlung unter Benutzung von Konverterfolien aus GdOS oder Csl und Festkörper-Matrix-Detektoren [4.51] aus amorpher Selen-Schicht zur direkten Detektion von Röntgenstrahlung. Im Falle des amorphen Selens werden die Röntgenstrahlen direkt in Elektronen umgewandelt. Die Detektoren aus amorphem Silizium hingegen arbeiten mit den Leuchtstofffolien zur Umwandlung von Röntgenstrahlen in Lichtphotonen, die wiederum von Photodetektoren aus amorphem Silizium in Photoelektronen umgewandelt werden [4.51]. Das Prinzip der Filmdigitalisierung wird im Abb. 4.6 dargestellt.

Die Filme werden in einer Scannereinheit gelesen, indem der Film von intensivem weißem Licht durchleuchtet und die durchgehende Lichtintensität mittels CCD-Elementen gemessen wird. Die gemessene Lichtmenge wird wiederum in ein digitales Spannungssignal transformiert. So entsteht ein digitales Abbild als Summe der Einzelinformationen.

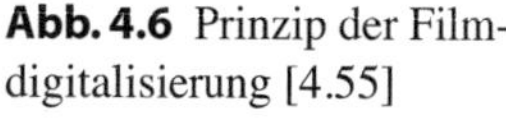

Abb. 4.6 Prinzip der Filmdigitalisierung [4.55]

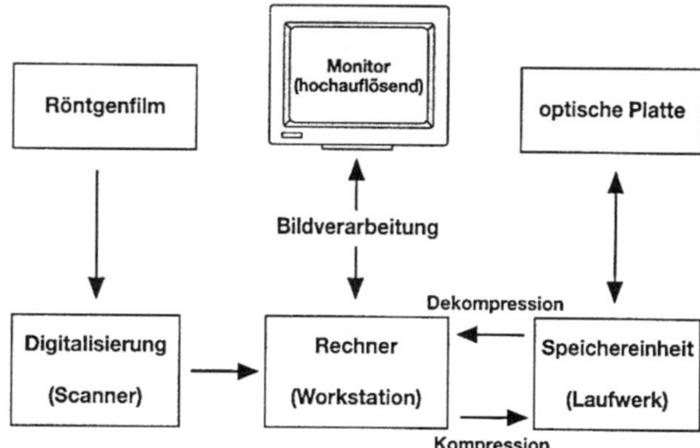

Es können Durchstrahlungsaufnahmen bis zu einer Filmschwärzung von 4,5 digitalisiert
werden, wobei der optimale Arbeitsbereich zwischen 2,0 und 3,5 liegt. Digitalisiert werden die Filme sämtlicher für die ZfP wichtigen Strahlenquellen, wie Röntgen, Ir192, Se75
oder Co60 [4.20].

Zur Verarbeitung der anfallenden großen Datenmengen gehören neben dem Scanner
eine leistungsfähige Workstation mit der entsprechenden Software, hochauflösende Monitore für die Bildanalyse, ein digitales Archiv auf der Basis optischer Platten sowie Peri-
pheriegeräte zur Dokumentation. Mit den damit gegebenen Archivierungsmöglichkeiten
ist eine Aufbewahrung von Filmen überflüssig, eine rechnergestützte Analyse der Aufnahmen gesichert sowie eine bessere Anzeigenerkennbarkeit gegenüber der visuellen Auswertung vorhanden. Auf dem Markt werden von der Medizin abgeleitete Archivierungs-
systeme für die ZfP angeboten [4.15].

Die Einführung der DIN EN ISO 17636-1 [4.16] und -2 [4.17] als Ersatz der DIN EN
1435 [4.14] sowie die DIN EN 13068-1 [4.49], -2 [4.50], -3 [4.51] zeigen erstmalig Wege
auf, wie man einen digitalen Detektor für die technische Radiografie auswählen soll, um
im Vergleich zur Filmradiografie eine äquivalente Bildqualität erhalten kann. Hauptforde-
rungen sind die Basis-Ortsauflösung und das erreichbare normierte Signal/Rausch-Ver-
hältnis [4.13].

In der BAM wurde ein kosteneffektiver digitaler Röntgendetektor für die Digitale Rönt-
genanwendung (DIR) entwickelt, der auch nachgebaut werden kann [4.12]. Für den Ein-
stieg in die Röntgenprüfung nach Norm mit digitalen Detektoren hat Yxlon Empfehlungen
veröffentlicht, wonach z.B. die ASTM DDA Practice E2698 als Leitfaden dienen kann
[4.11].

Detektoren mit hybridem Aufbau des Sensors wurden vom IZfP beschrieben [4.10], bei
denen ionisierende Strahlung im Halbleitermaterial des Sensors freie Ladungsträger erzeugt, die durch ein Feld getrennt werden und zu den Elektronen triften. Die dabei entstehenden Pulse werden als Treffer gezählt oder unterdrückt. Ein weiterer Röntgendetektor
mit Langzeitstabilität XEye wurde vom Fraunhofer Institut IIS entwickelt, bei dem Schä-

Abb. 4.7 Flachdetektoren
XRD der Fa. Yxlon [4.4]

digungen der Halbleiterschicht vermieden werden, indem sämtliche sensible elektronische Bauelemente vor der Röntgenstrahlung geschützt werden [4.8].

Die Firma Yxlon hat strahlenfeste Flachdetektoren vom Typ XRD entwickelt, bei denen die Alterungserscheinungen der 1. Generation weitgehend abgestellt werden konnten (Abb. 4.7).

Flächendetektoren sind zumeist aSi-Halbleiter-Detektoren (Amorphes Silizium). Sie zeichnen sich durch eine hohe Ortsauflösung und einen guten Dynamikumfang aus und sind damit sehr gut für die Prüfung von Gussteilen mit großen Wanddickenunterschieden, aber auch für die Schweißnahtprüfung geeignet [4.5], [4.6], [4.24]. Das wurde nachgewiesen anhand der Bildgüteprüfkörpererkennbarkeit der Flächendetektoren [4.7].

4.1.4   Digitale Bildverarbeitung und Bildqualität

Mit Hilfe der digitalen Bildverarbeitung lassen sich Aussagen über die Bildqualität und insbesondere über die Kenngrößen Körnigkeit, Kontrast und Unschärfe gewinnen, so dass überprüft werden kann, ob bestimmte Mindestanforderungen bei der Röntgenaufnahme und bei der Filmentwicklung eingehalten wurden. In Abb. 4.8 ist schematisch der Aufbau eines Bildverarbeitungssystems wiedergegeben.

Die Integration von Scanner und hochleistungsfähigen Rechnern bietet Möglichkeiten zur rechnergestützten Auswertung von Anzeigen in einer Durchstrahlungsaufnahme. Die Rechnerleistung ist damit vorentscheidend für die Durchsatzsteigerung in automatisierten Prüfanlagen [4.27], [4.29]. Mit Hilfe spezieller Algorithmen ist eine objektive und schnelle Auswertung auch von relativ kontrastarmen Anzeigen im Bereich von großen Schwärzungsunterschieden gegeben. Die Anzeigen werden durch die Größen Kontrast, Halbwertsbreite und Länge quantitativ beschrieben, wobei Registrierschwellen festgelegt wer-

Abb. 4.8 Aufbau eines Bildverarbeitungssystems (schematisch) [4.3]

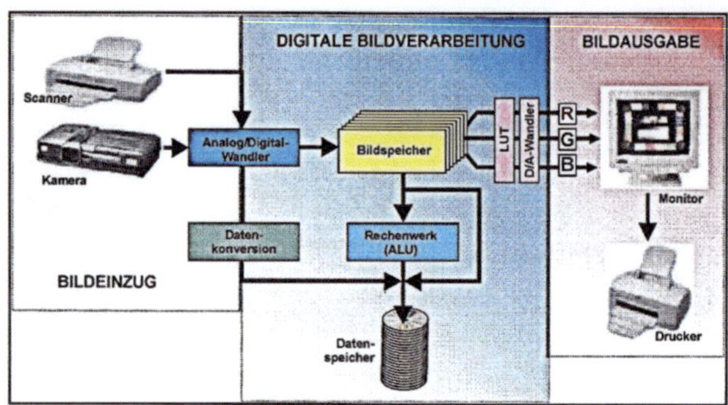

Abb. 4.9 Relativer Kontrast
berechnet und gemessen über
der Wanddicke von austenitischen Rohrschweißnähten in
Abhängigkeit von der Bildgütezahl [4.3]

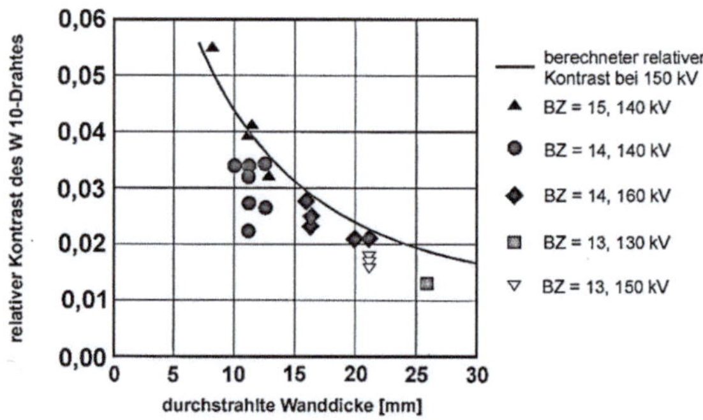

den können, um relevante Anzeigen vom Rauschuntergrund und von Formanzeigen zu
unterscheiden.

Die Körnigkeit lässt sich über die Standardabweichung der Grauwerte in einem Bild-
ausschnitt gleicher Schwärzung abschätzen. So sollten die für eine bestimmte Filmgüte-
klasse ermittelten Standardabweichungen unterhalb der Schwelle der nächst ungünstige-
ren Güteklasse liegen. So kann im Prinzip auch ein erhöhtes Rauschen der optischen Dichte, z.B. aufgrund unsachgemäßer Filmverarbeitung mittels digitaler Bildverarbeitung von
Durchstrahlungsaufnahmen nachgewiesen werden. Von Wissenschaftlern der BAM wird
unter Bezug auf die DIN EN ISO 17636-2 [4.16] und die DIN EN 14784-2 [4.21] der Zusammenhang von Grauwerten und dem normierten Signal-Rausch-Verhältnis in der digitalen Radiografie dargestellt [4.22].

Über den Kontrast lassen sich Aussagen mit Hilfe von Grauwertprofilen der Drahtste-
ge des Bildgüteprüfkörpers vornehmen. Anhand der Grauwertprofile, die längs und quer
über die gesamte Aufnahme im Grundwerkstoffbereich gelegt werden, können die
Schwärzungsmaxima ermittelt werden. Damit kann z.B. überprüft werden, ob die Strahlenquelle bei der Aufnahme auf die Schweißnahtmitte ausgerichtet worden ist. In Abb. 4.9
ist der relative Kontrast und die Bildgütezahl bei austenitischen Rohrschweißnähten über
der durchstrahlten Wanddicke aufgetragen. Die gemessenen Kontrastwerte unterscheiden

sich bei bestimmten Wanddicken zum Teil erheblich voneinander und liegen t.w. deutlich unterhalb des berechneten relativen Kontrastes.

Die Unschärfe wird nach DIN EN ISO 19232-5 [4.28] aus dem kleinsten Doppeldrahtstegelement ermittelt, dessen Abb. der beiden Drähte gerade nicht mehr aufgelöst werden kann. Mit Hilfe von Grauwertprofilen lässt sich auch die Unschärfe in der digitalisierten Abbildung beschreiben. Dazu wird das Verhältnis des Kontrastes (S1 des Zwischenraumes eines Doppeldrahtes ($\Delta S = \log G1/G2$) mit G1 und G2 als oberer und unterer Grauwert zum Kontrast der beiden Drähte $\Delta S2$ gebildet. Das Verhältnis dieser beiden Kontraste ist bei gleichen Unschärfen in erster Näherung unabhängig von der durchstrahlten Wanddicke. Die Unschärfe gemäß DIN EN ISO 19232-5 entspricht dem Bildelement, bei dem das Verhältnis des Kontrastes $\Delta S1$ zum Kontrast $\Delta S2$ zu Null wird, wobei zusätzlich die Unschärfe des Scanners zu berücksichtigen ist.

4.1.5 Anwendungsbeispiele

In einem Werk für längsnahtgeschweißte Großrohre mit 60 bis 160 mm Rohrdurchmesser und Wanddicken zwischen 8 und 45 mm sind bis zur Einführung der filmlosen Radiographie täglich bis zu 1000 Röntgenaufnahmen angefallen. Jede Aufnahme musste ausgewertet und archiviert, d.h. 12 Jahre lang aufbewahrt werden. Man kann sich die daraus resultierenden Kosten für die Logistik, Beschaffung und termingerechte Bereitstellung der Filme und für die Lagerung gut vorstellen.

Nicht zu vergessen sind die großen Mengen an Chemikalien für die Filmentwicklung und die Entsorgung des Materials. Weiterhin haben Untersuchungen ergeben, dass bei der Auswertung der Filme selbst erfahrene Filmauswerter nur ca. 70 bis 80% aller Fehler finden, so dass auch aus diesem Grunde eine Automatisierung des Prüfprozesses große Vorteile in Aussicht stellte. Tabelle 4.1 beinhaltet die technischen Daten der projektierten radiografischen Prüfanlage im Rohrwerk [4.53].

Die Abbildungen 4.10 und 4.11 zeigen die Anlage im Betrieb. Die Durchstrahlung der Rohre musste von innen nach außen erfolgen, weil es nicht möglich war, den Bildwandler innerhalb der Rohre zu verfahren. Er wurde oberhalb der Rohre an einem in Längsrichtung verfahrbaren und höhenverstellbaren Wagen aufgehängt.

Das vom Bildwandler gelieferte Videosignal wird vom Rechnersystem digitalisiert und in Echtzeit per Software integriert. Die Archivierung der Bilder erfolgt auf einem Spezialrechner. Technologisch wird die Röntgenanlage eingeschaltet, sofern bei der automatischen Ultraschallprüfung Anzeigen entstehen. Sobald das fehlerhafte Rohr vor der Röntgenkammer liegt und die Eingabe der Rohrnummer erfolgt ist, werden die Röntgenpositionen zum Rechner der filmlosen Radiographie übermittelt und das Rohr in die Kammer gefahren. Röhre und Bildwandler werden an die zu durchstrahlende Position bewegt, während die Schweißnaht durch einen Nahtsensor mittig unter dem Bildwandler eingestellt wird, um eine senkrechte Durchstrahlung zu sichern. Danach erfolgt die Bildaufnahme, wobei alle an einem Rohr durchgeführten Aufnahmen auf einer Festplatte abgelegt werden. Der Auswerter kann jetzt darüber verfügen. Erst nach seiner Entscheidung werden die Aufnahmen gespeichert. So werden auch Reparaturen veranlasst und das Rohr danach erneut zum Röntgen geschickt. Die Archivierung wird regelmäßig einmal pro Schicht durchgeführt.

Tab. 4.1 Technische Daten der radiographischen Prüfanlage [4.53]

Röntgenröhre	
Max. Röhrenspannung	250 KV
Max. Verlustleistung	480 W
Brennfleckgröße (nominell)	0,4 mm
Bildwandler	
Eingangsschirm-Durchmesser	220 mm
Nutzbares Eingangsfenster	95 x 170 mm
Optik	Hochauflösende, lichtstarke Tandemoptik
Kamera	HDTV-CCD-Kamera
Bildverarbeitung	
Digitalisierung	1024 x 1024 Pixel
Integration	Per Software 25 Bilder / s
Funktionen	Filter, Vermessung, Histogramm
Speicherung	Redundand auf 2 getrennten Festplatten
Rechnersystem	
SCSI-Cluster	2 x Digital Alpha Station 500 / 400
Betriebssystem	Open VMS
Benutzeroberfläche	OSF / MOTIF
Archivierung	
Medium	CD-R
Dateisystem	ISO 9660
Format der Bilddateien	TIFF (unkomprimiert)
Kapazität	> 500 Bilder

Abb. 4.10 Ansicht der Technik bei der filmlosen Radiografie an Großrohren [4.53]

Abb. 4.11 Ansicht der Technik bei der filmlosen Radiografie an Großrohren [4.53]

Die Abbildungen 4.12 und 4.13 zeigen Beispiele für die Ortsauflösung und für einen Befund der digitalen Radiografie im Vergleich mit einem Röntgenfilm.

Abb. 4.12 Ortsauflösung des Films (oben) u. der filmlosen Radiografie (unten) [4.53]

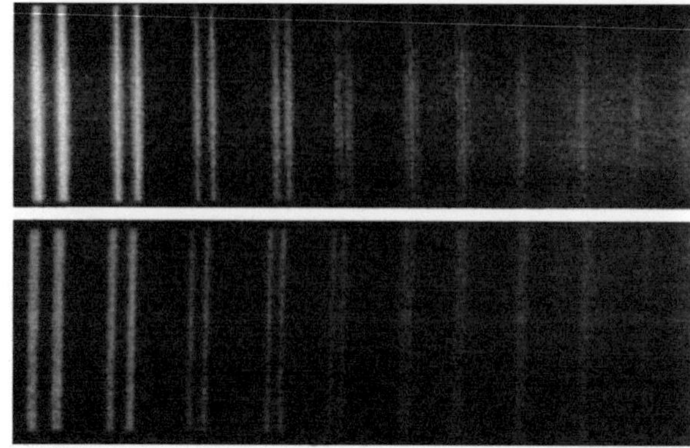

Abb. 4.13 Poren im Film (oben) und in der filmlosen Radiografie (unten) [4.53]

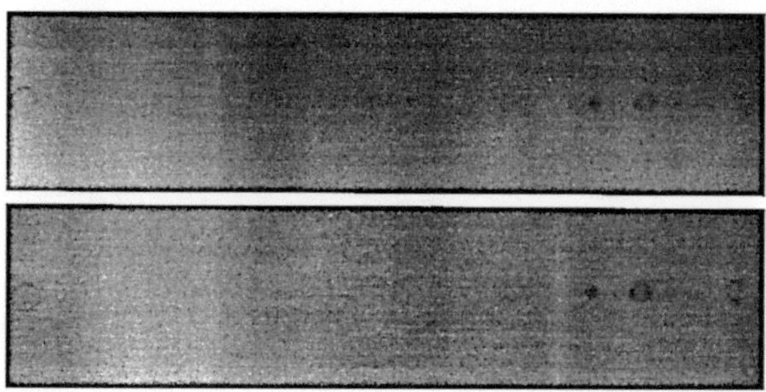

In einem weiteren Beispiel wird ein digitales Radiografie-System vorgestellt, mit dem Wanddicken bzw. Restwanddicken und Durchmesser an isolierten und nichtisolierten Rohrleitungen ermittelt werden können. Die mit einem digitalen Detektor aufgenommenen Durchstrahlungsbilder werden im Rechner (Notebook) gespeichert, ausgewertet und archiviert. Mit der Software können alle Objekt- und Aufnahmedaten erfasst werden, die anschließend im Protokoll ausgedruckt werden müssen.

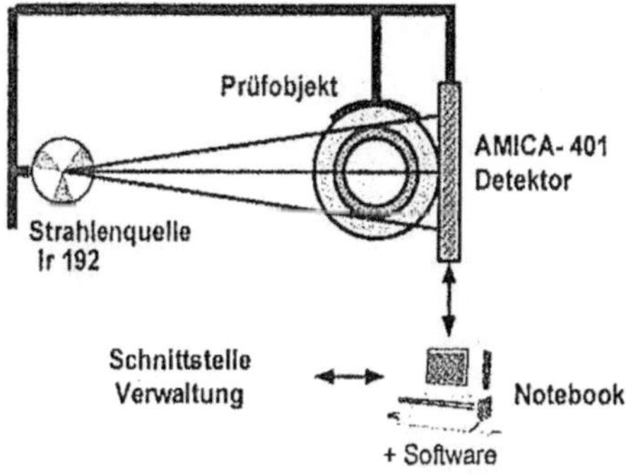

Abb. 4.14 Schematischer Aufbau und Ansicht des Systems [4.25]

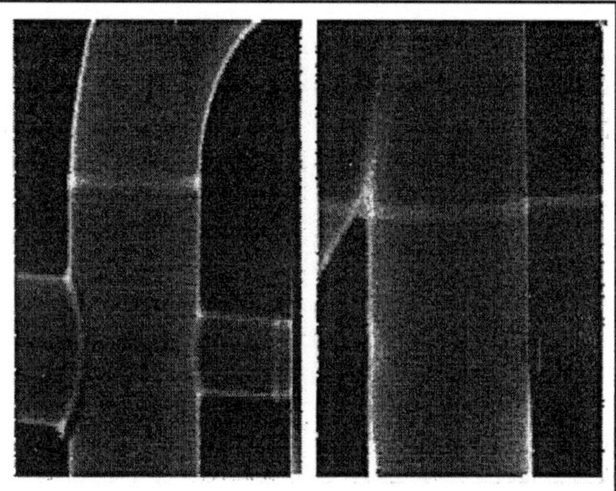

Abb. 4.15 Befestigung des Detektors am Rohr und Ir 192-Aufnahme einer Rohrleitung mit abgerissenem Rohrabgang [4.25]

Die hauptsächlichen Vorteile des Systems liegen in der sofortigen Auswertung der Aufnahmen direkt vor Ort nach der Belichtung, in den sehr kurzen Belichtungszeiten und der damit verbundenen geringeren Strahlenbelastung, dem Einsparen von Filmmaterial und von Chemikalien sowie in der Möglichkeit auch ohne Entisolierung der Rohre auskommen zu können. Abb. 4.14 zeigt den schematischen Aufbau des Systems, Abb. 4.15 die Befestigung eines Detektors an einer Rohrleitung und den Teil einer Rohrleitung mit abgerissenem Rohrabgang.

4.2 Radioskopie (Durchleuchtung)

Im Gegensatz zur Radiografie, wo der radiografische Befund eines Werkstückes fast immer auf einem Film abgebildet wird, werden bei der Radioskopie Leuchtschirme oder zunehmend digitale Bildverarbeitungssysteme eingesetzt. Wenn Röntgenstrahlung durch ein Werkstück auf einen Fluoreszenzleuchtschirm fällt, so entsteht darauf ein sichtbares Bild mit zum Röntgenfilm umgekehrter Hell-Dunkel-Verteilung. Die Betrachtung eines solchen Röntgenbildes erfolgt entweder über ein Spiegelsystem oder mit Hilfe von strahlenabsorbierendem Glas. Das Bild ist dadurch aber relativ dunkel und kontrastarm, so dass mit dieser Methode zumeist nur dünnwandige Gussteile aus leichtatomigen Metallen, wie Aluminium, untersucht werden können. Durch die Einführung von Röntgenbildverstärkern und digitalen Bildverarbeitungssystemen wurde das Verfahren inzwischen verbessert. Dadurch hat sich der Anwendungsbereich auch auf die Schweißnahtprüfung von Rohren erweitert [4.2]. Die Radioskopie ist gegenwärtig in der Norm DIN EN 13068-1 bis 3 standardisiert [4.49], [4.50], [4.51].

4.2.1 Grundprinzip der Radioskopie

Auch aus Gründen des Strahlenschutzes werden im Allgemeinen für die industrielle Radioskopie Systeme eingesetzt, die eine flexible Einstellung der Einstrahlrichtung und Prüfperspektive sowie eine online Betrachtung des Durchleuchtungsbildes ermöglichen (Abb. 4.16).

Entsprechend Abb. 4.16 lassen sich unterscheiden:

a) die Strahlenbildentstehung und
b) die Umwandlung in ein sichtbares Bild mit anschließender Bildübertragung.

4.2.1.1 Strahlenbildentstehung

Die vom Röntgenstrahler ausgehende Strahlung erzeugt beim Durchgang durch den Prüfgegenstand ein Bild des Befundes im Prüfgegenstand entsprechend der vorliegenden Schwächung durch den Grundwerkstoff und der Ungänzen. Die geometrische Auflösung und die daraus resultierende Unschärfe im Durchleuchtungsbild wird durch den Abstand des Prüfgegenstandes zum Detektor bestimmt.

Die geometrische Vergrößerung der Abbildung ergibt sich aus dem Verhältnis der Abstände Fokus-Detektor (FDA) und Fokus-Objekt (FOA). Diese Vergrößerung ist erforderlich, weil die Ortsauflösung der in der Radioskopie gebräuchlichen Detektoren wesentlich geringer ist als die Ortsauflösung eines radiographischen Filmes. Während ein Film noch ca. 0,1 mm auflöst, sind es bei einer Bildverstärkerkamera beispielsweise nur ca. 0,3 mm. In der Praxis werden Vergrößerungsfaktoren von 1,5 bis 2,5 eingestellt. Dadurch wird die geringere Ortsauflösung bzw. die höhere innere Unschärfe im Vergleich zum Film kompensiert.

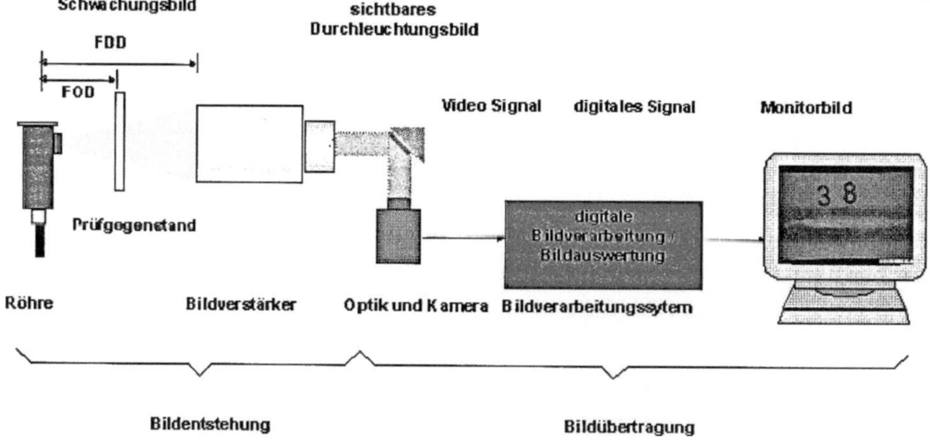

Abb. 4.16 Aufbau eines Radioskopiesystems (schematisch) [4.7]

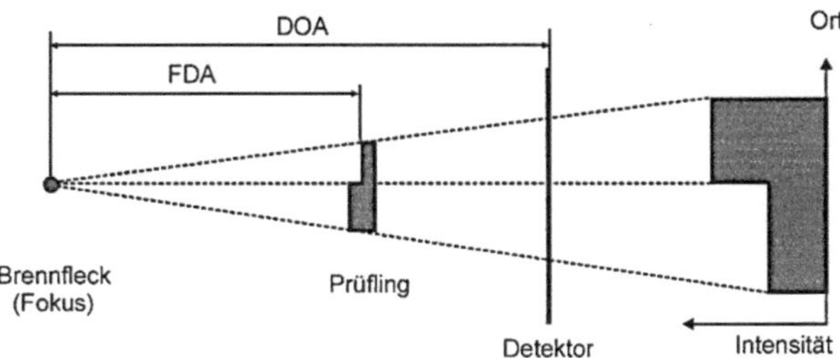

Abb. 4.17 Abbildungsgeometrie an einem punktförmigen Brennfleck [4.48]

Eine geometrische Vergrößerung von Prüfgegenständen bedeutet jedoch auch, dass die Abmessungen des Brennflecks die Abbildungsqualität entscheidend mit beeinflussen [4.49], [4.50], [4.51]. In Abb. 4.17 wird die Abbildungsgeometrie an einem punktförmigen Brennfleck dargestellt.

Danach ist die Abbildung des Prüfgegenstandes im Wesentlichen abhängig von seiner Position zwischen Brennfleck und Detektor und die Vergrößerung berechnet sich zu

$$V = \frac{FDA}{FOA}.$$

Für diesen Vergrößerungsfaktor gilt somit, das er umso größer ist, je näher sich der Prüfgegenstand am Brennfleck befindet, das er 1 ist, wenn der Prüfgegenstand direkt am Detektor ist und das er 2 wird, wenn der Abstand vom Brennfleck zum Prüfgegenstand halb so groß ist wie der Abstand zwischen Brennfleck und Detektor. Da in der Praxis jedoch nicht punktförmige sondern endliche Brennflecke vorliegen (Abb. 4.18), entsteht eine geometrische Unschärfe U_g, die von der Größe des Brennfleckes d und der eingestellten geometrischen Vergrößerung abhängt.

$$U_g = d \times \frac{(FDA - FOA)}{FOA} \text{ oder}$$

$$U_g = d \times (FDA/FOA - 1) \text{ oder}$$

$$U_g = d \times (V - 1).$$

Aufgrund dieser geometrischen Unschärfe werden Kanten nicht mehr scharf und als Intensitätssprung abgebildet. Wenn dadurch ein Detail des Prüfgegenstandes als Kontrastverlust untergeht und damit im Durchleuchtungsbild nicht mehr nachweisbar ist, spricht man vom „Rauschen" des Detektors. Dieser Effekt der geometrischen Unschärfe ist umso größer, je größer die Abmessungen des Brennflecks und die geometrische Vergrößerung V sind (Abb. 4.19).

Deshalb können bei der Radioskopie auch nur Brennflecke in der Größenordnung von 0,4 bis 1,5 mm verwendet werden. Auch eine Vergrößerung des Abstandes zwischen Brennfleck und Detektor ist nicht sinnvoll, weil damit zwar der Vergrößerungsfaktor

Abb. 4.18 Abbildungsgeometrie an einem endlichen Brennfleck (reale Abbildung) [4.48]

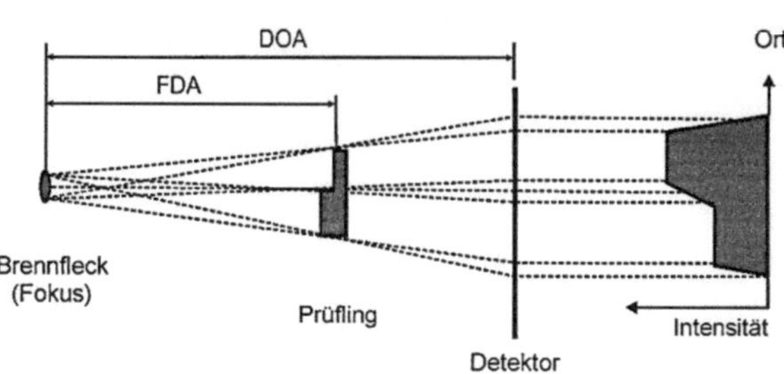

Abb. 4.19 Rauschgrenze und Objektdetail [4.3]

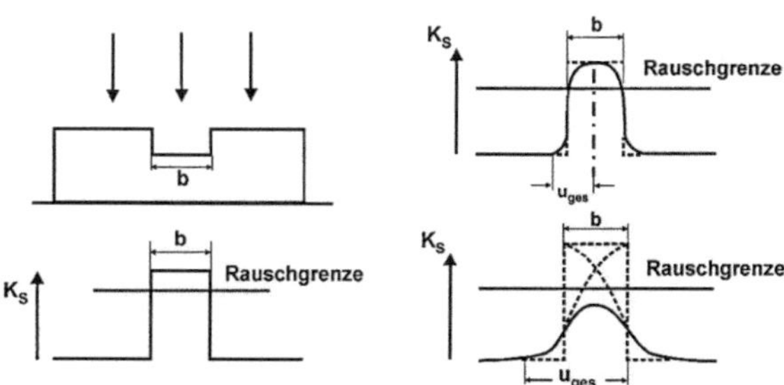

steigt, aber gleichzeitig die geometrische Unschärfe zunimmt. Außerdem lässt die Intensität der Abbildung mit dem Abstands-Quadrat-Gesetz entscheidend nach, so dass ein gutes Signal/Rausch-Verhältnis nicht mehr erreicht werden kann.

In der Literatur kennt man zwei Unschärfeeffekte beim Einsatz digitaler Detektoren, Unschärfen mit kurzer und mit langer Reichweite, die sich überlagern können. Sie machen sich besonders bei der Analyse der Kantenabbildung bemerkbar [4.18].

4.2.1.2 Bildübertragung

Das Übertragungssystem (siehe auch Abb. 4.16) besteht aus der Optik, der Kamera und dem Monitor und hat die Aufgabe, das Ausgangsbild sichtbar zu gestalten. Das geschieht zumeist mit Hilfe eines Röntgenbildverstärkers (Abb. 4.20)

Röntgenbildverstärker sind Geräte, die aus einem entvakuiertem Gefäß oder Rohr bestehen. Darin befindet sich eingangsseitig ein Leuchtschirm von ca. 40 cm Durchmesser, der die einfallende Röntgenstrahlung in ein Leuchtbild umwandelt. Dieses Bild bewirkt, dass aus der hinter dem Leuchtschirm angeordneten Photokathode Elektronen austreten, die durch ein elektrisches Feld zwischen der Kathode und den Elektroden der Elektronenoptik zum Ausgangsleuchtschirm hin beschleunigt werden. Hier entsteht das eigentliche Röntgendurchleuchtungsbild. Dieser Abbildungs- bzw. Bildübertragungsprozess ist also mehrstufig und erzielt einen mit dem Röntgenfilm vergleichbaren Bildkontrast.

In bestimmten Anwendungsfällen ist der Einsatz von Bildverstärkern nicht sinnvoll, weil die Geometrie der zu prüfenden Werkstücke und die Baugröße des Aufnahmesystems keine ausreichende Kontrastempfindlichkeit zulassen [4.23]. Mit Hilfe der digitalen Bild-

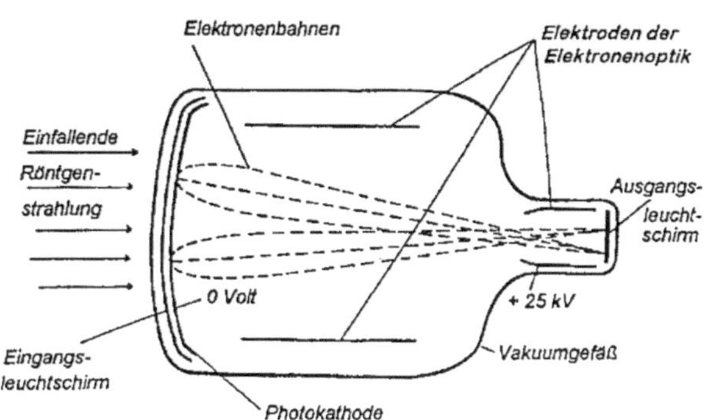

Abb. 4.20 Röntgenbildverstärker [4.48]

verarbeitung, wie z.B. mit dem Einsatz der Videosignale von Fernsehkameras, CCD-Prozessoren oder dem Zoomen des Eingangsfeldes können das Rauschen der Bildübertragung reduziert und eine ordentliche Auflösung erreicht werden.

Nicht zuletzt soll auf die Eigenschaften der Monitore hingewiesen werden, weil letztendlich am Monitor ausgewertet wird. Ein Testbild sollte die Monitorgrundeinstellung optimieren.

Selbstverständlich können auch mit der digitalen Bildverarbeitung nur solche Anzeigen als Befunde erkannt werden, die sich in den Durchstrahlungsaufnahmen vom Störuntergrund abheben. Deshalb sind die Prüfparameter schon bei der Herstellung der Aufnahmen zu optimieren, um eine möglichst große Fehlererkennbarkeit sicherzustellen. Diesbezüglich wurden bereits Auswertekriterien insbesondere für kontrastarme Anzeigen vorgeschlagen, die gegenüber der konventionellen Auswertung eine deutlich zuverlässigere Bewertung erreicht [4.26].

Schließlich versucht man auch mit Hilfe der Normung eine quantitative Beschreibung der Eigenschaften eines Radioskopiesystems zu erreichen. Dabei hat sich die Bestimmung von Modulationsübertragungsfunktionen als geeignet erwiesen, weil es damit möglich ist, einen Zusammenhang zwischen der Unschärfe und der Auflösung eines Systems herzustellen sowie die Übertragung unterschiedlicher Bilddetails zu beschreiben.

4.2.2 Radioskopiesysteme in der Anwendung

Die Anwendung von Radioskopiesystemen zur Prüfung von Leichtmetall-Gussteilen in der Serienfertigung hat Tradition. Bereits 1948 wurde ein derartiges System vorgestellt (Abb. 4.21).

Die Einführung des Röntgenbildverstärkers, von Fernsehkameras bzw. der CCD-Technik, der Signalmittelungstechnik sowie der mechanisierten Teilezuführung führte zu einem deutlichen Anstieg der Nachfrage nach Radioskopiesystemen für die Gussteil- und Schweißnahtprüfung (Abb. 4.22).

Der Prüfablauf bei mechanisierten oder automatisierten Radioskopiesystemen ist gekennzeichnet durch die

- Beladung der Anlage mit dem Teilemanipulator,
- Bildaufnahme und
- Prüfentscheidung.

Diese Vorgänge wiederholen sich, bis alle Prüfpositionen bearbeitet worden sind und das Teil ausgefördert wird (Abb. 4.23).

Die Prüfgeschwindigkeit und der Teiledurchsatz werden demnach wesentlich durch das Konzept des Prüfsystems bestimmt. Man kann sich vorstellen, dass insbesondere die Beladezeiten und die Zeiten zum Wechseln der Prüfteile so kurz wie möglich gehalten werden müssen. Die doppelte Auslegung des Teilemanipulators ermöglicht diesbezüglich minimale Stillstandszeiten. Die Be- und Entladung des Teilemanipulators erfolgt außerhalb

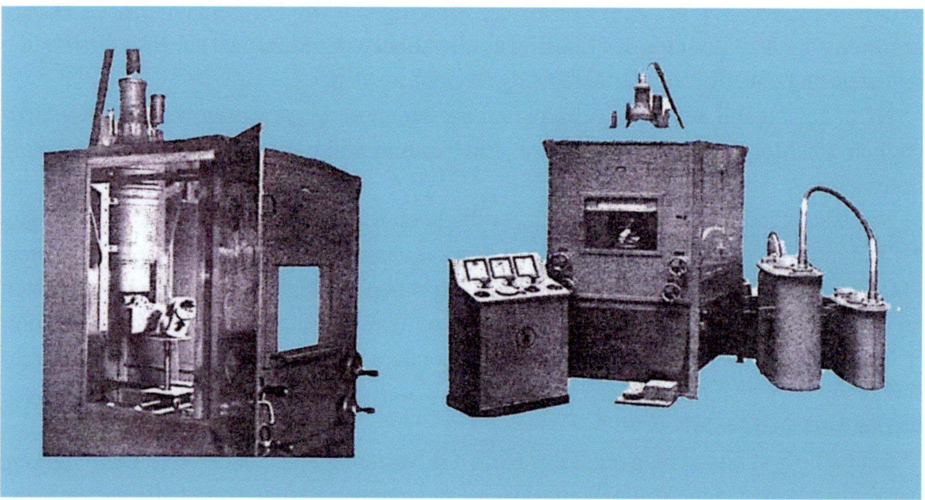

Abb. 4.21 Prüfsystem zur manuellen Prüfung von Aluminiumgussteilen [4.1]

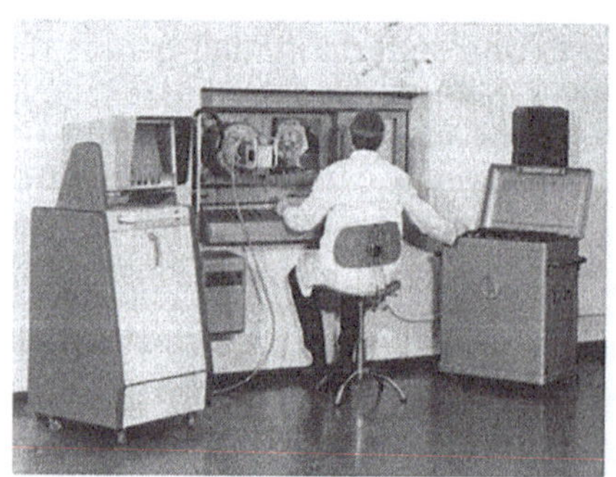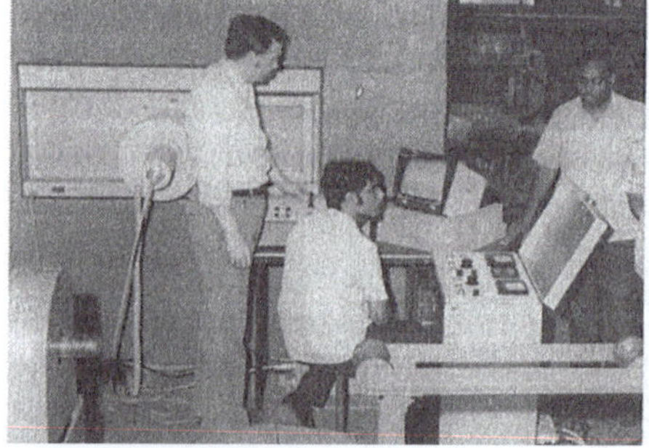

Abb. 4.22 Prüfsysteme mit Bildverstärker und TV-Kamerasystemen [4.1]

Abb. 4.23 Automatisiertes
Prüfsystem [4.48]

Abb. 4.24 Zwillingsmechanik [4.1]

der Strahlenschutzkabine parallel zur Prüfung. Diese Organisation der Radioskopie bezeichnet man auch als Zwillingsmechanik (Abb. 4.24).

Die vollautomatische radioskopische Prüfung hochwertiger und sicherheitsrelevanter Aluminiumgussteile der Automobilindustrie und damit die entsprechende Bewertung des Durchleuchtungsbildes mit Hilfe der digitalen Bildauswertung ist inzwischen fester Bestandteil der Radioskopie. Abb. 4.25 zeigt eine automatische Röntgenprüfanlage, die aus dem Manipulator zur Handhabung der Prüfgegenstände, einer Röntgenfernseheinrichtung mit Röntgenquelle und bildgebendem System (Bildverstärker und CCD-Kamera) sowie einem Bildverarbeitungsrechner besteht.

In der automatischen Serienprüfung übernimmt der Rechner die Steuerung des Prüfprozesses sowie die Auswertung der Durchleuchtungsbilder des Prüflings. Der Rechner segmentiert den Bildinhalt und die im Bild auftretenden Strukturen und nimmt die Klassifikation der zu prüfenden Teile vor (Abb. 4.26).

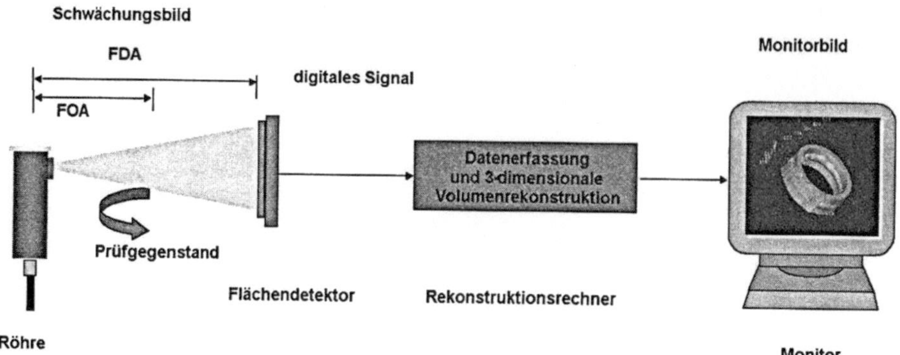

Abb. 4.25 Automatische Röntgenprüfanlage für Leichtmetallgussteile [4.31]

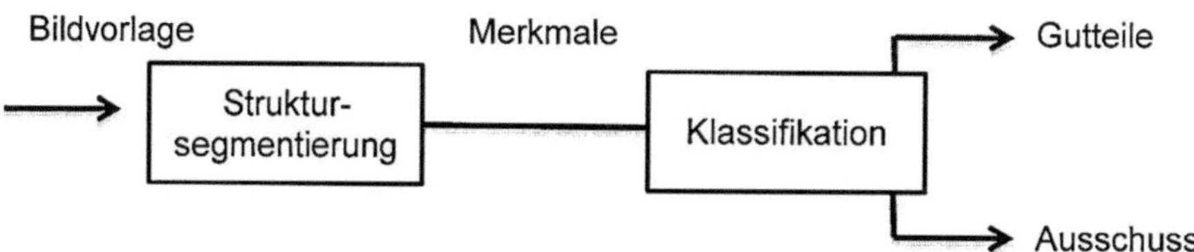

Abb. 4.26 Automatische Röntgenprüfung durch Strukturerkennung [4.32]

4.3 Bewegungsdurchstrahlung

Die Bewegungsdurchstrahlung ist eine Technik, bei der das zu durchstrahlende Prüfobjekt und oder die Strahlenquelle während der Belichtung in Bewegung ist. Sie wird im ASME-Code, Section V beschrieben [4.52]. Dabei muss die Breite des Strahlenbündels durch eine Blende aus Blei gemessen werden. Diese Blende muss eine Dicke haben, die für die gewählte Energie mindestens 10 halben Bildschichten entspricht. Abb. 4.27 zeigt eine Anordnung zur Bewegungsdurchstrahlung. Daraus kann die Breite des Strahlenbündels auf der Strahlenseite eines Prüfgegenstandes, wie z.B. einer Schweißnaht, gemessen in Bewegungsrichtung ermittelt werden aus W

$$W = c \times \frac{(F + a)}{(b + a)}.$$

In dieser Beziehung bedeuten:

a Breite des Blendenschlitzes in Bewegungsrichtung in Zoll,
b Abstand zwischen Strahlenquelle und der der Schweißnaht zugekehrten Seite der Blende in Zoll,

Abb. 4.27 Anordnung zur Bewegungsdurchstrahlung schematisch [4.3]

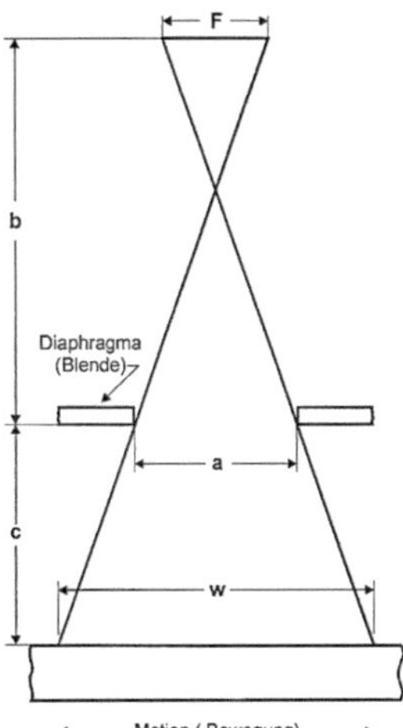

c Abstand zwischen der der Schweißnaht zugekehrten Seite der Blende und der der Strahlenquelle zugekehrten Oberfläche der Schweißnaht in Zoll,

F Größe der Strahlenquelle in mm; d.h. die maximal wirksame Größe der Strahlenquelle oder des Brennflecks in der Ebene senkrecht zum Abstand b + c von der zu durchstrahlenden Schweißnaht.

Die geometrische Unschärfe soll Tabelle 4.2 entnommen werden.

Die Bewegungsunschärfe U_M berechnet sich zu

$$U_M = \frac{w \times d}{D},$$

worin bedeuten:

w Breite des Strahlenbündels auf der Strahlerseite der Schweißnaht gemessen in Bewegungsrichtung in Zoll,

d Abstand zwischen der Strahlerseite der Schweißnaht und dem Film in Zoll,

D Abstand zwischen der Strahlenquelle und der zu durchstrahlenden Schweißnaht in Zoll.

Tab. 4.2 Geometrische Unschärfe

Werkstoffdicke (Zoll)	U_g max (Zoll)
< 2	0,020
2 ≥ 3	0,030
> 3 ≤ 4	0,040
> 4	0,070

Neben der Schweißnaht müssen sowohl Lagemarkierungen am Ende einer jeden Filmkassette und in gleichen Abständen als auch Bohrloch-oder Draht-Bildgüteprüfstege angebracht werden.

4.4 Mechanisierte u. automatisierte digitale Durchstrahlungsprüfung

Wie in den vorangehenden Ausführungen gezeigt, ist die digitale Radiografie bereits zum Standardverfahren gereift und hat inzwischen eine ganze Reihe von Anwendungen hervorgebracht. Durch den Einsatz der heutigen Rechnergeneration und durch die Anforderungen der Industrie in Hinsicht auf den Einsatz der zerstörungsfreien Werkstoffprüfung und unter Berücksichtigung der Prüfkosten wird eine Mechanisierung oder besser Automatisierung der Durchstrahlungsprüfanlagen immer dringlicher. Die Prüfaufgabe sowie die Anforderungen an das Prüfsystem müssen analysiert und in einem Lastenheft dokumentiert werden [4.34].

Die rechnerseitige Anpassung des Prüfsystems an eine Prüfaufgabe bezeichnet man als Einrichtung des Systems [4.32]. Dabei wird die Durchstrahlungsaufnahme eines fehlerlosen Prüflings (Bildvorlage eines Leichtmetallrades in Abb. 4.28) mit einer Maske dieses Teiles verglichen (Abb. 4.29), um so die für die Prüfposition irrelevanten Bereiche des Bildes, wie Randbereiche, Überschneidungen von Bereichen oder nicht zu prüfende Berei-

Abb. 4.28 Bildvorlage [4.32]

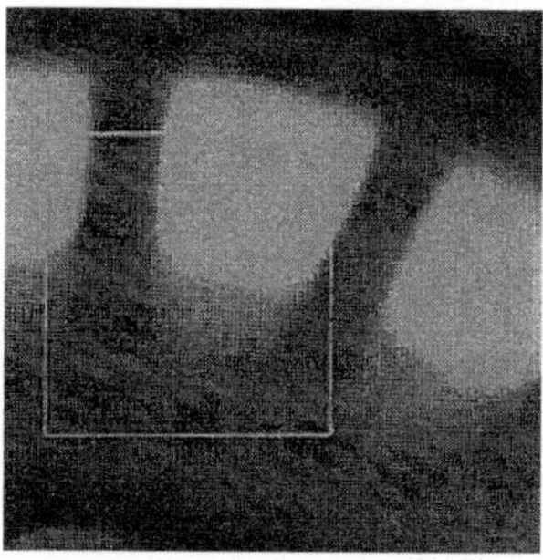

Abb. 4.29 Maske der Bildvorlage [4.32]

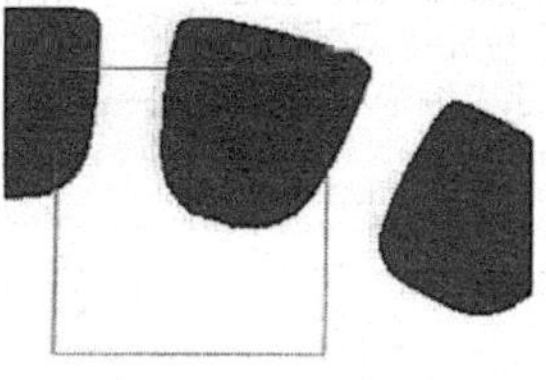

Abb. 4.30 Prüfbild [4.32]

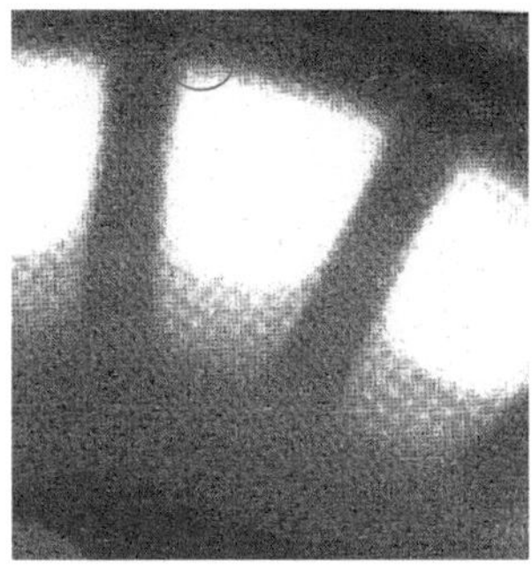

Abb. 4.31 Differenz Bildvorlage und Prüfbild [4.32]

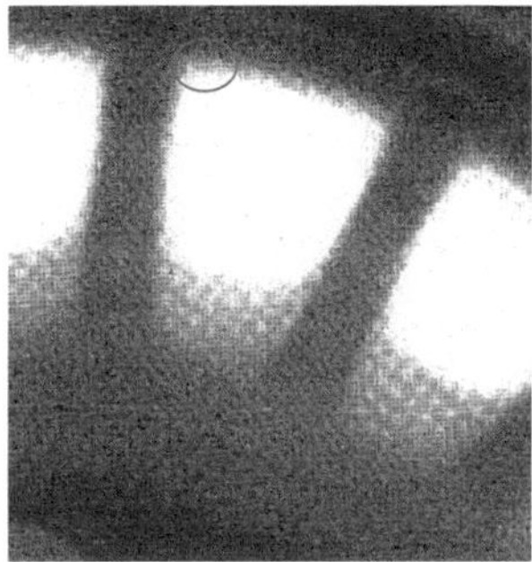

che, auszublenden. Wird bei der Prüfung eine Position mit Gussfehlern festgestellt (Prüfbild 4.30), so liefert der Rechner die Differenz der Abbildungen 4.28 und 4.30 zur Darstellung der Fehler und deren Auswertung (Abb. 4.31).

Das klassische Beispiel für die automatische Radioskopie ist die Prüfung von gegosse-
nen Leichtmetallrädern der Automobilindustrie. Entsprechende Prüfanlagen erkennen alle
relevanten Fehler, die zum Ausschuss führen können bei gleichzeitig geringem Pseudo-
ausschuss [4.34], [4.35], [4.36], [4.37] [4.38], [4.39].

Die mechanisierte Radioskopie ist inzwischen aber auch in der Schweißnahtprüfung
eingesetzt worden, wie z.B. zur Prüfung während des Schweißvorganges [4.40], zur mobilen Durchstrahlungsprüfung von Rundschweißverbindungen [4.41] oder zur Prüfung
austenitischer Schweißnähte für Komponenten des Primärkreislaufes [4.42]. Ferner gibt es
die mechanisierte Durchstrahlungsprüfung für Rohrleitungsschweißnähte [4.42] und für
die Prüfung von Rohr-Rohrboden-Verbindungen an Wärmetauschern mit computerge-
stützter Auswertung [4.44].

Anwendung in der digitalen Radiografie hat auch die automatische Wanddickenbestimmung an isolierten Rohren gefunden [4.25], [4.45], siehe auch die Abbildungen
4.19 ff.

Schließlich soll ein mechanisiertes Röntgenprüfsystem für die Prüfung von Autoreifen
genannt werden, bei dem hauptsächlich der Nachweis der Symmetrie des inneren Reifen-

Abb. 4.32 Aufbau eines Reifens [4.46]

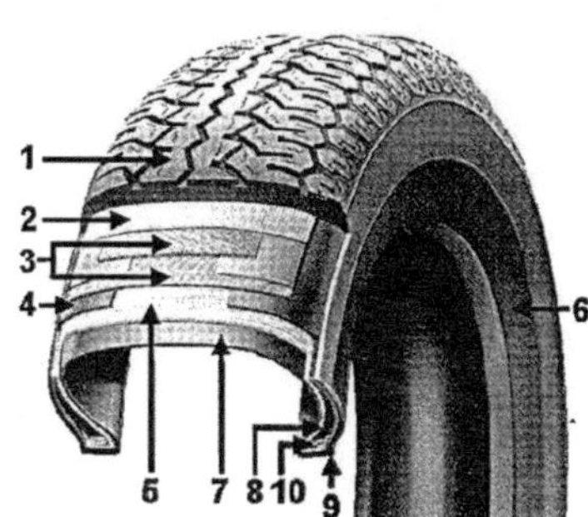

aufbaus als Prüfaufgabe ansteht, aber auch Luft- und Fremdkörpereinschlüsse detektiert werden [4.46], [4.47]. Abb. 4.32 zeigt den grundsätzlichen Aufbau eines Reifens.

Literatur

[4.1] Purschke, Radioskopie-Die Prüftechnik der Zukunft, DGZfP-Jahrestagung Celle 1999;

[4.2] Eisenkolb, Kurzmann, Einführung in die Werkstoffkunde, Deutscher Verlag für Grundstoffindustrie, Band VI, 1970;

[4.3] Schiebold, Skript RT 3 LVQ-WP Werkstoffprüfung GmbH;

[4.4] Niemann, Strahlenfeste Flachdetektoren für industrielle Anwendungen, DGZfP-Jahrestagung Rostock 2005;

[4.5] Purschke, DXR-Eine neue Generation röntgenempfindlicher Flächendetektoren, DGZfP-Jahrestagung Rostock 2005;

[4.6] Purschke, Flächendetektoren-Die Detektoren der Zukunft? Ein Erfahrungsbericht, DGZfP-Jahrestagung Mainz 2003;

[4.7] Purschke, Bildgüteprüfkörpererkennbarkeit von Flächendetektoren und Röntgenbildverstärkern-Ein Vergleich, DGZfP-Jahrestagung Weimar 2002;

[4.8] Behrend, Kube, Schmitt, Röntgendetektor XEye: Langzeitstabilität bei hohen Energien, DGZfP-Jahrestagung Fürth 2007;

[4.9] Zscherpel, Ewert, Bavendiek, Bildschärfe digitaler radiologischer Detektoren für ZfP-Anwendungen, BAM-Sonderdruck 2012;

[4.10] Nachtrab, Salamon, Uhlmann, Voland, Neuartige photonenzählende Röntgendetektoren in der ZfP, DGZfP-Jahrestagung Münster 2009;

[4.11] Bavendiek, Ewert, Zscherpel, Prüfung mit digitalen Detektoren (DDA) nach Norm „Worauf kommt es an?", DGZfP-Jahrestagung Erfurt 2010;

[4.12] Zscherpel, Ewert, Fratzscher, Alekseychuk, Entwicklung und Optimierung eines kosteneffektiven digitalen bildgebenden Röntgendetektors, DGZfP-Jahrestagung Erfurt 2010;

[4.13] Zscherpel, Ewert, Bär, Jechow, Auswahlkriterien und Klassifizierung digitaler Detektoren für die technische Radiografie, DGZfP-Jahrestagung Dresden 2013;

[4.14] DIN EN 1435, ZfP von Schweißverbindungen, Durchstrahlungsprüfung von Schmelzschweißverbindungen, Sept. 2002;

[4.15] Grosche Röntgenbedarf GmbH, Carestream Industrex HPX-1 Digitalsystem, www.ndtndt.de;

[4.16] DIN EN ISO 17636-1, Zerstörungsfreie Prüfung von Schweißverbindungen – Durchstrahlungsprüfung, Mai 2013;

[4.17] DIN EN ISO 17636-2, ZfP von Schweißverbindungen – Durchstrahlungsprüfung – Röntgen- und Gammastrahlungstechniken mit digitalen Detektoren, Mai 2013;

[4.18] Zscherpel, Osterloh, Ewert, Unschärfeprobleme beim Durchsatz digitaler Detektoren in der Durchstrahlungsprüfung, DGZfP-Jahrestagung Mainz 2003;

[4.19] Vaessen, Serluppens, Willems, Mortsel, Proegler, Vorstellung des NDT Computed Radiography Systems, DGZfP-Jahrestagung Celle 1999;

[4.20] Winkler, Digitale Radiografie-Einsatzmöglichkeiten und Erfahrungsberichte in der industriellen ZfP, DGZfP-Jahrestagung Salzburg 2004;

[4.21] DIN EN 14784-2, ZfP- Industrielle Computer-Radiographie mit Phosphor-Speicherfolien-Grundlagen für die Prüfung von metallischen Werkstoffen mit Röntgen- und Gammastrahlen, DGZfP-Jahrestagung Lindau 1987;

[4.22] BAM-Autoren, Zum Zusammenhang von Grauwerten und dem normierten und unnormierten Signal-Rauschverhältnis in der Digitalen Radiografie, DGZfP-Jahrestagung Bremen 2011;

[4.23] Grimm, Gottwald, Laskowski, Link, Nuding, Simon, Wiacker, Zindler, Filmlose Durchstrahlungsprüfung ohne Röntgenbildverstärker, DGZfP-Jahrestagung Lindau 1987;

[4.24] Osterloh, Onel, Zscherpel, Ewert, Digitale Radiographie mit Speicherfoliensystemen in der industriellen Durchstrahlungsprüfung, DGZfP-Jahrestagung Berlin 2001;

[4.25] Thiele, Friemel, Automatische Wanddickenbestimmung an isolierten Rohren mit Hilfe der digitalen Radiografie, DGZfP-Jahrestagung Innsbruck 2000;

[4.26] Just, Thale, Clausen, Vorgehensweise zur Bewertung von Anzeigen der Durchstrahlungsprüfung mittels digitaler Bildverarbeitung, DGZfP-Jahrestagung Lindau 1996;

[4.27] Bavendiek, Krause, Beyer, Durchsatzerhöhung in der industriellen Röntgenprüfung – eine Kombination aus innovativem Prüfablauf und optimierter Bildauswertung, DGZfP-Jahrestagung Bamberg 1998;

[4.28] DIN EN ISO 19232-5, ZfP- Bildgüte von Durchstrahlungsaufnahmen, Bestimmung der Bildunschärfezahl mit Doppel-Draht-Typ-BPK, Dez. 2013;

[4.29] Ewert, Redmer, Müller, Neue Möglichkeiten rechnergestützter Durchstrahlungstechniken für die Schweißnahtprüfung, DGZfP-Jahrestagung Bamberg 1998;

[4.30] Wessel, Rose, Vergleichende Untersuchungen hochauflösender Abtastsysteme zur Digitalisierung von Röntgenfilmen, DGZfP-Jahrestagung Fulda 1992;

[4.31] Ewert, Stade, Zscherpel, Kaling, Zum Einsatz von digitalen Lumineszenz-Speicherfolien in der ZfP, DGZfP-Jahrestagung Aachen 1995;

[4.32] Hecker, Filbert, Fehlerdetektion in industriellen Durchleuchtungsaufnahmen durch Strukturerkennung, DGZfP-Jahrestagung Garmisch-Partenkirchen 1993;

[4.33] Busse, Schubinski, Studie über die Möglichkeit des Einsatzes einer Röntgenbildverstärkeranlage im SKET Magdeburg, Arbeitsbericht SKET Magdeburg 1988;

[4.34] Panzer, Vorgehensweise bei der Beschaffung von automatisierten Prüfanlagen, DGZfP-Jahrestagung Berlin 2001;

[4.35] Kahrs, Vollautomatische Inline-Röntgenprüfung von Aluminiumrädern, DGZfP-Jahrestagung Berlin 2001;

[4.36] Fuchs, Hanke, Haßler, Wenzel, Schmolla, Hütten, Fortschritte in der automatischen Durchstrahlungsprüfung von Gussteilen mittels digitaler Flachbildwandler, DGZfP-Jahrestagung Rostock 2005;

[4.37] Metz, Dörr, Schröder, Sauerwein, Hochauflösende Radioskopie in der industriellen Praxis, DGZfP-Jahrestagung Bamberg 1998;

[4.38] Mery, Filbert, Krüger, Bavendiek, Automatische Gussfehlererkennung aus monokularen Röntgenbildsequenzen, DGZfP-Jahrestagung Celle 1999;

[4.39] Kosanetzky, Krüger, Durchsatzoptimierung in der Röntgenprüfung gegossener Aluminium-räder-Ein flexibles, neues Positionierkonzept, DGZfP-Jahrestagung Dresden 1997;

[4.40] Nuding, Gottwald, Sauerwein, Simon, Radioskopie an Schweißnähten während des Schweiß-vorganges, DGZfP-Jahrestagung Bamberg 1998;

[4.41] Redmer, Onel, Ewert, Neundorf, Mechanisierte Durchstrahlungsprüfung-Innovative Technik zur mobilen Durchstrahlungsprüfung von Rundschweißnähten, DGZfP-Jahrestagung Berlin 2001;

[4.42] Redmer, Ewert, Neundorf, Mechanisierte Durchstrahlungsprüfung „TomoCar" Deutsche Pi-lotstudie zur ENIQ-Qualifizierungsmethodik, BAM Veröffentlichung VIII.3, Mai 2005;

[4.43] Redmer, Ewert, Likhachov, Pickalov, Baranov, Zheng Li, Mechanisierte Durch-Strahlungs-prüfung, Fortschritte bei der Prüfung mediengefüllter Rohrleitungen und Tiefenlagenbestimmung, DGZfP-Jahrestagung Celle 1999;

[4.44] Rost, Schmid, Tscherpel, Alekseychuk, Spartiotis, Warrikhoff, Ein neues digitales Prüfsystem für die radiografische Prüfung von Rohr-Rohrboden-Verbindungen an Wärmetauschern mit compu-tergestützter Auswertung, DGZfP-Jahrestagung Fürth 2007;

[4.45] Wawrzinek, Zscherpel, Bellon, Wanddickenbestimmung in der digitalen Radiografie-Stand der Technik, DGZfP-Jahrestagung Dresden 1997;

[4.46] Beyer, Yxlon.MTIS ein modernes Röntgenprüfsystem für die weltweite Reifenproduktion, DGZfP-Jahrestagung Rostock 2005;

[4.47] Hippe-Wallenwein, Kosanetzky, Pontefrac, Neuhaus, Röntgenprüfung in der Reifenindustrie-Fortschritte durch automatische Bildauswertung, DGZfP-Jahrestagung Innsbruck 2000;

[4.48] Purschke, Die Röntgenprüfung, ZfP kompakt und verständlich Band 7, Castell-Verlag 2001;

[4.49] DIN EN 13068-1, ZfP, Radioskopische Prüfung, Quantitative Messung der bildgebenden Ei-genschaften, Dez. 2001;

[4.50] DIN EN 13068-2, ZfP, Radioskopische Prüfung, Prüfung der Langzeitstabilität von bildge-benden Systemen, Febr. 2000;

[4.51] DIN EN 13068-3, ZfP, Radioskopische Prüfung, Allgemeine Grundlagen für die radioskopi-sche Prüfung von metallischen Werkstoffen mit Röntgen- und Gammastrahlen, Dez. 2001;

[4.51] Zscherpel, Ewert, Beckmann, Onel, Neue Detektoren in der Durchstrahlungsprüfung-eine vergleichende Studie, DGZfP-Jahrestagung Celle 1999;

[4.52] ASME-Code, Section V 1989;

[4.53] Kersting, Oesterlein, Liessem, Schuster, Schönartz, Moderne Röntgenprüfung mittels filmlo-ser Radiographie an LSAW Großrohren, DGZfP-Jahrestagung St. Gallen 2008;

[4.54] Mattis, Winterberg, Digitale Radiografie-Verwertbarkeit der Erfahrungen der Medizintechnik mit Speicherleuchtstoffen für die technische Durchstrahlungsprüfung, DGZfP-Jahrestagung Fulda 1992;

[4.55] Mattis, Winterberg, Reininger, Digitale Radiografie-Umsetzung in die Prüfpraxis, DGZfP-Jahrestagung Garmisch-Partenkirchen 1993;

5.1 Filme

5.1.1 Filmaufbau und -typen

Ein industrieller Radiografiefilm besteht grundsätzlich aus den Schichten (Abb. 5.1):

- **Trägermaterial**   (Dicke: ca. 0,1 mm),
- **Emulsionsschicht**   (Dicke: ca. 0,01 mm),
- **Schutzschicht**   (Dicke: ca. 0,001 mm).

Zwischen Emulsionsschicht und Trägermaterial ist noch eine Emulsionshaftschicht angeordnet, welche die Emulsion mit der Unterlage verbindet. Das Trägermaterial ist eine Polyesterfolie, die für Licht transparent ist. In der Filmproduktion wird auf diesem Träger eine Schicht **Filmemulsion** aufgegossen, die **aus Gelatine und Silberbromidkörnern** besteht. Gelatine hat die Eigenschaft, in Kontakt mit Wasser zu „quellen". In diesem Zustand ist sie dann weich, d.h. sehr anfällig gegen mechanische Beschädigung. Im trockenen wie im nassen Zustand hält sie aber die Silberbromidkörner auf festen Positionen auf dem Träger, so daß eine Zuordnung der Objektdetails auf dem Film zum Bauteil überhaupt erst möglich wird. Eine Emulsion ist ein Gemisch aus Flüssigkeiten, eine Suspension ein Gemisch aus Flüssigkeiten und Feststoffen.

Von mehreren Filmherstellern werden eine Reihe von Filmtypen für die industrielle Radiografie angeboten (Tabelle 5.1).

Abb. 5.1 Aufbau von radiografischen Filmen [5.1]

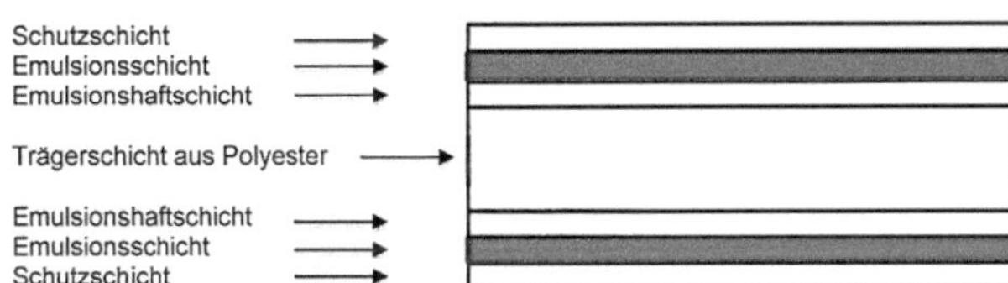

K. Schiebold, *Zerstörungsfreie Werkstoffprüfung – Durchstrahlungsprüfung,*
DOI 10.1007/978-3-662-44669-0_5, © Springer-Verlag Berlin Heidelberg 2015

Tab. 5.1 Nach Herstellern geordnete Röntgenfilmtypen [5.3]

Agfa-Gevaert	Kodak	Fuji
D 2	R	IX 25
D 3	MX	IX 29
D 4	M	IX 50
D 5	T	IX 59
D 7	AA	IX 80
D 8	KX	IX 100
		IX 150

5.1.2 Photolytischer Prozess (Produktion)

Fällt elektromagnetische Strahlung als Röntgen- oder Gammastrahlung auf einen Film, so wird das Silberbromid im Film zu metallischem Silber umgewandelt (Photolytischer Prozess oder Produktion genannt). Quantitativ ist die freigesetzte Silbermenge sehr klein. Silber (Ag) hat eine positive, Brom (Br) eine negative Ladung. Beim Auftreffen von Strahlung werden Elektronen aus dem Gitterverbund abgespalten, so daß das positiv geladene Silber entladen wird. Brom wird hingegen in der Emulsion absorbiert.

Bei großer Strahlungseinwirkung ist die Menge an Silberteilchen relativ hoch, bei geringer Einwirkung entstehen weniger Silberteilchen. Das so entstandene Bild nennt man ein latentes Bild, das durch den nachfolgenden Entwicklungsprozess in ein sichtbares Bild umgewandelt wird. Dabei nehmen Silberionen an den belichteten Bereichen Elektronen auf und werden zu Silberatomen. Damit ergibt sich durch die hohe Zahl an Silberatomen eine große Verstärkungswirkung oder besser Schwärzung des Filmes.

Beim Fixieren des Filmes wird das nicht belichtete und entwickelte Silberbromid aus der Emulsion entfernt, der Film wird „geklärt" und die Bildinformationen klar sichtbar. Die Endwässerung sorgt dafür, dass der restliche Fixierer (Thiosulfat) aus der Emulsion herausgewaschen wird. Dadurch kann sich der Film nicht mehr in sehr kurzer Zeit verfärben, die Auswertung beeinträchtigen und die Lagerfähigkeit vermindern.

5.1.3 Filmeigenschaften

In DIN EN ISO 11699-1 [5.2], welche die DIN EN 584-1 abgelöst hat, wird eine Klassifizierung industrieller Filmsysteme der Radiografie nach folgenden Eigenschaften im Rahmen von Filmsystemklassen vorgenommen:

- Empfindlichkeit S,
- Gradient G,
- Körnigkeit σ_D,
- Gradient-Rausch-Verhältnis.

5.1.3.1 Empfindlichkeit und Filmfaktor

Unter Empfindlichkeit versteht man die relative Belichtungszeit von Filmen, die ausreichend ist, um bei bestimmter Energie und Dosis auf eine bestimmte Schwärzung zu kommen. Sie wird auch als „Geschwindigkeit" bezeichnet (Schnelle Filme = empfindliche Filme). Nach DIN EN ISO 11699-1 [5.2] versteht man unter Empfindlichkeit E den reziproken Wert der Dosis, die für eine bestimmte diffuse optische Dichte $D - D_0 = 2$ des verarbeiteten Röntgenfilmes benötigt wird.

$$E = \frac{1}{K_S} = \frac{1}{\text{Dosis}}\ [1/\text{Gray}\,).$$

Vergleicht man Filme untereinander (Tabelle 5.2), so spricht man vom Filmfaktor oder vom „relativen Belichtungsfaktor". Er gibt an, um welchen Faktor ein Film zu belichten ist, um die gleiche Schwärzung wie der Vergleichsfilm zu erreichen. Ein Film, der seit Jahrzehnten mit gleichbleibender Qualität auf dem Markt ist und breite Anwendung findet, Strukturix D 7, wurde als Bezugsfilm mit dem Faktor 1,0 gekennzeichnet. Filmfaktoren beziehen sich in der Regel auch bei anderen Herstellern auf den D 7. Filmfaktoren sind Richtfaktoren. Die Energieabhängigkeit und Art der Konfektionierung sind zu beachten. Der relative Belichtungsfaktor ist energieunabhängig und stellt daher nur einen Richtwert dar.

5.1.3.2 Gradient, Schwärzung und Gradation

Unter Schwärzung versteht man die optische Dichte des entwickelten Röntgenfilmes. Sie wird häufig mit dem Buchstaben D (engl. density) bezeichnet.

$$D = \lg \frac{\text{Intensität auffallendes Licht}}{\text{Intensität durchgelassenes Licht}} = \lg \frac{L_0}{L_F}$$

oder auch Logarithmus des Verhältnisses der Leuchtdichten des Betrachtungsgeräts ohne (L_0) und mit Film (L_F) [5.1]. Einer Schwärzung von $D = 1$ entspricht ein I_a von 10/1 oder 100/10; für $D = 2$ entsprechend 100/1; $D = 3$; 1000/1. Hat man eine Umgebungshelligkeit von 25 – 50 lx vor dem Lichtkasten, muss der Lichtkasten 25000 – 50000 lx liefern, wenn eine Schwärzung $D = 3$ noch bewertet werden soll.

Zur grafischen Ermittlung der jeweiligen Schwärzung eines Filmes wird die Schwärzung über dem Logarithmus der relativen Belichtungsgröße aufgetragen (Abb. 5.2). Die Kurve hat die Form eines langgestreckten S, unterteilt in Kurvenfuß oder Durchhang (a–b), einen geradlinigen Teil (b–c) und den Schulterbereich (c–d). Ganz am Anfang der Kurve liegt der Schleierschwärzungsbereich mit $D_0 \le 0.3$. Schwärzungen > 4 werden technisch kaum genutzt (Lichtkästen > 100000 lx erforderlich).

Tab. 5.2 Strukturix-Filme und relativer Belichtungsfaktor (Filmfaktor) [5.1]

Filmsorte	Relativer Belichtungsfaktor				Filmklasse		
	100 kV (1)	200 kV (2)	Ir 192 (3)	Co 60 (4)	DIN	ASTM	CEN
Strukturix D2	10.6	8.7	9.7	10.0	G1	speziell	C1
Strukturix D3	4.1	4.2	4.2	5.0	G1	1	C2
Strukturix D4	3.1	2.6	2.6	2.8	G2	1	C3
Strukturix D5	1.8	1.6	1.6	1.6	G2	1	C4
Strukturix D7	1.0	1.0	1.0	1.0	G3	2	C5
Strukturix D8	0.7	0.7	0.6	0.6	G4	2	C6

(1)   Ohne Bleifolien
(2)   Mit Bleifolien 0,027 mm
(3)   Belichtung mit Bleifolien 0,027 mm
(4)   Belichtung mit Stahlfolien – Vorderfolie = 0,5 mm, Hinterfolie = 0,5 mm

Abb. 5.2 Schwärzungskurve eines Industrie-Röntgenfilmes, belichtet mit Röntgenstrahlung [5.2]

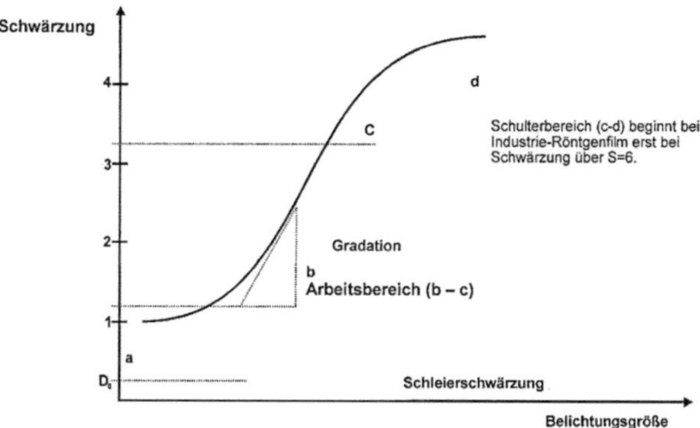

Die Gradation gibt an, in welchem Maße ein Film ein Dosisleistungsverhältnis in eine Schwärzungsdifferenz umsetzen kann, d.h. in Kontrast umsetzt. Ermittelt wird die Gradation oder Gradientenkurve durch Anlegen von Tangenten (= Anstieg) an jeden Punkt der Schwärzungskurve und Auftragen über der Schwärzung. Nach DIN EN ISO 11699-1 [5.2] wird der Gradient als lokale Steilheit der charakteristischen Kurve für eine bestimmte optische Dichte D definiert.

Im Vergleich der Gradationen von Filmen unterschiedlicher Empfindlichkeit. sind die Unterschiede im Schwärzungsbereich > 4 nicht bedeutend, je empfindlicher der Film, desto kleiner sind jedoch die Gradienten (bei gleicher Schwärzung), desto flacher ist die Gradation. Steigender Gradient bedeutet aber auch steigenden Kontrast, d.h. höhere Schwärzungsdifferenzen und bessere Fehlererkennbarkeit, aber auch abnehmende Empfindlichkeit.

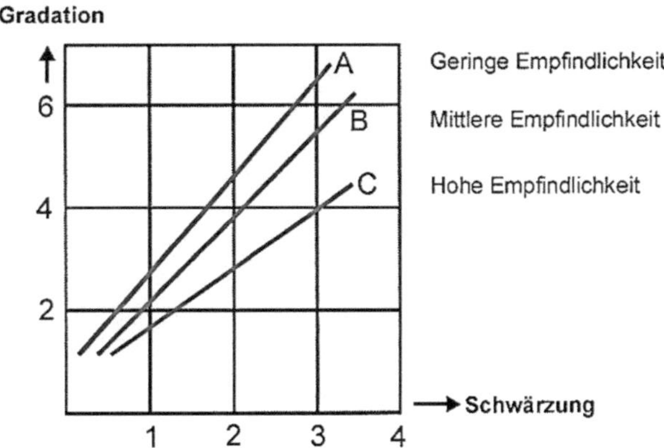

Abb. 5.3 Gradationen für Filme unterschiedlicher Empfindlichkeit [5.1]

Die Gradation ist für den Anwendungsbereich technischer Röntgenfilme für alle Filmtypen etwa gleich. Abb. 5.3 zeigt drei Gradationen von Filmen unterschiedlicher Empfindlichkeit.

5.1.3.3 Körnigkeit (Granulation)

Die Körnigkeit, auch Granulation genannt, wird nach DIN EN ISO 11699-1 [5.2] als stochastische Dichteschwankungen in der Durchstrahlungsaufnahme bezeichnet, die der Objektabbildung überlagert sind und bezieht sich immer auf den belichteten und verarbeiteten Film (Tabelle 5.3). Filme, die hinsichtlich ihrer Körnigkeit verglichen werden sollen, müssen in gleicher Weise belichtet und verarbeitet werden. Das relative Maß für die Körnigkeit wird durch optischen Vergleich von Filmen gleicher Schwärzung ermittelt, indem man den Vergrößerungsfaktor bestimmt, der notwendig ist, um einen feinkörnigen Film auf die gleiche Korngröße eines grobkörnigen Filmes zu bringen. Die Körnigkeit nimmt mit der Empfindlichkeit der Filme zu.

5.1.3.4 Gradient-Rausch-Verhältnis (Auflösungsvermögen)

Das Auflösungsvermögen steht im umgekehrten Verhältnis zur Körnigkeit, mit zunehmender Körnigkeit wird das Auflösungsvermögen schlechter (Tabelle 5.3). Das Auflösungsvermögen ist auf den Abstand zweier eben noch wahrnehmbarer Bildpunkte bezogen. Es wird durch Auszählen von Rechteckrastern bestimmt. Die Auflösungsgrenze wird bestimmt aus dem Quotienten G/σ_D und ist abhängig von der Körnigkeit und dem Gradienten [5.3].

$$\text{Auflösungsvermögen} = \frac{\text{Gradient}}{\text{Granulation}}.$$

Tab. 5.3 Grenzwerte für Gradient, Gradient/Rausch-Verhältnis und Körnigkeit [5.1]

Filmsorte			Gradient G_{min} über D_0 bei		Körnigkeit $\sigma_{D\ max}$	Gradient/Rausch-Verhältnis $(G / \sigma_D)_{min}$ bei
			$D = 2$	$D = 4$	bei $D = 2$ über D_0	$D = 2$ über D_0
D2	C1	G1	4,5	7,5	0.018	300
D3	C2	G1	4,3	7,4	0.020	230
D4	C3	G2	4,1	6,8	0.023	180
D5	C4	G2	4,1	6,8	0.028	150
D7	C5	G3	3,8	6,4	0.032	120
D8	C6	G4	3,5	5,0	0.039	100

5.1.3.5 Innere Unschärfe

Jede scharf definierte Kante eines Werkstückes wird durch einen schmalen Röntgen- oder Gammastrahl „unscharf", d.h. nicht durch einen abrupten Schwärzungsübergang auf den Film gezeichnet. Die Strecke auf dem Film, auf der sich der Schwärzungsübergang vollzieht, heißt Filmunschärfe oder innere Unschärfe (U_i) und wird in mm gemessen. In Tabelle 5.4 ist die innere Unschärfe in Abhängigkeit von der Strahlenquelle und der verwendeten Folienart dargestellt.

Eine Auswertung von Tabelle 5.4 ergibt, dass die Größe der inneren Unschärfe von der Strahlenenergie und von der Folienart abhängig ist. Hinsichtlich der Energieabhängigkeit lässt sich der nachfolgende Zusammenhang ableiten.

Trifft Röntgen- oder Gammastrahlung in der Filmemulsionsschicht auf ein Silberbromidkorn, so werden mittels Photoeffekt Elektronen ausgelöst (Abb. 5.4). Diese Elektronen werden vom Korn in sämtliche Raumrichtungen verteilt und von anderen Körnern, auch seitlich unter der dickeren Werkstoffschicht gelegenen gefangen (Werkstück in Abb. 5.5).

Tab. 5.4 Abhängigkeit der U_i von der Strahlenenergie und Folienart [5.4]

Strahlenenergie	Folienart	U_i (mm)
100 - 250 keV	ohne	0,08
100 - 250 keV	Blei	0,13
250 - 400 keV	Blei	0,15
250- 400 keV	Salz	0,3 - 0,4
Ir 192	Blei	0,23
Co 60	Blei	0,63
Co 60	Stahl	0,43

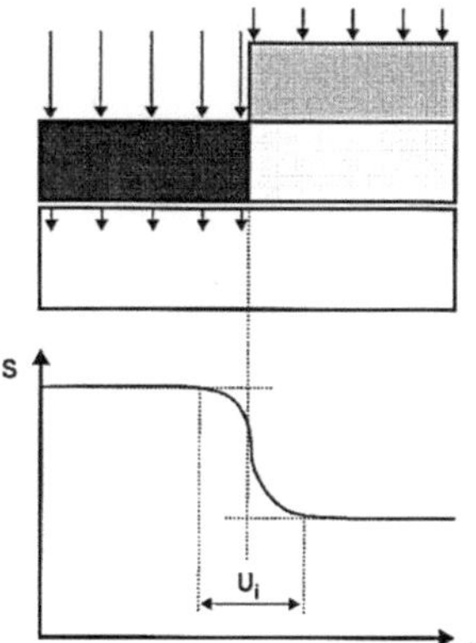

Abb. 5.4 Entstehung der inneren Unschärfe [5.1], [5.3]

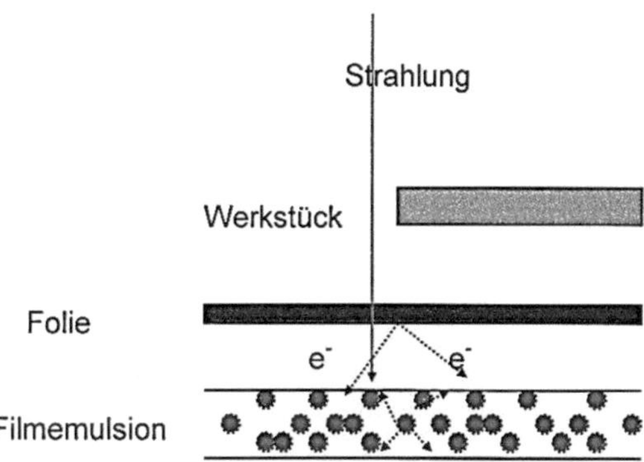

Abb. 5.5 Deutung der inneren Unschärfe durch Elektronenemission in Folienoberfläche und Emulsion [5.3]

Diese Körner, obwohl nicht von Strahlung getroffen, sind damit für den Entwicklerangriff sensibilisiert. Je energiereicher die auf das erste Korn auftreffende Strahlung ist, mit umso größerer Energie „fliegen die Elektronen, auch seitlich weg" und können in der Emulsion eine umso längere Wegstrecke zurücklegen. Dies bedeutet, dass auch die innere Unschärfe größer werden muss. Ursache der inneren Unschärfe ist damit die freie Weglänge der ausgelösten Elektronen in der Emulsion. Da man Strahlung nicht energielos machen kann, ist auch die innere Unschärfe nicht zu beseitigen.

Hinsichtlich der Abhängigkeit von der Folienart muss beachtet werden, dass mikroskopisch gesehen, ein kleiner Luftspalt zwischen Folie und Film vorhanden ist. Da die Folie viel stärker mit der Strahlung in Wechselwirkung tritt als Silberbromid und Metalle viel mehr verfügbare Elektronen enthalten, entstehen an der Metalloberfläche zahlreiche freie Elektronen, die zur Emulsionsschicht hinüber fliegen und dort von Körnern eingefangen werden. Dieser Effekt trägt daher erheblich stärker zur Filmschwärzung bei, als die Elektronenemission in der Folie. Die an der Metalloberfläche ausgelösten Elektronen fliegen aber auch nicht nur senkrecht zum Film hinunter, sondern auch seitlich. Diese seitlichen Flugbahnen sind umso länger, je größer der Luftspalt zwischen Film und Folie ist.

Guter Film-Folie-Kontakt (Vakuumverpackung) ist damit eine Grundvoraussetzung für eine kleine ínnere Unschärfe. Auch die Kontrasteigenschaften werden durch den Film-Folien-Kontakt beeinflusst. Werden durch einen großen Luftspalt zu viele Elektronen von der Luft absorbiert, so erreichen zu wenige den Film und die Gesamtschwärzung nimmt ab. Welligkeiten, Krater und Staubpartikel auf der Folie machen sich daher zunächst als helle Stellen am Film bemerkbar.

Generell kann gesagt werden, dass Folien zwar wesentlich zur Kontrastverbesserung beitragen, aber auch die innere Unschärfe erhöhen. Insgesamt ist die Kontrastverbesserung so drastisch, dass Verluste der Bildqualität durch steigende Unschärfe kompensiert werden.

5.1.4 Filmklassifizierung

Nach DIN EN ISO 11699-1 werden Filmsystemklassen durch Grenzwerte festgelegt und Messverfahren für den Gradienten, die Körnigkeit sowie die ISO-Empfindlichkeit angegeben [5.2], [5.9]. Um eine der in Tabelle 5.3 aufgeführten Filmsystemklassen zuzuordnen, muss das Filmsystem sowohl die Grenzwerte des Gradienten, des Gradient-Rausch-Verhältnisses als auch der Körnigkeit einhalten. Eine Zuordnung der Filmsorten verschiedener Hersteller zur Einteilung der Filmsystemklassen (C1 bis C6) nach DIN EN ISO 11699-1 [5.2] erfolgt z.B. auch nach den o.g. Grenzwerten.

Die Klassifizierung ist nur für das vollständige Filmsystem gültig, kann aber auf andere Strahlenenergien und Metallfolien sowie auf Filme ohne Folien übertragen werden. Da Untersuchungen insbesondere der BAM zur Feststellung geführt haben, dass unvollständige Filmsysteme, sog. Mischsysteme aus Filmen, Chemie und Maschine verschiedener Hersteller, die nicht nach DIN EN ISO 11699 [5.2] klassifiziert und zertifiziert sind, zu unterschiedlichen Filmeigenschaften führen, hat man zur Herstellung der Vertrauenswürdigkeit der Filmsysteme Ringversuche vorgeschlagen und durchgeführt. Das sollte zur Qualitätssicherung der radiografischen Prüfung und insbesondere zur Sicherheit von industriellen Komponenten beitragen, die auch von der Prüfempfindlichkeit und in der Radiografie von der Filmsystemklasse abhängt.

In der Beurteilung dieser Bestrebungen und besonders der Ringversuche muss man berücksichtigen, dass einerseits eine große Zahl von Anwendern der Filmsysteme dafür nicht über die erforderlichen Messeinrichtungen verfügen und regelmäßige Messungen der Eigenschaften von Mischsystemen finanzielle Aufwendungen bedeuten, die zumeist nicht geplant sind. Auch ist zu überlegen, ob mit der inzwischen fortgeschrittenen Entwicklung digitaler Systeme nicht auf diesem Wege eine Lösung des Problems erfolgen kann.

5.2 Folien

5.2.1 Wirkungsweise von Folien

Folien bewirken als Streustrahlenfilter die Herabsetzung des Streuverhältnisses auf einen Wert, der annehmbare Kontraste in der Durchstrahlungsprüfung überhaupt erst ermöglicht. Man unterscheidet Vorfilter und Zwischenfilter.

Vorfilter sind zwischen Strahlenquelle und Prüfgegenstand angeordnet und bewirken die Aufhärtung der Primärstrahlung, indem die weicheren Energieanteile stärker absorbiert werden als die harten Anteile. Dadurch entsteht grundsätzlich eine Kontrastabnahme der radiografischen Aufnahme, weil sich die Intensität der Primärstrahlung hinter der Folie vermindert und damit höhere Belichtungszeiten für das Erreichen einer ausreichenden Schwärzung erfordern. Deshalb werden Vorfilter nur dann eingesetzt, wenn große Wanddickenunterschiede zu hohe Kontraste ergeben und nicht mehr innerhalb eines vorgegebenen Schwärzungsbereiches abbildbar sind. Als **Zwischenfilter** werden Metallfolien bezeichnet, die zwischen Prüfgegenstand und Filmkassette angeordnet sind und welche die gegenüber der Primärstrahlung erheblich weichere Streustrahlung schwächen und damit eine Kontrastverbesserung und Steigerung der Bildqualität ermöglichen.

Neben der Filterwirkung haben Folien aber auch eine sogenannte Verstärkerwirkung, d.h. obwohl sich die Primärstrahlenintensität vermindert, führt dies auf dem Film nicht zu geringeren Schwärzungen, sondern in vielen Fällen zu bedeutend höheren Schwärzungen. Der Grund für diese Verstärkerwirkung ist die Tatsache, dass die Schwärzung des Films nicht direkt durch Strahlung bewirkt wird, sondern durch eine Sekundärwirkung der Strahlung, dem fotoelektronischen Effekt, d.h. der Emission von Elektronen und weicher Röntgen-Photonen. Folien mit besonders hoher Ordnungszahl haben die Fähigkeit, besonders viele Elektronen beim Auftreffen von Röntgenstrahlen zu emittieren. Diese Elektronen dringen in die Emulsionsschicht ein und aktivieren die Silberbromidkörner zusätzlich zu den Wirkungen der Strahlung direkt in der Emulsionsschicht.

Die nachfolgenden Abbildungen 5.6 und 5.7 sollen die Folienwirkung an einem Beispiel verdeutlichen [5.1]. Abb. 5.6 zeigt eine radiografische Aufnahme ohne Folie und Abb. 5.7 dieselbe Aufnahme mit Bleiverstärkerfolie.

5.2.2 Folienarten

In den Regelwerken werden verschiedene Folienarten vorgeschlagen. Tabelle 5.5 zeigt einige von ihnen am Beispiel der DIN EN ISO 17636-1. Die Folienart, d.h. Werkstoff und Dicke sind jeweils so auszuwählen, dass Filter- und Verstärkerwirkung optimal aufeinander abgestimmt sind. In der Praxis wird die Bleifolie am meisten verwandt, bei der je nach Dicke und Strahlenart die Verstärkerwirkung die Filterwirkung um den Empfindlichkeitsfaktor 1,5 bis 3 übersteigt. Sie wird auch wegen ihres günstigen Preises vorgezogen. Bleifolien enthalten Zumischungen von Antimon und Wismut, die die Verschleißeigenschaften der Folie verbessern. Diese Zumischungen sind bei falscher Herstellung unregelmäßig,

Abb. 5.6 Radiografische Aufnahme ohne Folie [5.1]

Abb. 5.7 Radiografische Aufnahme mit Bleiverstärkerfolie
[5.1]

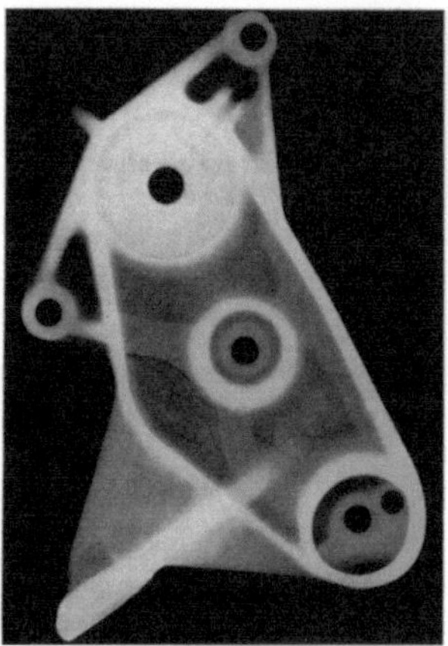

d.h., sie können als Segregat verteilt sein. Hinzu können Bleioxid-Einschlüsse kommen,
die ein helles Muster im Film hervorrufen können.

5.3   Digitale Detektoren

5.3.1   Klassifizierung der Techniken

Die radiografischen Techniken mit Film und mit digitalen Detektoren werden unterteilt in
die Klasse A für die Grundtechniken und Klasse B für verbesserte Techniken [5.18], die
zwischen den Vertragspartnern zu vereinbaren sind.

Tab. 5.5 Folienarten in Abhängigkeit von der Strahlenenergie nach DIN EN ISO 17636-1 [5.4]

Folienart	Foliendicke	Energie der Strahlung
Bleifolie	bis 0,03 mm	≤ 100 kV
Bleifolie	bis 0,15 mm	> 100 kV – 150 KV
Bleifolie	0,02 mm - 0,15 mm	> 150 kV – 250 KV
Bleifolie	0,02 mm - 0,2 mm	> 250 kV – 500 KV
Bleifolie	0,1 mm - 0,2 mm	Se 75
Bleifolie	0,02 mm - 0,2 mm	Ir 192
Stahl, Kupfer	0,25 mm - 0,7 mm	Co 60
Stahl, Kupfer	0,25 mm - 0,7 mm	von 1 - 4 MeV
Kupfer, Stahl, Tantal	1 mm, 1 mm, 0,5 mm	über 4 - 12 MeV
Tantal	1 mm, 0,5 mm	über 12 MeV

5.3.2 Kompensationsprinzipe

Zur Erzielung einer ausreichenden Kontrastempfindlichkeit können folgende prinzipiellen Kompensationen angewendet werden [5.18]:

- CP I: Kompensation des Kontrastes durch erhöhte Röntgenröhrenspannung oder -strom oder der Belichtungszeit,
- CP II: Kompensation ungenügender Abbildungsschärfe des Detektors durch erhöhtes Signal/Rausch-Verhältnis,
- CP III: Kompensation einer erhöhten Interpolationsunschärfe durch ein erhöhtes Signal/Rausch-Verhältnis.

5.3.3 Detektorsysteme

Verschiedene Typen von digitalen Sensoren bzw. Detektorsystemen wurden bereits im Abschnitt 4.1.3 beschrieben. Nach DIN EN ISO 17636-2 [5.18] werden für die Anwendung der Detektoren der Nachweis von Mindest-Signal-Abständen oder Mindest-Grauwerten gefordert. In Tabellenform werden die Strahlenquelle, die durchstrahlte Werkstoffdicke, die Mindest-SNR_N und die Art und Dicke der Metallfolien dargestellt. Im Anhang zu dieser Norm wird das Verfahren für die Messung des Signal-Rausch-Abstandes SNR_N beschrieben und eine Umwandlungstabelle für die Anwender geliefert, die unnormierte gemessene Werte anwenden wollen [5.18]. Einzelheiten zu den Messungen der SNR_N können den Regelwerken ISO 16371-1 [5.19], ASTM E-2446 [5.20] oder ASTM E-2597 [5.21] entnommen werden.

5.3.4   Metallfolien

Zwischen dem Detektor und den metallischen Aufnahmefolien muss ein guter Kontakt vorhanden sein. Das kann durch Vakuumverpackung oder durch Anpressdruck erreicht werden. Bleifolien haben eine wesentlich geringere Verstärkerwirkung als in der Filmradiografie [5.18].

5.3.5   Metallfilter und Blenden (Kollimatoren)

Um die Primärstrahlung weitgehend auf den Prüfbereich zu begrenzen, müssen Kollimatoren als Blenden eingesetzt werden. Dazu können für Ir 192-, Co 60- und Se 75-Strahlenquellen oder Röntgenstrahler über 1 MeV Bleifolien von 0,5 bis 2 mm als Filter für energiearme Strahlung zwischen Prüfgegenstand und Filmkassette oder Detektor verwendet werden [5.18].

5.3.6   Geometrische Vergrößerungstechnik

Bei der digitalen Radiografie unterscheidet man zwischen der digitalen und der geometrischen Vergrößerung. Während die digitale Vergrößerung als Zoom für die dargestellten Bilder wirkt, erlaubt die geometrische Vergrößerung eine Verringerung der Bildunschärfe. Das geschieht durch das Kompensationsprinzip II, indem die bei den meisten digitalen Detektoren und Abtastsystemen relativ hohen Pixelgrößen reduziert werden, um eine vergleichbare Ortsauflösung wie bei Filmen zu erreichen. Damit wird das Signal-Rausch-Verhältnis des Bildes verbessert [5.18].

Eine weitere Möglichkeit der Anwendung der geometrischen Vergrößerungstechnik besteht in der Einhaltung eines größeren Abstandes zwischen dem Detektor und dem Prüfgegenstand und durch den Einsatz einer Röntgenröhre mit kleinerem Brennfleck bzw. eines Gammastrahlers mit kleiner Strahlergröße [5.18].

Der Nachweis der richtigen Vergrößerung kann durch einen Doppeldraht-Bildgüteprüfkörper erfolgen.

5.3.7   Verarbeitung der digitalen Technik

5.3.7.1   Scannen und Auslesen der digitalen Bilder

Um die gewählte Bildgüte zu erreichen, müssen die Scanner (Abtastsysteme) und Detektoren gemäß den Empfehlungen der Hersteller eingesetzt werden. Dabei sollen die digitalen Bilder frei von Artefakten sein, welche die Auswertung stören [5.18]. Artefakt nennt man in der Diagnostik einen scheinbaren, tatsächlich jedoch unbeabsichtigt künstlich herbeigeführten Kausalzusammenhang, zum Beispiel durch Fehler bei der Datenerhebung,

-auswertung, -dokumentation oder -interpretation. In der bildgebenden Diagnostik versteht man darunter technisch bedingte Strukturen, die sich der Abbildung überlagern [5.22].

5.3.7.2 Kalibrierung der Detektoren

Detektoren für die digitale Radiografie sind regelmäßig sowie bei signifikanten Veränderungen der Belichtungsbedingungen zu kalibrieren, um Sicherheit in die angestrebten Signal-Rausch-Verhältnisse SNR_N zu bringen [5.18].

5.3.7.3 Defekte Detektoren

Solche Detektoren bezeichnet man auch als „Bad-Pixel". Sie weisen ungenügende Leistung auf und verringern dadurch das SNR_N-Verhältnis. Spezielle Hinweise auf diese Detektoren und ihre Handhabung sind in ASTM E-2597 [5.21] enthalten.

5.3.7.4 Bildverarbeitung und -auswertung

Die mit einem Detektorsystem aufgenommenen digitalen Daten müssen anhand von Grauwerten bewertet werden, die proportional zur Strahlungsdosis sind, um die Signal-Rausch-Verhältnisse zu bestimmen. Weitere bei der Bildverarbeitung und –auswertung verwendete Bildverarbeitungsfunktionen, wie z.B. die Hochpassfilterung für die Bildwiedergabe, sind zu dokumentieren und müssen reproduzierbar sein [5.18].

5.3.8 Bildgüteprüfkörper für die digitale Technik

Auch in der digitalen Radiografie werden Bildgüteprüfkörper zum Nachweis der Bildgüte entsprechend DIN EN ISO 19232-1 [5.23] und -2 [5.24] eingesetzt. Man verwendet nach diesen Normen grundsätzlich Draht-BPK und Stufe/Loch-BPK. Zum Nachweis der Basis-Ortsauflösung werden auch Doppeldraht-BPK nach DIN EN ISO 19232-5 [5.25] vorgeschlagen.

5.3.9 Bildunschärfe bei digitalen Detektoren

Die maximale Bildunschärfe für die digitalen Techniken der Klasse A und B wird durch die Basis-Ortsauflösung angegeben und mit Hilfe der Doppeldraht-BPK gemessen.

5.3.10 Grauwerte und Signal-Rausch-Verhältnisse

In der digitalen Radiografie werden neben dem Signal-Rausch-Verhältnis SNR_N auch Grauwerte (GV) gemessen, um die Bestrahlungsdosis bei einer gegebenen Strahlungsqualität zu erfassen. Die Grauwerte werden von GV = 0 (entspricht dem „weiß" bei der Negativdarstellung der Filmradiografie) und GV = 4095 (entspricht dem „schwarz" eines gesättigten Detektors). Die gemessenen Grauwerte können dann grafisch in einem Diagramm mit den SNR_N-Verhältnissen dargestellt werden [5.18].

5.4 Filmverarbeitung

Die Filmverarbeitung und ihre Kontrollen sind in DIN EN ISO 11699-2 standardisiert [5.5].

5.4.1 Entwicklungsprozess

Bei der manuellen Entwicklung eines Filmes wird der Film zunächst in einem Rahmen befestigt und unter ständiger Bewegung (ca. 30 sec. lang) in das Entwicklerbad getaucht. Die Filmbewegung ist notwendig, um Luftbläschen auf der Emulsionsschicht zu vermeiden, die eventuell auf dem Röntgenbild Flecken verursachen könnten. Außerdem soll der Entwickler gleichmäßig in alle Teile der Emulsionsschicht eindringen. Die Entwicklungszeit wird mittels einer Schaltuhr vorher eingestellt.

Die Emulsionsschicht des Films besteht aus Gelatine und Silberbromidkörnern von einer Größe von 1 µm und kleiner. Im Silberbromid hat das Silber den Charakter eines Ions, d.h. es ist ein positiv geladenes Silberatom, das an negative Bromionen gebunden ist. Wird zum Silberion ein Elektron hinzugefügt, so verliert es seine salzartigen Eigenschaften, die es als Ion in Verbindung mit Bromionen besitzt und wird zu metallischem Silber. Dieser chemische Vorgang heißt Produktion. Feinverteiltes metallisches Silber, wie es in der Filmemulsion vorliegt, hat jedoch nicht den metallischen Glanz massiver Silberstücke, sondern erscheint auf Grundlage der Streuung des Lichtes im Film schwarz. Ionisierende Strahlung hat, wie bereits bekannt, die Eigenschaft Elektronen aus Stoffen herauszulösen und kann damit einen Reduktionsvorgang einleiten. Strahlung kann aber in der Emulsionsschicht immer nur einzelne Elektronen auslösen und damit einzelne Atome reduzieren.

Um ein ganzes Korn von Millionen von Atomen bzw. pro Quadratzentimeter Film Milliarden von Körnern zu reduzieren, bedarf es eines großen Elektronenangebotes. Dies können vor allem chemische Elektronenträger, die Entwicklersubstanzen leisten. Woher aber weiß der Entwickler, welche Silberbromidkörner er entwickeln soll? An den Stellen, wo Strahlung den Film erreicht hat – sie sollen nach der Verarbeitung schwarz sein – ist ja bereits mindestens ein Reduktionsvorgang abgelaufen. Der Entwickler macht zuerst da mit großer Geschwindigkeit mit der Reduktion weiter, wo bereits damit begonnen worden ist. An den unbelichteten Stellen ist der Vorgang gehemmt und läuft erst an, wenn er an den belichteten Stellen fast abgeschlossen ist.

Bricht man den Entwicklungsprozess zu diesem Zeitpunkt (= Entwicklungszeit) ab, so ergibt sich nach der Verarbeitung ein hoher Schwärzungsunterschied zwischen belichteten und -unbelichteten Stellen, also ein großer Kontrast (Abb. 5.8). Die Wahl der optimalen Belichtungszeit ist also u.a. entscheidend für den Kontrast. Da jeder chemische Vorgang temperaturabhängig ist, hängt die optimale Entwicklungszeit von der Temperatur ab. Als optimal gilt eine Entwicklungszeit von 5 min bei einer Temperatur von 20°C [5.1]. Bei Erhöhung der Temperatur wird die Entwicklungszeit kürzer, die Entwicklung verläuft schneller. Wenn die Badtemperatur unter 10 °C fällt, kann der Entwickler zerstört werden, eine Entwicklung ist bei solchen Temperaturen nicht mehr möglich [5.1]. Die Fa. AGFA,

Tab. 5.6 Entwicklungszeiten für AGFA-Filme Structurix D2 bis D8 bei verschiedenen Badtemperaturen [5.1]

Filme	18^0C	20^0C	22^0C	24^0C	26^0C	28^0C	30^0C
Entwicklungszeiten (min)	6	5	4	3,5	3	2,5	2

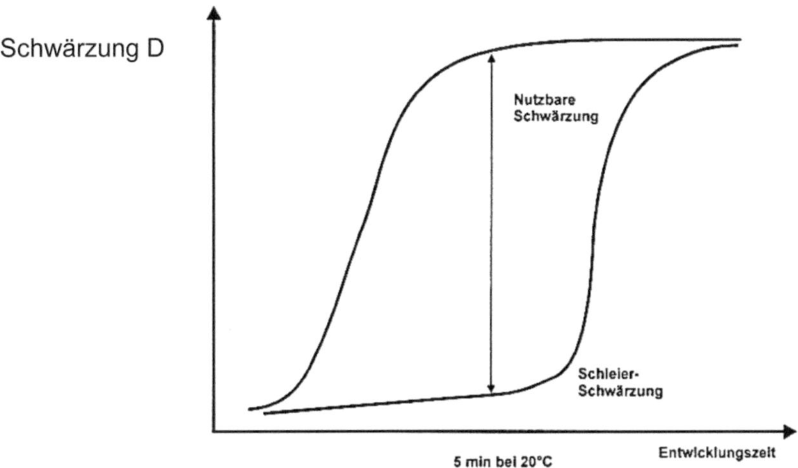

Abb. 5.8 Optimierung der Entwicklungszeit [5.1]

jetzt GE, hat folgende Entwicklungszeiten bei Temperaturen über 18 °C angegeben (Tabelle 5.6) [5.1].

Die Kontrastgebung im Film ist also nur dadurch möglich, dass die Strahlung bereits angefangen hat, einzelne Körner zu entwickeln. Man spricht davon, dass ein belichteter unverarbeiteter Film ein latentes (= verborgenes, unsichtbares) Bild habe.

Generell tragen zur Schwärzung des Filmes nicht nur Röntgen- und Gammastrahlen bei, sondern alles, was Energie in den Film einbringt, wie Licht, Druck, Wärme, Entladung. Dazu müssen auch Fehler in der Filmverarbeitung gerechnet werden.

Die Entwicklungsbedingungen sind also der maßgebliche Einfluss auf die Entstehung von optimalem Kontrast und zur Bestimmung der Form der Schwärzungskurve. Der Neuansatz des Entwicklers wird insbesondere dann erforderlich, wenn der Fixiervorgang sehr lange, also doppelt so lange wie normalerweise dauert. Ein Entwicklerbad sollte nach spätestens 8 Wochen unabhängig von der durchgesetzten Menge an Filmen erneuert werden [5.1].

5.4.2   Zwischenwässerung

Nach Ablauf der Entwicklungszeit muss der Entwicklungsvorgang gestoppt werden. Dies
kann entweder durch Auswaschen des Entwicklers aus der Gelatine mit Fließwasser oder
durch Zerstörung des Entwicklers durch ein Stoppbad erfolgen. Im letzteren Fall wird der
basische Entwickler durch ein essigsaures Medium vernichtet. Damit das Wasser oder die
Säure in die Emulsionsschicht eindringen kann, muss die Temperatur hoch genug gehalten werden, da sonst die Poren an der Schichtoberfläche verschlossen sind. Anhaltswerte
für die Zwischenwässerung sind 2 – 3 min bei Zwischenwässern unter Fließwasser und ca.
30 sec. im Stoppbad [5.1].

5.4.3   Fixierung

Das Silberbromid ist normalerweise in Wasser unlöslich. Bei der Zwischenwässerung wird
also nur der Entwickler, nicht aber das unentwickelte Silberbromid entfernt. Dies ist aber
entscheidend, da der Film sonst milchig bleibt und nachdunkelt. Der Fixierer enthält „Na-
triumthiosulfat", das die Fähigkeit hat, Silberbromid löslich zu machen. Dieser Vorgang
heißt „Komplexierung" und braucht wie jede chemische Reaktion eine gewisse Zeitdauer
bei einer gewissen Temperatur. Diesbezüglich geht man von einer Fixierzeit entsprechend
der doppelten Klärzeit bei einer Temperatur von 20 °C aus. Die Klärzeit wird ermittelt,
indem ein unbelichteter Film solange im Fixierer bleibt, bis der Film entwickelt und klar
wird [5.1], [5.3].

5.4.4   Endwässerung

Durch das Löslichmachen des Silberbromids wird es aber noch nicht automatisch aus der
Gelatine herausgeholt. Vielmehr muss das Komplexsalz, eine chemische Verbindung zwischen Thiosulfat und Silber, noch herausgewaschen werden. Dies geschieht durch eine abschließende Wässerung unter fließendem Wasser. Die Gründlichkeit der Schlusswässerung entscheidet über die Haltbarkeit von Filmen. Nachdunkeln von Filmen ist meist auf
ungenügende Schlusswässerung zurückzuführen. Die Hersteller geben für ihre Filmpro-
dukte meist detaillierte Verarbeitungsvorschriften an. Die Endwässerungszeit ist abhängig
von der Wassertemperatur und sollte bei Temperaturen über 5 °C bis 25 °C ca. 20 bis
30 min betragen. Wassertemperaturen über 25 °C sollten vermieden werden. Steht kein
fließendes Wasser zur Verfügung, so kann die „Kaskaden-Methode" angewendet werden,
wobei der Film nacheinander in vier verschiedene Wassertanks gebracht wird [5.1].

5.4.5   Filmtrocknung

Bevor ein Film betrachtet werden kann, muss er erst in ein Bad mit einem Entspannungs-
mittel getaucht werden, weil sich sonst größere Tropfen auf dem Film bilden, so dass später nach dem Trocknen Flecken zurückbleiben. Das Trocknen selbst erfolgt bei der manuellen Filmbehandlung staubfrei in Trockenschränken bis zu maximal 40° C, wobei man
sie zumeist in Trockenrahmen aufhängt. Dabei ist dringend darauf zu achten, dass nicht
Restwasser aus den Rahmenecken später über den bereits trockenen Film läuft, weil sonst
Wasserspuren entstehen, die sich nicht mehr beseitigen lassen. Die Zeit für das Trocken-

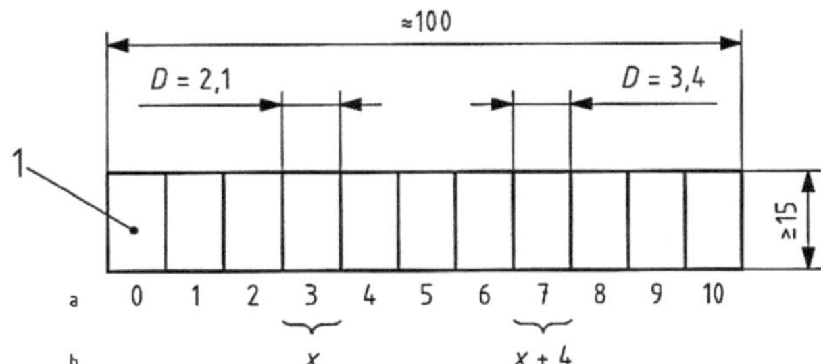

Abb. 5.9 Filmstreifen zur Kontrolle der Filmverarbeitung [5.5]

Legende: 1   = unbelichtetes Feld
a   = Position
b   = Stufe
x   = Referenzempfindlichkeitsstufe
x + 4 = Referenzkontraststufe
D   = Mindestdichtebereich

werden hängt dann von der Lufttemperatur, der Luftzirkulation und der Luftfeuchtigkeit ab. Temperaturen über 400 °C sollten vermieden werden, um beispielsweise kein Verbiegen der Filme eintreten zu lassen [5.1]. Vor dem Trocknungsprozess kann ein Entspannungsbad dazu beitragen, dass das Wasser schneller und gleichmäßiger vom Film abläuft.

5.5 Kontrolle der Filmverarbeitung

Die Kontrolle der Filmverarbeitung erfolgt mit Hilfe von Referenzwerten. Filmhersteller liefern dazu vorbelichtete, zertifizierte Filmstreifen für Empfindlichkeit und Kontrast. Die Streifen sind im Rahmen der Filmverarbeitung mit zu verarbeiten und die jeweiligen Schwärzungsmesswerte aufzunehmen. Man kann die vorbelichteten Filmstreifen für die nach DIN EN ISO 11699-1 [5.2] klassifizierten Filmsorten von mindestens 15 × 100 mm auch selbst herstellen, indem eine Aufnahmeanordnung nach DIN EN ISO 11699-2 gewählt wird. Abb. 5.9 zeigt beispielhaft einen solchen Filmstreifen [5.5].

5.5.1 Kontrolle der Schleierschwärzung

5.5.1.1 Kontrolle des Schleiers durch Entwicklung

Um den Anteil des Entwicklers an der Schleierschwärzung zu ermitteln, ist ein unbelichteter Film zu teilen. Ein Teil ist unter Umgehung des Entwickler- und Zwischenwässerungsbades zu fixieren und zu entwässern, der andere Teil durchläuft sämtliche Filmverarbeitungsschritte. An beiden Filmen wird die Schwärzung D2 bzw. D1 gemessen. Die Differenz beider Schwärzungen ist der durch den Entwicklungsvorgang erzeugte Schleier.

$$D_{Schleier} = D_2 - D_1 \leq 0,3.$$

5.5.1.2   Kontrolle des Schleiers durch Dunkelkammerbeleuchtung

Ein Film wird auf ca. $D = 2$ belichtet und in Längsrichtung und dem Dunkelkammerlicht im Arbeitsabstand 5 Minuten lang halb abgedeckt. Nach der Verarbeitung darf der Unterschied beider Filmhälften nicht größer als 0,1 sein. Die Kontrolle der Filmverarbeitung ist in direktem Zusammenhang mit der Kontrolle der Dunkelkammereinrichtung zu sehen.

5.5.2   Kontrolle der Dunkelkammereinrichtung

Um die Aufnahmequalität bei der Anfertigung radiografischer Durchstrahlungsaufnahmen zu steigern, werden im Folgenden in Anlehnung an die DGZfP-Richtlinie D2 [5.28] Hinweise zur Lagerung und Verarbeitung von Chemikalien und Filmen gegeben.

Wichtigstes Merkmal ist die Lagerung unbelichteter Filme außerhalb des Einflussbereiches von Röntgen- und Gammastrahlung! **Die Filmpackungen sind bei Raumtemperaturen unter 25°C und einer relativen Luftfeuchtigkeit von 30% bis 70% hochkant zu lagern**, wobei das Verbrauchsdatum des Herstellers zu beachten ist.

Flüssige Konzentrate von Chemikalien für die Filmverarbeitung, wie Entwickler oder Fixierbad, sollen zwar kühl gelagert werden, jedoch nicht unter 10° C, da u.U. Auskristallisierungen auftreten können, die die Filmempfindlichkeit beeinflussen.

Bei der Einrichtung der Dunkelkammer sind Nass- und Trockenbereich zu trennen. Der Nassbereich muss mit Wasserabscheidern versehen werden, um eine Sicherheit gegenüber unkontrollierter Entsorgung von Nasschemikalien zu erreichen. Die Tanks für Entwickler, Zwischenwässerung, Fixierbad und Endwässerung sind ausreichend groß in ihren Abmessungen zu halten, damit sich die Filme während der Verarbeitung nicht berühren und möglichst mittels Fließwasser von den Chemikalien befreit werden können. Auch die Temperatur der Bäder ist messbar zu gestalten, um den Herstellerangaben entsprechend handeln zu können. Bei der maschinellen Verarbeitung von Filmen müssen bestimmte vom Hersteller der Einrichtungen vorgegebene Ausrüstungsteile in ausreichend großen Wasserbecken gereinigt werden.

In den Dunkelkammerräumen ist das Eindringen von Tages- oder Fremdlicht unbedingt zu vermeiden, da sonst mit erhöhten Werten für die Schleierschwärzung gerechnet werden muss. Das Ein- und Ausschalten der Dunkelkammerhauptbeleuchtung ist generell von der Beleuchtung zu trennen, die für die Filmbearbeitung benötigt wird. Außerdem dürfen für die Dunkelkammerbeleuchtung keine Leuchtstoffröhren benutzt werden, da die Gefahr des Nachleuchtens besteht. Die Leistung der für die Filmverarbeitung erforderlichen Dunkelkammerleuchten soll 15 Watt nicht übersteigen, um die Farbstoffe des jeweiligen Filters zur Abdunkelung nicht zu zerstören und um die Erhöhung der Schleierschwärzung auf den Filmen zu vermeiden. Dunkelkammern sind ausreichend gut zu belüften, wobei die Luftfeuchtigkeit zwischen 40 und 70% liegen muss. Zur Messung der Luftfeuchtigkeit ist in der Dunkelkammer ein Barometer anzubringen.

5.5.3 Kontrolle der Filmentwicklung

Entwicklerbäder sind nach einer gründlichen Reinigung der Tanks mit Reinigungschemikalien entsprechend den Vorschriften der Hersteller anzusetzen. Gleiches gilt für das Ergänzen von Entwicklerbädern nach Verbrauch. Eine vollständige Regenierung muss erfolgen, wenn die ergänzte Entwicklermenge dem dreifachen Tankvolumen entspricht. Eine Kontrolle der Notwendigkeit zur Erneuerung des Entwicklers erfolgt anhand der durchgesetzten Filmmenge in m^2 Filmfläche und der zugegebenen Regeneratormenge. Die Temperatur von Entwicklerbädern ist mittels geeigneten Thermometern stets vor der Benutzung im Entwicklerbad zu messen und darf nur im Temperaturintervall von 18 bis 25° C liegen. Notfalls ist das Entwicklerbad zu erwärmen. Wird die vorgegebene Temperatur unterschritten, so lassen sich bestimmte ausgefallene chemische Substanzen im Bad nicht wieder lösen, während beim Überschreiten die Filmschichten aufquellen können.

Die Kontrolle der richtigen Entwicklerbadkonzentration erfolgt mit Hilfe von Stufenkeilaufnahmen, indem diese als Teilstreifen in zeitlichen Abständen entwickelt werden. Durch Schwärzungsmessung wird danach ein Kontrastvergleich herbeigeführt. Während des Entwicklungsvorganges dürfen Filme nicht aus dem Entwicklerbad entnommen und unter Rotlicht betrachtet werden, weil sonst die Schleierschwärzung ansteigen und Schlierenbildung einsetzen kann. Beim Herausnehmen aus dem Entwicklerbad sollen die Filme ohne langes Abtropfen in das Zwischenwässerungsbad gebracht werden, um zu vermeiden, dass oxidierter Entwickler in das Entwicklerbad zurücktropft. Auf keinen Fall darf der Entwickler durch Fixierbad verunreinigt werden. Auch sollten Entwicklerbäder durch Abdeckungen gegen Luftoxidationen geschützt werden.

5.5.4 Kontrolle der Zwischenwässerung und des Stoppbades

Filme müssen nach dem Entwickeln möglichst in fließendem Wasser zwischengewässert werden. Ist kein fließendes Wasser vorhanden, so kann ein Stoppbad verwendet werden; ist auch das nicht vorhanden, so muss der Film wenigstens im Zwischenwasserbad ständig hin- und hergeschwenkt werden.

Ein Stoppbad enthält Essigsäurekonzentrat nach Angaben des Herstellers. Die Essigsäure soll den Entwicklungsvorgang durch Neutralisation stoppen, wobei das Stoppbad durch das in der Filmschicht enthaltene Alkali verbraucht wird. Die Kontrolle des Stoppbades wird mit Indikatorpapier durchgeführt. Dabei darf der PH-Wert des Stopp-Bades 5,5 bis 6 nicht übersteigen. Das Stoppbad kann seine Wirkung nur entfalten, wenn der Säuregehalt hoch genug ist, um den basischen Entwickler zu vernichten.

5.5.5 Kontrolle des Fixierbades

Das Fixieren des Filmes bedeutet das Beseitigen des milchigen Aussehens, wobei die Fixierzeit etwa der doppelten Klärzeit entspricht. Die Klärzeit wird mittels eines unbelichteten unentwickelten Filmstreifens kontrolliert.

Das Fixierbad ist zu erneuern, wenn sich die Klärzeit durch das Ansteigen des Silbergehaltes oder durch Verdünnung mit Wasser aus dem Zwischenwasserbad verdoppelt hat. Normalerweise wird pro 1 Liter Fixierbad nicht mehr als 1 m^2 Filmfläche bearbeitet, was ständig zu kontrollieren ist. Diesbezüglich ist auch der Silbergehalt mit Reagenzpapier zu überprüfen, da das Fixierbad nicht mehr als 8 g Silber pro Liter Fixierbad enthalten darf. Die Temperatur des Fixierbades soll auf ca. 20° C gehalten werden.

5.5.6 Kontrolle der Endwässerung

Der Fixierer besteht aus dem Reagenz Thiosulfat, das bei ungenügender Wässerung mit dem herauszulösenden Silbernitrat in der Emulsion verbleibt. Ein Tropfen Silbernitratlösung reagiert mit dem Thiosulfat durch Braunfärbung.

Am Ende der Filmnassverarbeitung müssen die Filme ausreichend gewässert werden, um die chemischen Substanzen aus der Filmschicht zu bringen und den Film haltbar und damit archivierbar zu machen. Analog zur Zwischenwässerung ist auch bei der Endwässerung unbedingt auf das Abspülen der Filme mit fließendem Wasser zu achten. Steht kein fließendes Wasser zur Verfügung, so muss die Endwässerung in mehreren Stufen hintereinander in verschiedenen Tanks (Kaskadenwässerung) durchgeführt werden. Dennoch sollten auch derart behandelte Filme vor ihrer Archivierung nochmals in fließendem Wasser gespült werden.

5.6 Filmfehler

Bei der Verarbeitung von Filmen sind Sauberkeit und Sorgfalt wichtigste Voraussetzung. Mechanische oder chemische Einwirkungen führen ebenso zu Filmfehlern wie Staub, Schmutz, Feuchtigkeit oder Fett. Das gesamte Zubehör für die Handentwicklung muss sauber gehalten und regelmäßig gereinigt werden. Beim Anfertigen von besonderen Filmformaten sind die Filme zwischen Papier aufzunehmen oder Leinenhandschuhe zu tragen, damit keine Fingerabdrücke entstehen.

Filmfehler können die Auswertung behindern oder sogar die Aussage über die Qualität des Prüfstückes unmöglich machen. Sie sind daher, sofern sie im auszuwertenden Bereich eines Filmes vorkommen, auf jeden Fall zu protokollieren. Filmfehler, auch als technische Fehler am Film bezeichnet, kann man nach dem Zeitpunkt ihrer Entstehung in drei Gruppen einteilen [5.3]:

- Filmfehler vor der Belichtung,
- Filmfehler nach der Belichtung, aber vor der Verarbeitung,
- Filmfehler während der Verarbeitung.

Filmfehler vor der Belichtung können von den Filmfehlern nach der Belichtung auf dem verarbeiteten Film durch ihre Schwärzung unterschieden werden. Die ersteren bilden sich für gewöhnlich hell, die letzteren für gewöhnlich dunkel ab (siehe Beispiel in Abb. 5.10) [5.3].

Einige Beispiele von Filmfehlern sind in Abb. 5.11 dargestellt.

- Druckstellen: Falsche Lagerung, z. B. übereinander gestapelt, statt hochkant
                       oder Pressung beim Einrichten,
- Knickstellen: Meist durch Fingernageldruck verursacht,
- Statische Entladung: Abziehen der Folie bei falscher Luftfeuchtigkeit.

Filmfehler nach der Belichtung, jedoch vor der Verarbeitung und Filmfehler während der Verarbeitung können auch zurückgeführt werden auf Fehler bei der radiografischen Aufnahme und bei der Filmbehandlung. In Tabelle 5.7 sind solche Fehlerursachen für Filmbehandlungsfehler und in Tabelle 5.8 für Aufnahmefehler zusammengestellt [5.1].

Abb. 5.10 Knickstellen, die a) vor und b) nach dem Belichten entstanden sind

a) 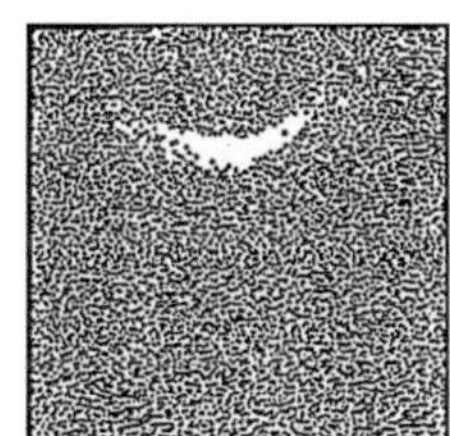  b) 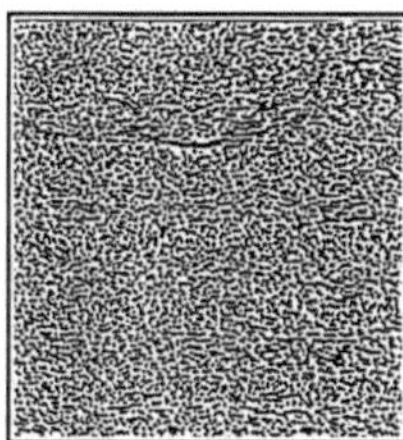

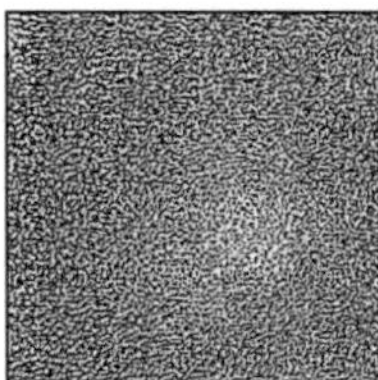 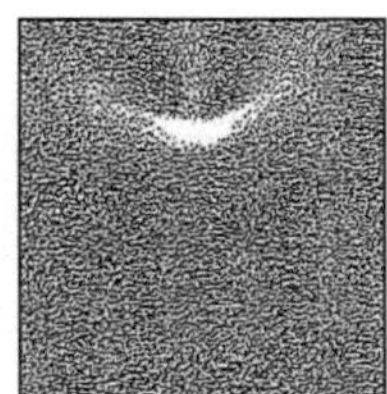 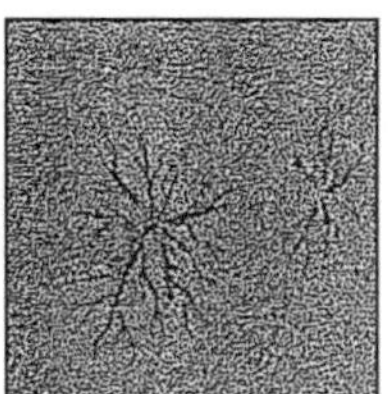

Druckstellen   Knickstellen   Statische Entladung

Tab. 5.7 Ursachen für Filmbehandlungsfehler [5.1]

Filmbehandlungsfehler	Ursachen für Filmbehandlungsfehler
Helle Flecken (rund und klein mit scharfem oder dunklem Rand)	Film wurde zu Beginn der Entwicklung nicht bewegt Vor Entwicklungsbeginn Fixierbad o. Wasserspritzer auf dem Film Mechanische Einwirkung auf den Fim vor der Entwicklung Zu schnelles und ungleichmäßiges Trocknen Anhaften der Filme aneinander oder an der Behälterwand Fettflecke, die den Entwicklungsprozess abschwächen Beschädigung der Verstärkerfolie Staub zwischen Film und Folie bei der Belichtung Fehlerhaftes Trocknen in feuchtwarmer Atmosphäre Unsauberes Wasser
Helle Streifen	Öffnen der Filmverpackung mit einem spitzen Gegenstand Ungenügende Bewegung des Films während der Entwicklung Ungleichmäßige Trocknung Fixierbad oder Wassertropfen vor dem Entwickeln auf dem Film
Helle Figuren	Film nicht richtig gehändelt vor der Belichtung Fingerabdrücke von fettigen oder verschmutzten Fingern
Dunkle Flecken	Entwickler- oder Wassertropfen vor dem Entwickeln auf dem Film Elektrische Entladungen bei relativ geringer Luftfeuchtigkeit Mechanische Einwirkungen nach der Belichtung
Dunkle Streifen	Beschädigung der Emulsionsschicht nach der Belichtung Beschädigung der Filmverpackung nach der Belichtung Ungenügende Bewegung des Films während der Entwicklung Ungleichmäßige Trocknung Entwickler- oder Wasserspritzer vor dem Entwickeln auf dem Film
Dunkle Figuren	Eindrücke im Film nach der Belichtung als Halbmonde Fingerabdrücke von befeuchteten Fingern Elektrische Entladungen bei relativ geringer Luftfeuchtigkeit
Weißer Niederschlag	Benutzung von zu hartem Wasser und ungenügendes Wässern

5.7 Filmauswertung

Eine Filmauswertung besteht aus den Arbeitsschritten Filmbetrachtung, Ungänzenerkennung, Ungänzenklassifizierung und Beurteilung.

Die **Filmbetrachtung** soll klären, ob ein Film so hergestellt wurde, dass eine Auswertung mit dem Ziel der Beurteilung des Prüfstücks möglich ist oder nicht. Dieser Arbeitsschritt ist notwendig, um Fehlbeurteilungen zu verhindern und Verzögerungen zu vermeiden.

Im Grundsatz ist zu klären, ob die Forderungen der Spezifikation und der Prüfanweisung eingehalten worden sind. Dabei sind insbesondere folgende Fragen durch Vergleich Prüfanweisung-Protokoll-Film zu klären:

- Ist der Film zum Protokoll zuordenbar?
- Ist der Prüfumfang abgedeckt?

Tab. 5.8 Ursachen für Aufnahmefehler [5.1]

Aufnahmefehler	Ursachen für Aufnahmefehler	
Schwärzung zu niedrig	Belichtung zu kurz Entwicklung zu kurz Entwickler verbraucht Entwickler schlecht angesetzt oder ungeeignet	
Schwärzung zu hoch	Belichtung zu lang Entwicklung zu lang Entwicklertemperatur zu hoch Entwickler schlecht angesetzt oder ungeeignet	
Kontrast zu niedrig	Schwärzung normal Zu harte Strahlung Überbelichtung Ungeeigneter Entwickler Entwicklertemperatur zu niedrig Entwicklung zu lang Entwickler schlecht angesetzt	Schwärzung unzureichend Entwicklung zu kurz Entwickler verbraucht Ungeeigneter Entwickler Entwickler schlecht angesetzt
Kontrast zu hoch	Zu weiche Strahlung Unterbelichtung kompensiert durch Verlängerung der Entwicklung Ungeeigneter oder schlecht angesetzter Entwickler	
Aufnahme unscharf	Film-Fokus-Abstand zu gering Bewegte Strahlenquelle oder bewegter Prüfgegenstand Objekt-Film-Abstand zu groß Brennfleck zu groß Unzureichender Film-Folien-Kontakt Falsche Folie	
Grauschleier	Dunkelkammerbeleuchtung ungeeignet Dunkelkammerbeleuchtung des Films zu lange Dunkelkammerlampe zu nahe am Film Film wurde vorbelichtet durch Licht, Röntgen- oder Gammastrahlung Zu starke Streustrahlung Schlecht gelagerter Film Zu alter Film Unterbelichtung kompensiert durch Verlängerung der Entwicklung Ungeeigneter oder schlecht angesetzter Entwickler Aufgeheizte Filmkassette durch Sonnenstrahlung oder Heizkörper Schlecht schließende Filmkassette	
Gelbschleier	Entwicklung zu lang Entwickler verbraucht Fixierbad verbraucht Zwischenwässern zu kurz Nicht ausreichendes Fixieren oder Wässern	
Farbschleier	Entwickler mit Fixierbad verunreinigt Fixierbad verbraucht Zwischenwässern zu kurz Anhaften v. Filmen im Fixierbad u. damit Fortsetzung d. Entwicklung Entwicklung zu lang im verbrauchten Entwickler Unzureichendes Fixieren und Aussetzung des Films im Tageslicht	
Lämmerwölkchen	Zu alter oder schlecht gelagerter Film mit körnigem Schleier	

- Sind Abweichungen in der Prüftechnik vorhanden?
- Sind für die Auswertung störende Verarbeitungsfehler vorhanden?
- Sind die Schwärzung und der Kontrast eingehalten bzw. erreicht worden?
- Ist die Bildgüte erreicht worden?

Um diese Fragen klären und um die Ungänzenklassifizierung und -beurteilung durchführen zu können, sind die Betrachtungsbedingungen, die Filmschwärzung, der Kontrast, die Belichtung und eventuell erforderliche Korrekturen zum Werkstoff, zum verwendeten Film, zum Abstand (FFA) oder zur Schwärzung zu untersuchen.

5.7.1 Betrachtungsbedingungen

Die Betrachtungsbedingungen schließen die Anforderungen an die Betrachtungsgeräte und an den Betrachter ein. Betrachtungsgeräte enthalten meist regelbare Lichtquellen mit Halogenlampen bzw. LED-Leuchten, die mit einem Fußschalter an- und ausschaltbar sind. Mit Hilfe einer Opalglasscheibe wird aus dem Glühlampenlicht diffuses Licht, das auch die Erkennung von Objektdetails aus einem Winkel erlaubt. Die Wärme darf wegen Verwerfungsgefahr des Films eine Temperatur von 60 °C nicht übersteigen. Beim Baustelleneinsatz ist eine Reinigung der Scheibe von Staub vorzunehmen. Wegen der Spektralabhängigkeit der Wahrnehmungsempfindlichkeit des menschlichen Auges sollte weißes Licht, mindestens aber orangefarbenes Licht vorhanden sein. Der Betrachter sollte aus ca. 30 cm Entfernung im Sitzen senkrecht auf den Film sehen können (Abschrägung). Die Helligkeit der Durchstrahlungsaufnahme sollte eine Leuchtdichte haben, die nach Möglichkeit und nach DIN EN 25580 [5.11] ca. 100 Cd/m^2 oder größer betragen und nicht niedriger als 30 Cd/m^2 für optische Leuchtdichten $\leq 2{,}5$ und 10 Cd/m^2 für optische Leuchtdichten $> 2{,}5$ sein soll.

Die Durchstrahlungsbilder sind in einem verdunkelten Raum mit einem Betrachtungsgerät nach DIN EN 25580 [5.11] auszuwerten. Um eine Blendwirkung des Betrachters zu vermeiden, sollen helle Stellen des Durchstrahlungsbildes bei der Auswertung benachbarter dunkler Bereiche durch Antiblend-Vorrichtungen abgedeckt werden. Das gilt insbesondere dann, wenn die Schwärzungsdifferenz benachbarter Bereiche größer als 1,5 ist. Die Betrachtungsgeräte müssen Filmbetrachtungen bis zur Schwärzung D = 4 ermöglichen.

Die Betrachtungsgeräte müssen eine Beschilderung mit folgenden Hinweisen aufweisen:

- Nennspannung oder erlaubter Spannungsbereich,
- Nennfrequenz oder erlaubter Frequenzbereich,
- Eignung für Wechsel- oder Gleichstrom,
- Nennaufnahme der Leistung in Watt,
- Maximale Leuchtdichte in Cd/m^2.

Ein Filmauswerter muss innerbetrieblich als solcher zugelassen sein; d.h. er muss in der Regel ein Stufe 2-Zertifikat besitzen. Voraussetzung dazu ist eine genügend große Erfahrung und eine ausreichende Sehschärfe, die regelmäßig überprüft werden muss. Ist nämlich die Sehschärfe nicht ausreichend, so können Detailkontraste trotz optimaler Aufnahme- und Betrachtungsbedingungen nicht wahrgenommen werden. Nach ASME-Code [5.12] und nach DIN EN ISO 9712 [5.13] ist für die Sehschärfeprüfung die Lesetafel nach Jaeger heranzuziehen, wobei J 2 noch erkannt werden muss. Bei Kerntechnik-Filmen muss sogar J 1 noch erkannt werden. Zu achten ist auch auf die Einhaltung der Adaptionszeiten. Die Netzhaut verfügt über zwei Arten von Sehzellen. Zäpfchen für das Farbsehen bei hellem Licht und Stäbchen für Lichtunterschiede bei dunklem Licht. Die Umstellung zwischen beiden Wahrnehmungsformen beträgt ca. 10 min Adaptionszeit. Während dieser Umstellungszeit kann das Auge feine Hell-Dunkel-Unterschiede nicht wahrnehmen, eine Filmauswertung ist daher nicht möglich.

5.7.2 Filmschwärzung

Licht wird beim Durchgang durch einen Film geschwächt. Die Schwächung erfolgt aufgrund der Absorption durch die bildgebende Silbersubstanz und durch Streuung an den Körnern. Als Schwärzung wird die visuelle optische Dichte definiert als Logarithmus des Verhältnisses der Leuchtdichten des Betrachtungsgeräts ohne (L_o) und mit Film (L_F). Unter Leuchtdichte versteht man die Helligkeit der Mattscheiben an den Betrachtungsgeräten. Die Leuchtdichte wird in Candela pro Quadratmeter angegeben. Gute Betrachtungsgeräte mit Halogenlampen weisen Leuchtdichten bis zu 50000 Cd/m^2 auf. Mit aufgelegtem Film sollte die Leuchtdichte an den Betrachtungsgeräten optimal 100 Cd/m^2, mindestens aber 10 Cd/m^2 betragen.

$$D = \lg \frac{L_0}{L_F} \quad L_0, L_F \text{ in cd/m}^2.$$

Nach dieser Formel ist ein Film mit der Schwärzung D = 0 völlig durchsichtig und für die Betrachtung eines Filmes mit der Schwärzung D = 4 benötigt man bereits eine Leuchtdichte L_o von 100000 cd/m^2. Man erkennt, dass die Betrachtungsgeräte auf Schwärzungen zwischen 1,5 und 3,5 ausgelegt sind. Die wichtigsten Regelwerke legen zur Auswertung der Filme Grenzwerte für die Schwärzung fest (Tabelle 5.9).

Die Schwärzung auf einem radiografischen Film wird mit Densitometern gemessen. Solche Schwärzungsmessgeräte sind vor Gebrauch mit Hilfe eines Stufenkeilfilmes zu überprüfen, indem an drei Stufen die Schwärzungsmesswerte (zumeist 0,3/3,0/3,9) mit den Angaben auf dem Film verglichen werden. Die Messwerte müssen in der Toleranz von ± 0,05 bleiben. Ist das nicht der Fall, muss das Densitometer solange nachkalibriert werden, bis die Toleranzwerte eingehalten werden. Die Betrachtungsgeräte müssen Filmbetrachtungen bis zur Schwärzung 4,0 ermöglichen. Am belichteten Film erfolgt die Schwärzungsmessung an verschiedenen Punkten, an einer Schweißnaht beispielsweise in der

Tab. 5.9 Grenzwerte für die Schwärzung [5.4], [5.14], [5.18]

Regelwerk	Mindestschwärzung		Schleierschwärzung
	Prüfklasse A *	Prüfklasse B **	
DIN EN 12681	2,0	2,3	0,3
DIN EN ISO 17636-1	2,0	2,3	0,3

* nach Vereinbarung 1,5,   ** nach Vereinbarung 2,0

Schweißnahtmitte sowie zu beiden Seiten im Grundmaterial. Zur Untersuchung der gleichmäßigen Ausleuchtung eines Filmes bzw. des auswertbaren Bereiches wird die Schwärzung in der Filmmitte und an beiden Filmrändern ausgewertet.

5.7.3 Kontrast

Schwärzungsunterschiede auf dem Film bezeichnet man als Kontrast. Er wird definiert durch die Schwärzungsunterschiede an zwei Stellen des Filmes mit

$$\Delta S = S_1 - S_2.$$

Bereiche, die bei der Durchstrahlungsprüfung von einer größeren Dosisleistung getroffen werden, haben auch eine größere Schwärzung. Entscheidend für einen guten Kontrast ist die Grundschwärzung des Filmes. Der Kontrast wird besser, je größer diese Grundschwärzung ist. Eine Verdoppelung der Filmschwärzung bewirkt auch eine Verdoppelung des Kontrastes. Allerdings muss diesbezüglich ein Kompromiss eingegangen werden, da eine größere Grundschwärzung auch eine längere Belichtung des Filmes erfordert. Um hierbei günstigere Verhältnisse zu erzielen, sind die Filme von den Filmherstellern auf beiden Seiten der Trägerfolie mit Emulsionsschichten versehen worden, so dass dadurch eine wesentliche Verringerung der Belichtungszeit erreicht wird.

5.8 Lagerung belichteter Filme

Fertige Durchstrahlungsaufnahmen müssen sauber und trocken in Räumen mit einer Temperatur von 5 bis 30° C und einer Luftfeuchtigkeit von 40 bis 70 % gelagert werden. Dabei sind die Filme einzeln und stets zwischen Papierlagen aufzuheben.

5.9 Filmbehandlung in Entwicklermaschinen

Grundsätzlich sind die Hinweise und Vorschriften des Herstellers der Entwicklermaschine einzuhalten, da das Filmmaterial einer besonders großen mechanischen Beanspruchung ausgesetzt ist und bestimmte Teile der Maschine insbesondere bei längeren Stillstandszeiten z.B. durch Auskristallisieren von Chemikalien und Verkrustungen in Mitleidenschaft gezogen werden können [5.10]. Deshalb sind regelmäßige Reinigungen nach Angaben des Herstellers erforderlich. Zur Kontrolle der Haltbarkeit eines maschinenentwickelten Filmes wird ein unbelichteter Film durch die Maschine geschickt und danach ein Silbernitrattest zur Bestimmung des restlichen Thiosulfatgehaltes durchgeführt. Entsprechende Teststreifen werden von Lieferanten für Röntgenzubehör angeboten. Abb. 5.12 zeigt eine Entwicklermaschine vom Typ NDT S eco der Firma AGFA, jetzt GE [5.15]. In Abb. 5.13 sind die Funktionen im Schnittbild der Entwicklermaschine abgebildet.

Diese Maschine wurde eigens dafür entwickelt, höchste Standards hinsichtlich des Restsilbergehalts im Spülwasser zu erfüllen. Das geschieht mit Hilfe einer Kaskadenfixierung. Dabei wird der belichtete Film zunächst in dem Entwicklertank entwickelt und dann im Zwischenwässerungstank gewässert. Die Zwischenwässerung sorgt dafür, dass praktisch kein Entwickler in die Fixierbadtanks gelangt, so dass das Fixierbad stets im optimalen Zustand bleibt. Außerdem trägt die Zwischenwässerung zur Vermeidung von Entwicklungsfehlern bei. Anschließend wird der Film im ersten Fixierbadtank ausfixiert und im zweiten Fixierbadtank gespült. Da die Regenerierung des Fixierbads im zweiten Tank erfolgt, bleibt die Silberkonzentration in diesem Tank sehr gering. Auf diese Weise gelangen nur minimale Silbermengen in die Endwässerung, so dass das Abwasser den höchsten Umweltanforderungen entspricht und unter dem Grenzwert von 50 mg/m^2 bleibt.

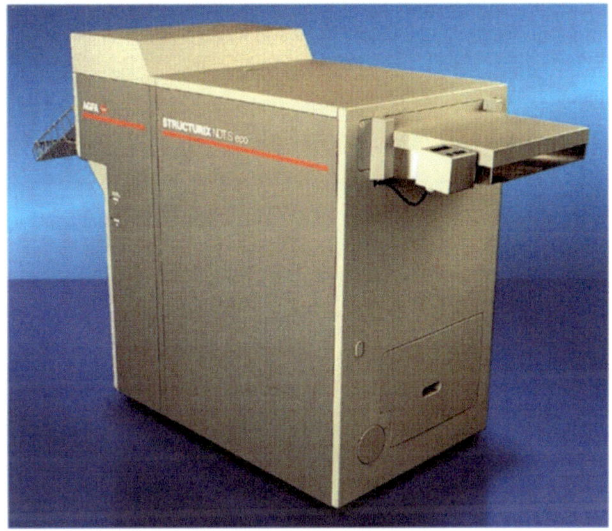

Abb. 5.12 Entwicklermaschine vom Typ NDT S eco der Firma AGFA, jetzt GE

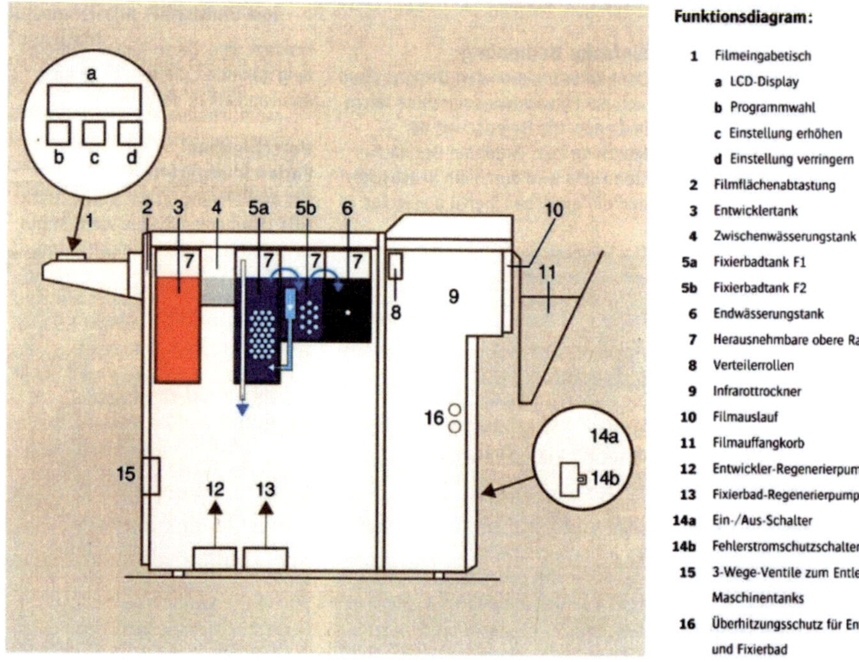

Abb. 5.13 Funktionsdiagramm der Entwicklermaschine aus Abb. 5.9 [5.15]

Weitere Entwicklermaschinen werden in den Bildern 5.14 bis 5.16 wiedergegeben, wobei in Abb. 5.15 eine Maschine abgebildet ist, die als modifizierte Variante der Entwicklermaschine in Abb. 5.14 für den mobilen Baustelleneinsatz gebaut worden ist [5.6]. Sie kann in Transportern oder Kleinbussen installiert werden, so dass schnelles Handling und minimale Vorbereitungszeiten vor Ort bei Materialprüfungen vorgegeben sind. Über das Bedienteil werden Durchlaufzeit, Temperaturen und Regeneriermengen individuell eingestellt und die Bäder automatisch befüllt. Im Entwicklerbad sorgen die Füllstandskontrolle und der integrierte Überlaufschutz für erhöhte Sicherheit beim Transport, ein Aspekt, der lange Zeit die Einführung von transportablen Entwicklermaschinen verhindert hat.

Abb. 5.14 Entwicklermaschine Optimax 2010 NDT (Statio-
när) [5.6] der Fa. PROTEC

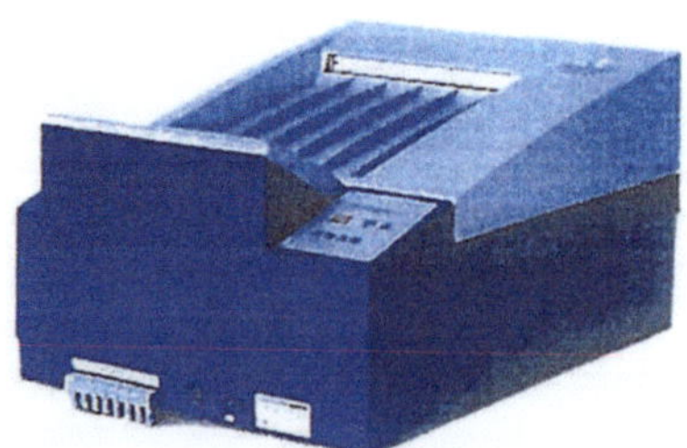

Abb. 5.15 Entwicklermaschine Optimax 2010 NDT [5.6]
(mobile) der Fa. PROTEC

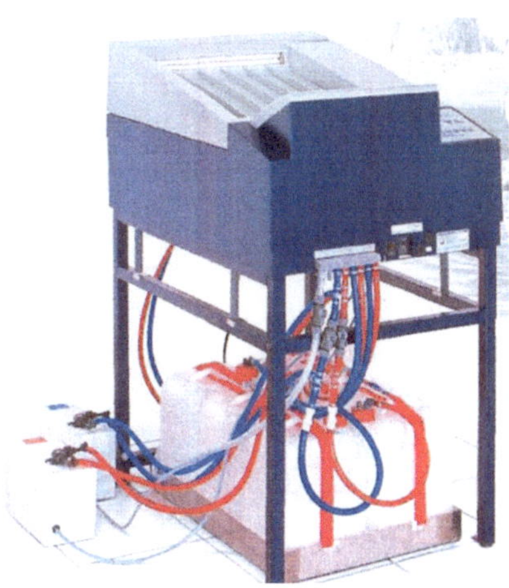

Abb. 5.16 Entwicklermaschine Compact 2 NDT [5.6] der
Fa. PROTEC

Die stationäre Compact 2 Entwicklermaschine ist eine leistungsstarke Maschine für die
schnelle Entwicklung aller üblichen Filmformate und –typen mit hoher Bildqualität. Dabei
sind die Durchlaufzeit, die Temperatur und die Regeneriermengen individuell einstellbar
und können auch in Wahlprogrammen gespeichert werden [5.7]. Das Gerät in Abb. 5.17
ist kompakt und benötigt nur wenig Platz in der Dunkelkammer oder im Transporter. Der
Trocknungsprozess beginnt sofort, eine Aufwärmzeit ist nicht erforderlich. Der verarbeitete Film gelangt zuerst in den Befeuchtungstank. Ein großer Teil des Wassers wird
mit Hilfe von Abstreifern vom Film entfernt, bevor dieser in den Trocknungsbereich
kommt, wo er auf beiden Seiten mit Heißluft getrocknet und in einer Filmschale abgelegt
wird [5.8].

Abb. 5.17 Trocknungsmaschine Structurix Dryer [5.6] der Fa. GE

5.10 Entsorgung

Die Entsorgung von Filmen und Chemikalien ist unter Beachtung der gesetzlichen Vorschriften durch Spezialfirmen zu realisieren.

Literatur

[5.1] Agfa-Gevaert NV. Industrielle Radiografie 1990;
[5.2] DIN EN ISO 11699-1, ZfP – Industrielle Filme für die Durchstrahlungsprüfung, Klassifizierung von Filmsystemen für die industrielle Durchstrahlungsprüfung, Jan. 2012;
[5.3] Schiebold, Skript RT 3 LVQ-WP Werkstoffprüfung GmbH;
[5.4] DIN EN ISO 17636-1, Zerstörungsfreie Prüfung von Schweißverbindungen – Durchstrahlungsprüfung, Mai 2013;
[5.5] DIN EN ISO 11699-2, ZfP – Industrielle Filme für die Durchstrahlungsprüfung, Kontrolle der Filmverarbeitung mit Hilfe von Referenzwerten, Jan. 2012;
[5.6] Produktinformation PROTEC Optimax 2010 NDT und NDT mobile;
[5.7] Produktinformation PROTEC Compact 2 NDT;
[5.8] Produktinformation GE Inspection Technologies Structurix Dryer;
[5.9] Vaessen, Van Bellegem, Proegler, Röntgenfilmsystemklassifizierung – Harmonisierung weltweit, DGZfP-Jahrestagung Lindau 1996;
[5.10] Mletzko, Erfahrungsbericht über Röntgenfilm-Kleinentwicklungsmaschinen, DGZfP-Jahrestagung Lindau 1996;
[5.11] DIN EN 25580, ZfP, Betrachtungsgeräte für die industrielle Radiographie, Minimale Anforderungen, Juni 1992;
[5.12] ASME-Code, Section V 1989;
[5.13] DIN EN ISO 9712, ZfP, Qualifizierung und Zertifizierung von Personal der zerstörungsfreien Prüfung, Dez. 2012;
[5.14] DIN EN 12681, Gießereiwesen, Durchstrahlungsprüfung, Juni 2003;
[5.15] Produktinformation Firma AGFA, Entwicklermaschine vom Typ NDT S eco;

[5.16] Produktinformation Fa. PROTEC, 2014;

[5.17] Produktinformation Fa. GE, 2014;

[5.18] DIN EN ISO 17636-2, Zerstörungsfreie Prüfung von Schweißverbindungen – Durchstrahlungsprüfung, Röntgen- und Gammastrahlungstechniken mit digitalen Detektoren, Mai 2013;

[5.19] ZfP- Industrielle Computer-Radiographie mit Phosphor-Speicherfolien, Klassifizierung der Systeme, Okt. 2011;

[5.20] ASTM E-2446, Standard Practice for Classification of Computed Radiology Systems, 2010;

[5.21] ASTM E 2597, Standard Practice for Manufacturing Characterization of Digital Detector Arrays, 2014;

[5.22] http://de.wikipedia.org/wiki/Artefakt_(Diagnostik);

[5.23] DIN EN ISO 19232-1, ZfP- Bildgüte von Durchstrahlungsaufnahmen, Bildgüteprüfkörper, Ermittlung der Bildgütezahl mit Draht-Typ-BPK, Dez. 2013;

[5.24] DIN EN ISO 19232-2, ZfP- Bildgüte von Durchstrahlungsaufnahmen, Bildgüteprüfkörper, Ermittlung der Bildgütezahl mit Stufe/Loch-Typ-BPK, Dez. 2013;

[5.25] DIN EN ISO 19232-3, ZfP- Bildgüte von Durchstrahlungsaufnahmen, Bildgüteklassen, Febr. 2014;

[5.26] DIN EN ISO 19232-4, ZfP- Bildgüte von Durchstrahlungsaufnahmen, Experimentelle Ermittlung v. Bildgütezahlen u. Bildgütetabellen, Dez. 2013;

[5.27] DIN EN ISO 19232-5, ZfP- Bildgüte von Durchstrahlungsaufnahmen, Bestimmung der Bildunschärfezahl mit Doppel-Draht-Typ-BPK, Dez. 2013;

[5.28] DGZfP-Richtlinie D2, Empfehlung zur Dunkelkammerverarbeitung von Industrie-Röntgenfilmen, März 2006;

Die Bildqualität, auch Detailerkennbarkeit oder radiografische Empfindlichkeit genannt, wird auf einem Film durch eine Reihe von Einflussfaktoren bestimmt, die in ihrer Gesamtwirkung quantitativ nicht erfassbar sind. Bei der Abbildung feiner Objektdetails wirken die Bildgütefaktoren nicht unabhängig voneinander. Es ist erforderlich, dass die Bildgüte stets optimiert und auf dem Film nachgewiesen wird. Dazu benutzt man Bildgüteprüfkörper. Abb. 6.1 zeigt eine Übersicht über die Einflussfaktoren auf die Bildqualität einer Durchstrahlungsaufnahme [6.1].

Grundsätzlich haben sowohl die Aufnahmeparameter als auch das Film-Folien-System einen Einfluss auf die Bildqualität.

6.1 Aufnahmeparameter

6.1.1 Geometrische Unschärfe

Die Einhaltung einer möglichst kleinen geometrischen Unschärfe der Durchstrahlungsaufnahme ist eine wichtige Bedingung für die Erkennbarkeit kleiner Objektdetails. Die Zusammenhänge werden durch die nachstehende Formel beschrieben:

$$U_g = \frac{d \times b}{f} \, [6.2].$$

mit U_g Geometrische Unschärfe einer Durchstrahlungsaufnahme
    d   Brennfleckgröße der Strahlenquelle
    b   Abstand strahlerseitige Oberfläche des Prüfgegenstandes (PG) zum Film
    f   Abstand Strahlenquelle zur Oberfläche des Prüfgegenstandes

K. Schiebold, *Zerstörungsfreie Werkstoffprüfung – Durchstrahlungsprüfung,*
DOI 10.1007/978-3-662-44669-0_6, © Springer-Verlag Berlin Heidelberg 2015

Liegt der Film eng an einem Werkstück gleichmäßiger Dicke w an, so ist b = w und

$$U_g = \frac{d \times w}{f} \ (mm).$$

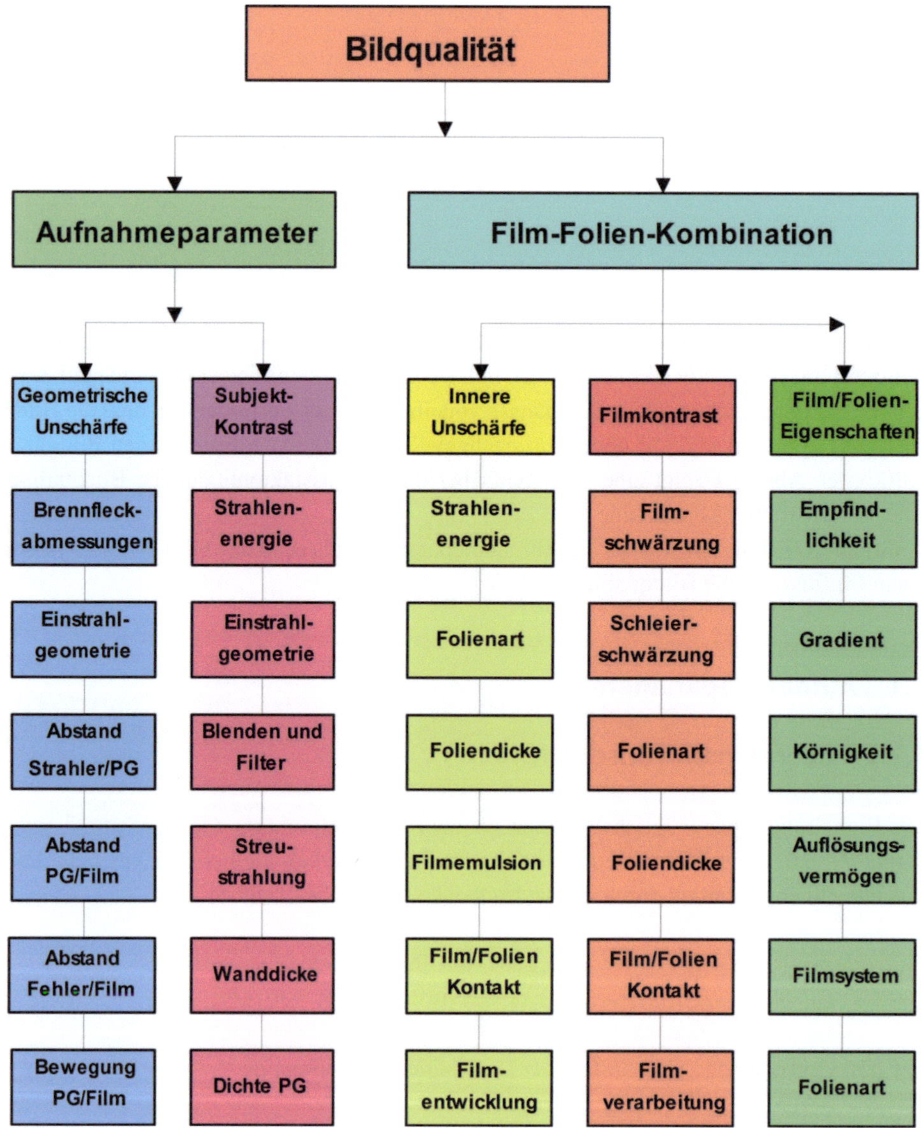

Abb. 6.1 Übersicht über Einflussfaktoren auf die Bildqualität [6.1]

Die geometrische Unschärfe muss so klein wie möglich gehalten werden, was erreicht wird, wenn man wie oben dargestellt, einen sehr kleinen Brennfleck und einen möglichst großen Abstand Strahlenquelle – Werkstückoberfläche hat und der Film eng am Prüfgegenstand anliegt (Abstand PG/Film). Ein großer Abstand Strahlenquelle – Oberfläche Prüfgegenstand (Strahler/PG) ist jedoch wegen der hohen Strahlzeiten und aus Strahlenschutzgründen nicht ratsam.

Ein optimaler Grenzwert für die geometrische Unschärfe ist die innere Unschärfe, die systembedingt die Gesamtunschärfe bestimmt. Zumindest muss bei einer radiografischen Aufnahme versucht werden, die vom Film am weitesten entfernten Partien des Prüfgegenstandes noch ausreichend scharf abzubilden. Das ist erforderlich, um Fehler über die gesamte zu durchstrahlende Wanddicke (Abstand Fehler/Film) erfassen zu können.

Die maximale geometrische Unschärfe bestimmt letztendlich den zu wählenden Abstand der Strahlenquelle zur Oberfläche des Prüfgegenstandes. Dies wird ersichtlich, wenn die Formel für U_g nach f umgestellt wird:

$$f = \frac{d \times w}{U_g} \ (mm).$$

6.1.1.1 Brennfleckabmessung

Um eine ideale geometrische Unschärfe erhalten zu können, wäre eine punktförmige Strahlenquelle erforderlich. Eine Kante würde in diesem Falle unabhängig vom Abstand Strahlenquelle zur Oberfläche des Prüfgegenstandes immer als scharfe Linie abgebildet. In Abb. 6.2 wird die Entstehung der geometrischen Unschärfe abgebildet.

In der Praxis gibt es solche Quellen jedoch nicht, die Röntgen- und Gammastrahler weisen einen realen wirksamen Brennfleck auf, im Normalfall zwischen 2×2 und 4×4 mm. Spezielle Röntgenanlagen, wie z.B. Mikrofokusröhren besitzen auch Brennflecke von 10 und 100 μm. Wie Abb. 6.3 zeigt, entsteht durch die realen Abmessungen des Strahlers ein unscharfes Bild der Kante innerhalb des Bereiches U_g, weil die Strahlen der Quelle an unterschiedlichen Stellen des Filmes auftreffen [6.1].

Die geometrische Unschärfe kann auch verbessert werden durch Vergrößerung des Abstandes f zwischen Brennfleck und Werkstückoberfläche. Diesem Vorhaben sind jedoch Grenzen gesetzt, weil die Belichtungszeit mit dem Quadrat des Abstandes zunimmt und daher rasch unwirtschaftlich wird.

6.1.1.2 Einstrahlgeometrie

Die einfallende Richtung des Strahlenbündels auf die Oberfläche des Prüfgegenstandes und insbesondere auf die Ungänze ist von entscheidender Bedeutung für die Fehlernachweisbarkeit. Der klassische Fall der senkrechten Einstrahlung auf den Prüfgegenstand ist die Zentralaufnahme, wo das Strahlenbündel stets fast senkrecht z.B. auf die Innenoberfläche der Rohrrundnaht fällt und die Strahlenquelle zur Schweißnaht immer den gleichen Abstand aufweist. Ähnliche Verhältnisse sind bei ebenen Schweißnähten im Wurzelbereich anzutreffen.

Abb. 6.2 Entstehung der geometrischen Unschärfe [6.2]

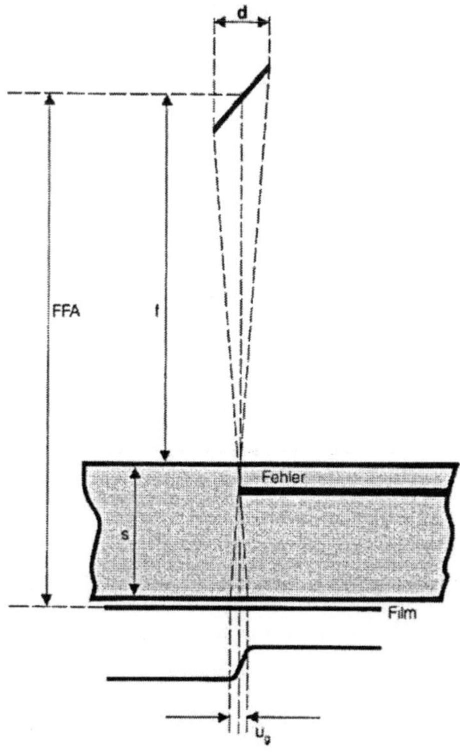

Abb. 6.3 Geometrische Unschärfe bei realen Strahlern mit
definiertem Brennfleck [6.1]

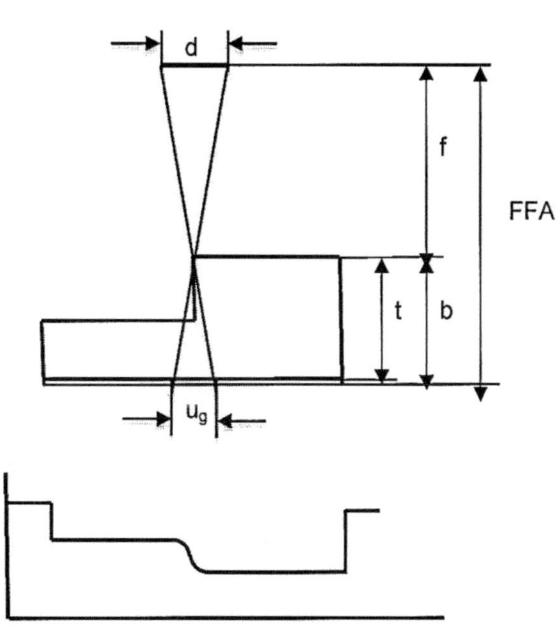

Bestimmte Fehlerarten als auch Prüfgegenstände mit kleinen Abmessungen erfordern eine gegenüber der senkrechten Einstrahlung veränderte Einstrahlgeometrie. So sollte die Einstrahlung dem Winkel der Fehlerlage angepasst sein, wie z.B. bei Flankenbindefehlern (Abb. 6.4).

Bei Prüfgegenständen mit kleinen Abmessungen werden überwiegend Übersichts- oder Ellipsenaufnahmen (Abb. 6.5) mit schrägen Einstrahlrichtungen des Strahlenbündels eingesetzt. Jede unter einem Winkel durchgeführte Aufnahme verursacht jedoch Abbildungsverzerrungen. Solche Verzerrungen treten begrenzt auch bei Senkrechtaufnahmen auf, weil insbesondere an den Filmenden die Strahlen nicht mehr senkrecht auftreffen und somit den auswertbaren Bereich einer Aufnahme eingrenzen können. Besondere Einstrahlgeometrien ergeben sich auch bei exzentrischen Aufnahmen, bei Aufnahmen für doppelwandige Durchstrahlung, Stutzennähte, Ecknähte und bei der Prüfung von Kehlnähten (Abb. 6.6), die aufgrund der Zugänglichkeit, der Dickenunterschiede, teilweise großer Flankenwinkel und der schwierigen Anlegbarkeit der Filme an sich schwer zu prü-

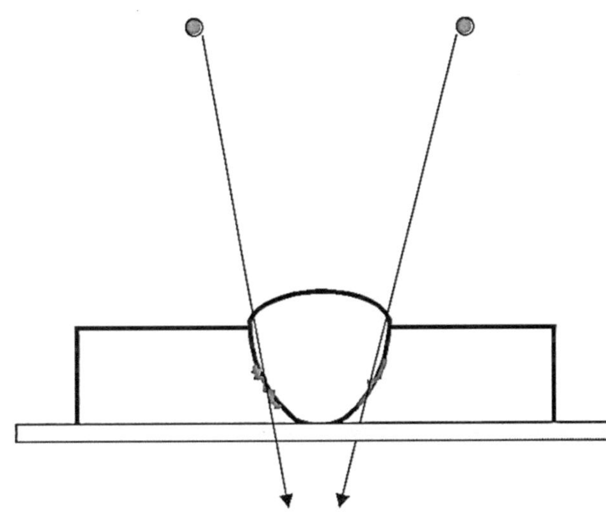

Abb. 6.4 Einstrahlgeometrie bei Flankenbindefehlern [6.1]

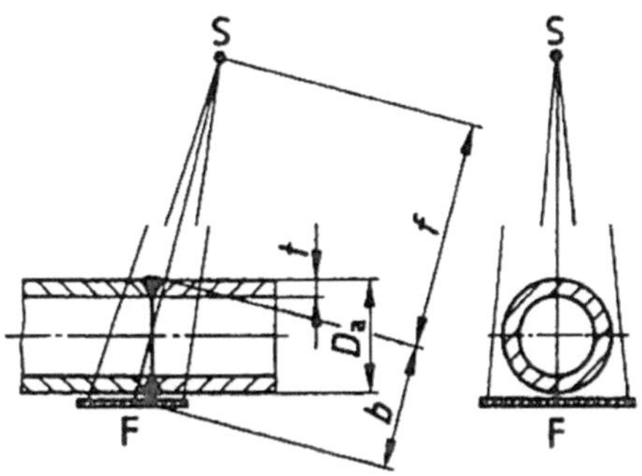

Abb. 6.5 Einstrahlgeometrie bei Ellipsenaufnahmen [6.3]

fen sind. Nicht nur aus diesen Gründen sind Einwanddurchstrahlungen den Doppelwand-durchstrahlungen vorzuziehen.

Die Verminderung der Bildqualität beim schrägen Auftreffen von Strahlung auf den Prüfgegenstand entsteht auch deshalb, weil der Kontrast mit zunehmendem Verzerrungs-winkel immer mehr abnimmt. Nun lässt sich die Verzerrung wie gesehen bei bestimmten Durchstrahlungsaufnahmen nicht vermeiden, so dass ein bestimmter Verzerrungswinkel eingehalten werden muss, um die Aufnahme überhaupt auswerten zu können. Aus Abb. 6.7 geht hervor, dass grundsätzlich die senkrechte Einstrahlrichtung gewählt werden sollte, um eine optimale Bildqualität sicherzustellen.

6.1.1.3   Abstand Strahler und Prüfgegenstand

Der Abstand zwischen Strahler und Prüfgegenstand bzw. dem Film wird auch als Film-Fokus-Abstand (FFA) bezeichnet. Es wird vorausgesetzt, dass der Film sich direkt hinter dem Werkstück befindet.

Abb. 6.6 Einstrahlgeometrie
bei Kehlnähten [6.3]

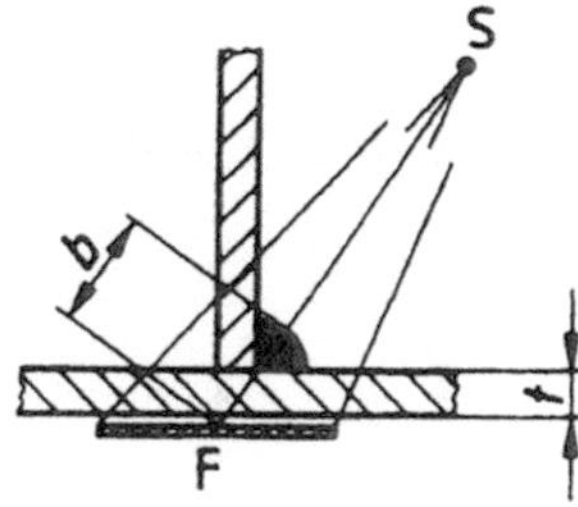

Abb. 6.7 Verzerrung einer Abbildung [6.1]

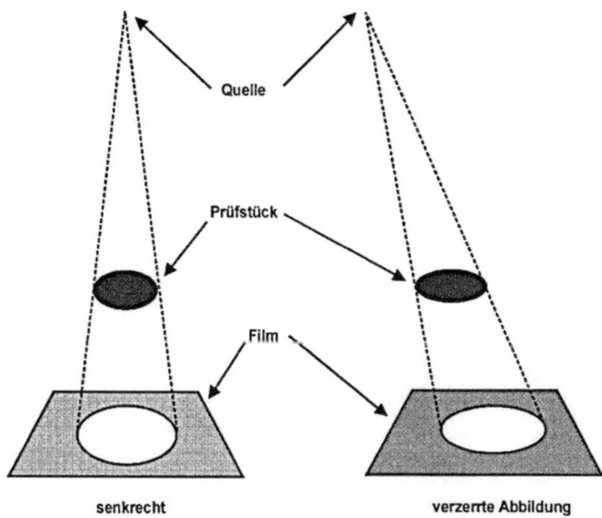

6.1.1.4 Abstand Prüfgegenstand und Film

Ist das nicht der Fall, so erhöht sich die geometrische Unschärfe entsprechend der Vergrößerung des Abstandes zwischen rückwärtiger Werkstückoberfläche und Film. Optimal ist die Bildqualität bei einem engen Film-Folien-Kontakt, der besonders mit Vakuum-Verpackungen von Film und Folie erreicht wird.

6.1.1.5 Abstand Fehler und Film

Bei der Einrichtung einer radiografischen Aufnahme wird der für die Abbildung ungünstigste Fall angenommen, dass der Fehler nahe der Werkstückoberfläche angeordnet ist, weil in den meisten Fällen die Fehlertiefe nicht bekannt ist.

6.1.1.6 Bewegung des Prüfgegenstandes

Die relative Bewegung eines Prüfgegenstandes während der Durchstrahlungsaufnahme bewirkt auf jeden Fall eine unscharfe Aufnahme. Dieselbe Wirkung kann eintreten, wenn der Film während der Aufnahme verrutscht oder verwackelt. Deshalb sind Durchstrahlungsaufnahmen an Rohrleitungen, in denen sich noch Medien, wie Wasser, befinden, nur schwierig durchführbar, besonders wenn sich das Medium noch in Bewegung befindet. Durch die dabei auftretende ständige Veränderung des Abstandes zwischen der strahlerseitigen Oberfläche des Prüfgegenstandes (PG) zum Film wird die geometrische Unschärfe negativ beeinflusst.

6.1.2 Subjektkontrast

Auf dem Film einer Durchstrahlungsaufnahme müssen sowohl die Konturen und Wanddickenunterschiede eines Prüfgegenstandes, als auch die zu erwartenden Ungänzen so abgebildet werden, dass sie beim Betrachten klar zu erkennen sind. Entscheidend für den Nachweis dieser Details auf einem Film sind die Dosisleistungs- und/oder Schwärzungsdifferenzen, z.B. zwischen dem Grundmaterial des zu prüfenden Körpers und den Ungänzen oder zwischen der Körperkontur und dem Hintergrund, die man als Kontrast bezeichnet. Verfahrensbedingt werden diejenigen Ungänzen am besten abgebildet, die in Einstrahlrichtung eine wesentliche Veränderung der Dosisleistung gegenüber dem Grundmaterial bewirken.

Der Subjektkontrast ist der Kontrast, der durch die subjektiv vom Prüfgegenstand oder der von der Strahlung resultierenden Parameter verursacht wird. In erster Linie sind das im Zusammenwirken die Werkstückgeometrie, insbesondere die Wanddicke in Einstrahlrichtung, der Werkstoff des Prüfgegenstandes, die Strahlenqualität und die Streustrahlung.

6.1.2.1 Strahlenenergie

Bildzeichnend ist nur der Anteil der Primärstrahlung, der durch Ungänzen oder Grundwerkstoff geschwächt, den Film belichtet. Für eine optimale Abbildung, d.h. einen hohen Kontrast, müsste die Schwächung der Strahlung groß, die Energie der Strahlung klein und die erzeugte Streustrahlung gering sein. Diese Betrachtungen sind jedoch widersprüchlich, weil eine große Schwächung vorwiegend bei großen Wanddicken entsteht, dann aber auch viel Streustrahlung erwartet werden kann und mit hoher Energie die Schwächung geringer wird.

Im praktischen Einsatzfall muss deshalb ein Kompromiss geschlossen werden, um optimale Kontrastierung von Ungänzen und Grundmaterial auf dem Film zu erreichen, wenn die filmbedingten Einflüsse zunächst noch unberücksichtigt bleiben. Es besteht der Wunsch, einen möglichst großen Wanddickenunterschied (Objektumfang) mit möglichst großem Kontrast abzubilden. Das erreicht man jedoch zunehmend nur durch den Einsatz höherer Energien bzw. härterer Strahlung.

6.1.2.2   Einstrahlgeometrie

Die Bedeutung der Einstrahlung bei veränderter Einstrahlgeometrie wurde bereits im Abschnitt 6.1.1.2 behandelt.

6.1.2.3   Blenden und Filter

Positiven Einfluss auf die Bildqualität haben Blenden und Filter. Die Primärstrahlung wird in die gewünschte Einstrahlrichtung gelenkt, die Streustrahlung wird entscheidend begrenzt (Abb. 6.8).

6.1.2.4   Streustrahlung

Die Streustrahlung erreicht den Film nicht auf direktem Wege wie die Primärstrahlung, sondern durch Umlenkung der primären Strahlung an den Konturen, den Ungänzen und den Körnern vom Prüfgegenstand sowie an Gegenständen der seitlichen und rückwärtigen Umgebung. Sie ist damit nicht bildzeichnend und trägt zu einer geringeren Bildqualität bei. Streustrahlung ist unvermeidlich, sie entsteht bei jedem Schwächungsvorgang. Die Schwächung und somit die Streustrahlung ist umso größer, je kleiner die Strahlenenergie ist. In den Bildern 6.9 bis 6.11 sind diese Zusammenhänge dargestellt.

Abb. 6.8 Einsatz von Blenden bei der Durchstrahlungsprüfung [6.1]

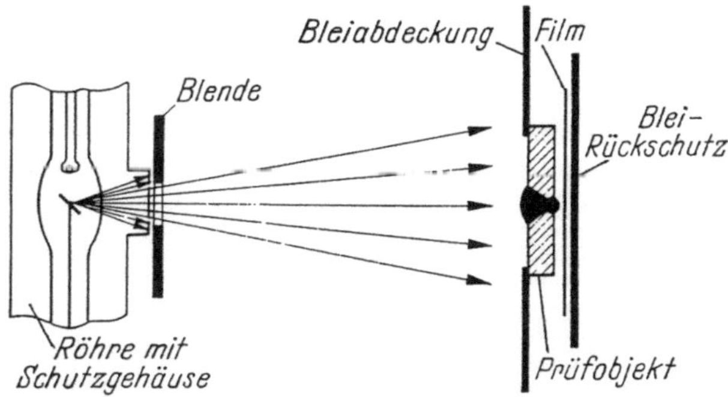

Abb. 6.9 Streustrahlung im Einfluss der Strahlungsenergie [6.1]

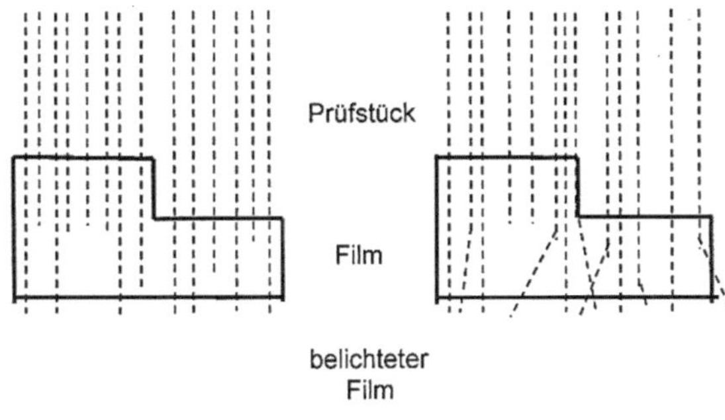

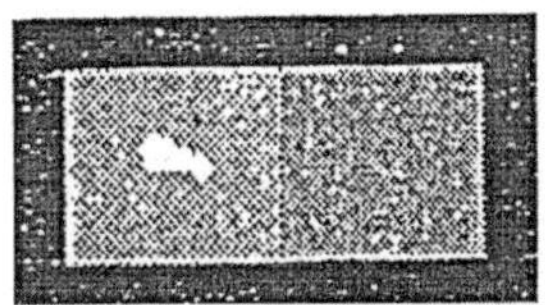

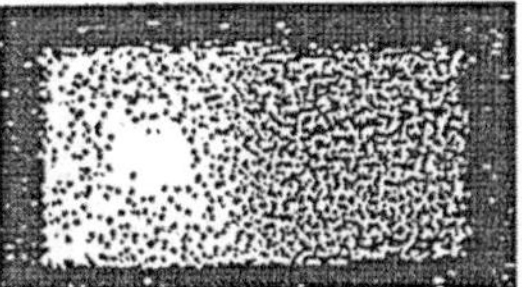

Abb. 6.10 Seitliche Streustrahlung [6.1]

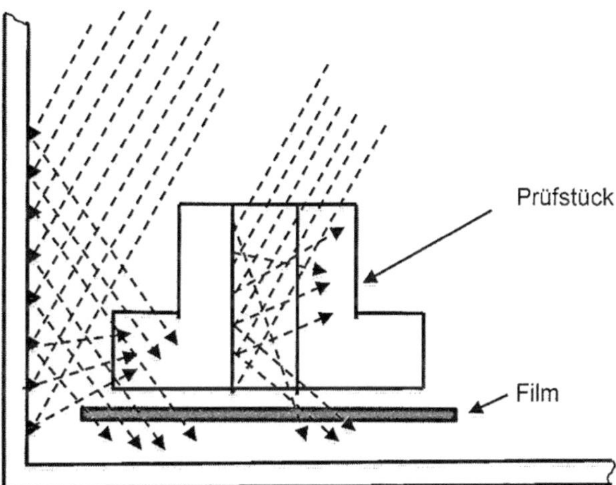

6.1.2.5 Wanddicke und Dichte im Prüfgegenstand

Den besten Subjektkontrast erhält der Radiograf, wenn das Prüfstück ohne Wanddicken-unterschiede und ohne Ungänzen vorliegt, wenn also auch keine Dichteunterschiede zu verzeichnen sind. Werkstoffabhängig spricht man vom spezifischen Kontrast, der für eine bestimmte Strahlenenergie und Wanddicke gilt.

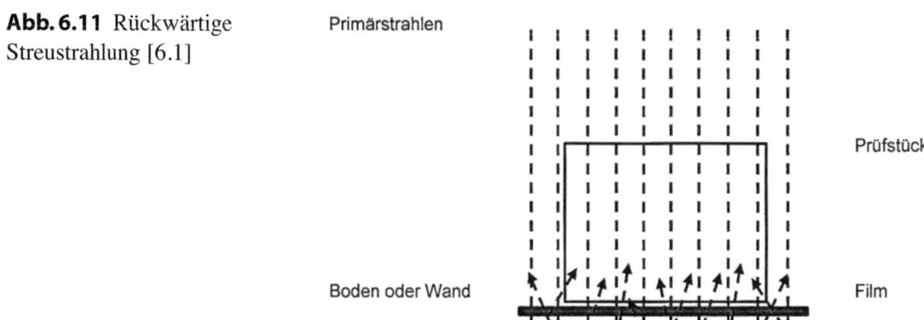

Abb. 6.11 Rückwärtige Streustrahlung [6.1]

6.2 Film-Folien-Kombination

6.2.1 Innere Unschärfe und Gesamtunschärfe einer Aufnahme

Die Gesamtunschärfe auf einem Film setzt sich zusammen aus geometrischer (U_g) und innerer Unschärfe (U_i). Sie ergibt sich aus der Beziehung

$$U_{ges} = \sqrt{U_i^2 + U_g^2}.$$

Die geometrische Unschärfe wird beeinflusst durch die Brennfleckabmessung, die Einstrahlgeometrie, die Werkstückdicke und den Abstand der Strahlenquelle vom Werkstück, die innere Unschärfe durch die Strahlenenergie, die Folienart, die Foliendicke, die Filmemulsion, den Film-Folien-Kontakt und die Filmentwicklung.

Die innere Unschärfe entsteht infolge der Freisetzung von Elektronen durch Ionisation der Silberbromidkörner im Film, die wiederum weitere angrenzende Körner aktivieren, so dass Details an den Rändern unscharf abgebildet werden. Der Aktivierungsprozess ist umso bedeutender, je energiereicher die Strahlung ist. Werden beispielsweise Aufnahmen mit Verstärkerfolien aus Metall (Pb-, Fe-, Cu-Folien) angefertigt, so treten auch aus den Folien zusätzlich Elektronen aus, die die Streuwirkung noch vergrößern. Bei Salz- und Seltene Erden-Folien ist die Verstärkungswirkung auf die Lichtemission zurückzuführen, welche den Film zusätzlich schwärzt und höhere innere Unschärfen verursacht. Tabelle 6.1 enthält Werte für die innere Unschärfe in Abhängigkeit von der Strahlenquelle und dem verwendeten Folientyp [6.2].

Grundsätzlich muss bemerkt werden, dass die innere Unschärfe weniger von der Filmsorte und der Dicke der Folie abhängt, sondern mehr von der Film-Folien-Kombination und der Strahlungsenergie [6.2].

Tab. 6.1 Innere Unschärfe von Röntgen- und Gammastrahlung [6.2]

Strahlenquelle	Röntgenstrahlung					Gammastrahlung				
	120-250 kV		250-420 kV			Ir192	Co60		Yb169	
Folientyp	ohne	Pb	Pb	Salz[1]	Salz[2]	Pb	Pb	Fe	ohne	Pb
Innere Unschärfe	0,08	0,13	0,15	0,3	0,4	0,23	0,63	0,43	0,08	0,13

[1] feinzeichnende Salzfolie,   [2] hochverstärkende Salzfolie

6.2.2 Filmkontrast

Zum gesamten erreichbaren Kontrast muss auch der Filmkontrast einbezogen werden. Er ist in erster Linie abhängig vom Filmtyp, aber auch von der Belichtungszeit, d.h. der damit verbundenen Schwärzung des Films, seiner Schleierschwärzung, der Folienart und -dicke, dem Film/Folien-Kontakt sowie von der Filmverarbeitung.

Auf dem Röntgenfilm erhalten Bereiche, die von einer größeren Dosisleistung getroffen werden, auch eine größere Schwärzung als andere Bereiche. Das kann verursacht sein durch Wanddickenunterschiede oder durch die Ungänzen selbst. Ein Lunker, also ein mit Gas gefüllter Hohlraum schwächt die Strahlung viel geringer als das Grundmaterial. Auf dem Film wird er demgemäß dunkler und mit größerer Schwärzung erscheinen, als die übrigen Bereiche mit einer entsprechenden Grundschwärzung. Im Allgemeinen kann die Aussage getroffen werden, dass der Kontrast, mit dem sich eine Ungänze auf dem Film abbildet, umso größer wird, je höher die Grundschwärzung ist. Der Filmtyp hat dabei eine untergeordnetere Bedeutung. Man kann lediglich feststellen, dass ein weniger empfindlicher Film einen besseren Kontrast als ein empfindlicher aufweist. Generell lässt sich der Filmkontrast durch die Schwärzungsunterschiede auf dem Film ausdrücken.

6.2.3 Film-/Folieneigenschaften

Wie festgestellt, sind der Filmkontrast und damit die Bildqualität ganz wesentlich auch von den Film- und Folieneigenschaften abhängig. Hierbei sind in vorderster Linie das Auflösungsvermögen und die Filmkörnigkeit zu nennen, aber auch die Empfindlichkeit (Filmfaktor), der Gradient aus der Schwärzungskurve eines Filmes, das Filmsystem insgesamt und die Folienart.

6.2.3.1 Auflösungsvermögen

Das Auflösungsvermögen wird durch die innere und geometrische Unschärfe, die Streustrahlung und die Verzerrung der Abbildung, weiterhin jedoch auch durch die Filmkörnigkeit oder die Granulation beeinflusst und entspricht dem Quotient aus Gradation und Granulation [6.1].

Abb. 6.12 Auflösungsvermögen eines fein- und eines grobkörnigen Films [6.1]

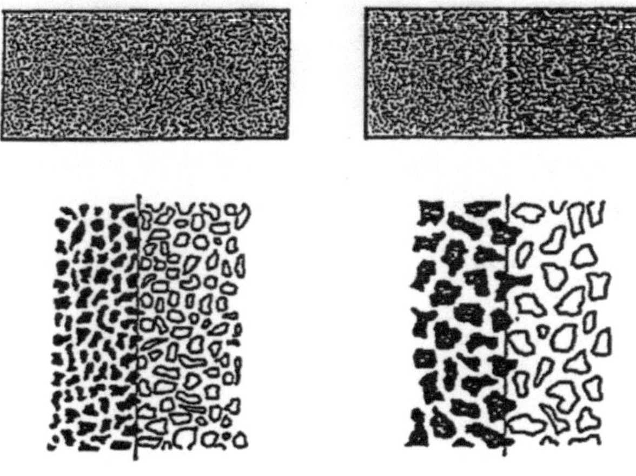

6.2.3.2 Filmkörnigkeit

Auch die Körnigkeit des entwickelten Films beeinflusst die Auflösung und damit die Bildqualität. Zwar werden die Kornabmessungen eine schmale Zone z.B. an den Rändern der
Ungänzen erreichen, aber große Körner werden zu starken Schwankungen im Schwär-
zungsprofil führen („Störuntergrund"). Dadurch ist der im Grobkornfilm deutliche
Schwärzungssprung weniger gut sichtbar als im Feinkornfilm und droht im Störuntergrund zu verschwinden [6.1]. Abb. 6.12 zeigt das Auflösungsvermögen eines fein- und
eines grobkörnigen Films.

6.3 Bildgüteprüfkörper und ihre Anwendung

Die Bildgütebestimmung soll nachweisen, dass die prüftechnischen Regeln eingehalten
wurden, die zum Erreichen einer guten Qualität der Durchstrahlungsaufnahme notwendig
sind. Ein Bildgüteprüfkörper (BPK) ist nach DIN EN ISO 19232-1 [6.15] ein Gerät mit
einer Reihe von Elementen abgestufter Dicke, das die Messung der erhaltenen Bildgüte erlaubt. Die Elemente eines BPK sind gewöhnlich Einzel- oder Doppeldrähte sowie Stufen
mit Löchern. Ein Maß für die geforderte Bildgüte ist die Bildgütezahl, die der angegebenen Nummer des dünnsten auf der Durchstrahlungsaufnahme erkennbaren Drahtes entspricht. Die allgemeinen Forderungen an einen BPK sind:

- Empfindlichkeit gegenüber Änderungen in der Prüftechnik,
- Angabe einer eindeutigen und reproduzierbaren Bildgütezahl,
- leichte Anwendbarkeit, Anpassbarkeit an gekrümmte Flächen,
- geringe Größe, damit nicht nachzuweisende Objektdetails verdeckt werden,
- Identifikation des BPK auf dem Film und Größenangabe für die Testungänzen.

Die erste Forderung ist grundsätzlicher Natur, alle anderen Forderungen werden durch die verschiedenen BPK nur teilweise erfüllt.

Da auch Anzeigen noch erkannt werden sollen, die strahlerseitig; d.h. filmfern an der Werkstückoberfläche liegen, müssen BPK – wenn möglich – auch strahlerseitig gelegt werden. Ist dies nicht möglich, so ist dies je nach Regelwerk im Protokoll zu vermerken (DIN) oder es wird eine höhere Bildgüteanforderung vorgeschrieben (ASTM).

Im deutschen Regelwerk war die Bildqualität und damit die Bildgüte bis vor Kurzem in der Normenreihe DIN EN 462-1 bis 5 standardisiert [6.5] bis [6.9], die inzwischen durch DIN EN ISO 19232-1 bis -5 ersetzt worden ist [6.15] bis [6.19].

6.3.1 Drahtsteg-Bildgüteprüfkörper

DIN EN ISO 19232-1 beschreibt Drahtsteg-Bildgüteprüfkörper, die aus 19 parallel angeordneten Drähten verschiedenen Durchmessers, die von 1 bis 19 durchnummeriert sind, bestehen (Abb. 6.13).

Die Drähte sind in vier sich jeweils überschneidenden Gruppen von je 7 aufeinanderfolgenden Drahtnummern unterteilt, z.B. W1 bis W7, W6 bis W12, W10 bis W16 und W13 bis W19. Die BPK haben eine einheitliche Drahtlänge von l = 10 mm, 25 mm oder 50 mm. Die Kennzeichnung des BPK beinhaltet das Kurzzeichen BPK, die Nummer der Norm, die Nummer des dicksten Drahtes nach der Norm (z.B. W10), das Kurzzeichen des verwendeten Drahtwerkstoffes (z.B. Fe) und die Länge der Drähte (z.B. 25). Die Kennzeichnung lautet dann z.B. „BPK EN 462-W10FE-25".

Neben den Abmessungen muss auch ein geeigneter BPK Werkstoff gewählt werden. Die Drähte eines BPK bestehen aus demselben Werkstoff. Der Drahtwerkstoff soll der zu prüfenden Werkstoffgruppe angepasst sein (Tabelle 6.2) [6.5].

Die Übereinstimmung des Drahtwerkstoffs mit der zu prüfenden Werkstoffgruppe resultiert aus der Forderung nach einem möglichst gleichen Schwächungsverhalten. Werden die in Tabelle 6.2 aufgeführten BPK für andere als in der Tabelle genannten Werkstoffgruppen benutzt, so muss entsprechend DIN EN ISO 19232-4 verfahren werden und der verwendete Drahtwerkstoff das dem Prüfgegenstand nächst geringere Schwächungsverhalten aufweisen [6.18].

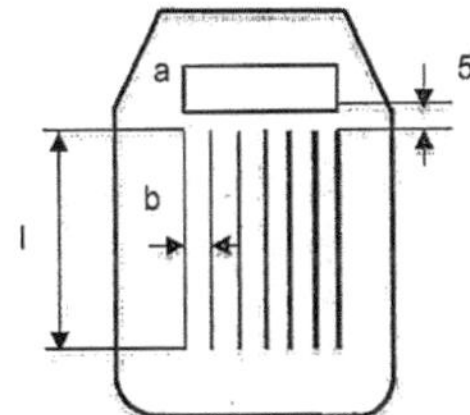

Abb. 6.13 Drahtsteg-Bildgüteprüfkörper [6.15]

a) Feld für die Kennzeichnung

b) Drahtabstand

l) Drahtlänge

Tab. 6.2 Drahtwerkstoff der BPK für ausgewählte Werkstoffgruppen [6.5]

Bildgüteprüfkörper	Drahtnummer	Drahtwerkstoff	Werkstoffgruppe
W 1 CU W 6 CU W 10 CU W 13 CU	W 1 bis W 7 W 6 bis W 12 W 10 bis W 16 W 13 bis W 19	Kupfer	Kupfer Zink Zinn und ihre Legierungen
W 1 CU W 6 CU W 10 CU W 13 CU	W 1 bis W 7 W 6 bis W 12 W 10 bis W 16 W 13 bis W 19	Stahl (niedrig legiert)	Eisenwerkstoffe
W 1 CU W 6 CU W 10 CU W 13 CU	W 1 bis W 7 W 6 bis W 12 W 10 bis W 16 W 13 bis W 19	Titan	Titan und seine Legierungen
W 1 CU W 6 CU W 10 CU W 13 CU	W 1 bis W 7 W 6 bis W 12 W 10 bis W 16 W 13 bis W 19	Aluminium	Aluminium und seine Legierungen

Ist es nicht möglich, den BPK auf der filmfernen Seite und damit strahlerseitig anzuordnen, so muss auf der Durchstrahlungsaufnahme neben der Kennzeichnung des BPK ein Bleibuchstabe F erkennbar sein [6.15].

Die Ermittlung der Bildgütezahl (BZ) wird bei Durchstrahlungsaufnahmen im Allgemeinen gefordert. Sie erfolgt nach DIN EN 25580 [6.11] unter Berücksichtigung der Betrachtungsbedingungen, indem der dünnste erkennbare Draht gewählt wird, wenn er mindestens auf 10 mm Länge zusammenhängend eindeutig sichtbar ist.

6.3.2 Stufen-Loch-BPK

Die Erkennbarkeit von Drähten ist aufgrund der Stäbchenstruktur der menschlichen Netzhaut größer als die von Platten, Stufen oder Bohrungen gleicher Dicke bzw. Durchmessers. Das Erkennbarkeitsverhältnis zwischen Draht, Platte und Bohrung beträgt etwa 1 . 1,5 . 2,5.

Dies liegt unter anderem daran, dass die verschiedenen BPK-Typen selbst für idealisierte Ungänzentypen verschieden empfindlich sind. Während Loch-BPK relativ gute Aussagen über die Porenerkennbarkeit machen, werden Schlackenzeilen besser mit dem Draht-BPK beschrieben.

Bei den Stufen-Loch-BPK handelt es sich um Stufenkeile verschiedener Dicke, deren Stufen mit einer oder mehreren Bohrungen versehen sind. Der Lochdurchmesser ist entweder immer gleich (US-Bureau of Ships) oder gleich der Stufendicke (DIN EN ISO 19232-2

[6.16]. Der Durchmesser des kleinsten, auf dem Film gerade noch sichtbaren Lochs gibt dann die Prüfempfindlichkeit oder als Bildgütezahl (BZ) das Maß für die geforderte oder erzielte Bildgüte an:

$$\text{Prüfempfindlichkeit} = \frac{\text{Lochdurchmesser}}{\text{Materialdicke}} \times 100\%.$$

Die Kennzeichnung der Stufen-Loch-BPK ist ähnlich der Drahtsteg-BPK und lautet dann z.B. „BPK EN 462-H5 FE", wobei H5 die zutreffende Lochnummer und Fe der Werkstoff der zu prüfenden Gruppe ist.

Im System der Stufen-Loch-BPK sind die Stufen und Löcher in vier sich jeweils überschneidenden Gruppen von je 6 aufeinanderfolgenden Lochnummern H1 bis H6, H5 bis H10, H9 bis H14 und H13 bis H18 unterteilt. Der grundsätzliche Aufbau eines Stufe-Loch-BPK ist in Abb. 6.14 abgebildet [6.6].

Der BPK-Werkstoff soll der zu prüfenden Werkstoffgruppe angepasst sein (Tabelle 6.3) [6.6].

Die Bildgütezahl ist bei diesen BPK die Nummer des auf der Aufnahme erkennbaren kleinsten Loches. Wenn die Stufe zwei Löcher enthält, müssen beide erkennbar sein. Ist es nicht möglich, den BPK auf der filmfernen Seite und damit strahlerseitig anzuordnen, so muss auf der Durchstrahlungsaufnahme neben der Kennzeichnung des BPK ein Bleibuchstabe F erkennbar sein [6.5].

Abb. 6.14 Stufe-Loch-BPK
[6.6]

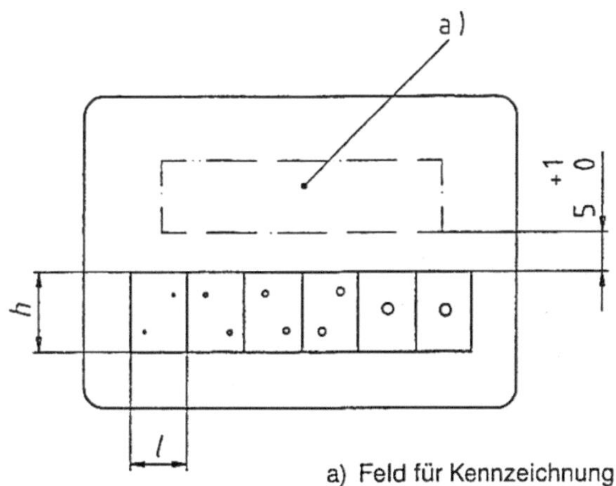

h = 10 mm für BPK Nummer H1, H5 und H9
      15 mm für BPK Nummer H13
l =   5 mm für BPK Nummer H1
      7 mm für BPK Nummer H5 und H9
      15 mm für BPK Nummer H13

Tab. 6.3 Drahtwerkstoff der BPK für ausgewählte Werkstoffgruppen [6.6]

Bildgüteprüfkörper	Drahtnummer	Drahtwerkstoff	Werkstoffgruppe
H 1 CU H 5 CU H 9 CU H 13 CU	H 1 bis W 6 H 5 bis W 10 H 9 bis W 14 H 13 bis W 18	Kupfer	Kupfer Zink Zinn und ihre Legierungen
H 1 CU H 5 CU H 9 CU H 13 CU	H 1 bis W 6 H 5 bis W 10 H 9 bis W 14 H 13 bis W 18	Stahl (niedrig legiert)	Eisenwerkstoffe
H 1 CU H 5 CU H 9 CU H 13 CU	H 1 bis W 6 H 5 bis W 10 H 9 bis W 14 H 13 bis W 18	Titan	Titan und seine Legierungen
H 1 CU H 5 CU H 9 CU H 13 CU	H 1 bis W 6 H 5 bis W 10 H 9 bis W 14 H 13 bis W 18	Aluminium	Aluminium und seine Legierungen

6.3.3 Doppeldrahtsteg-BPK

Doppeldraht-BPK nach DIN EN ISO 19232-5 [6.19] werden zur Messung der Gesamtunschärfe auf dem Film verwendet. Da diese Größe nicht werkstoffabhängig, sondern geometrie- und energieabhängig ist, werden Drähte mit besonders hoher Schwächung; d.h. in der Regel Platin oder Wolfram/Tantal; gewählt. In einer Plastikhülle sind Drahtpaare verschiedener Durchmesser angeordnet. Beide Drähte dieser Drahtpaare haben den gleichen Durchmesser und in A einen Abstand, der diesem Durchmesser entspricht. Die Dicke des ersten gerade nicht mehr auflösbaren Drahtpaares entspricht in den Tabellen der Unschärfe. Abb. 6.15 zeigt einen BPK nach DIN EN ISO 19232-5 [6.19] und Tabelle 6.4 enthält die zugehörigen Daten für die Draht- oder Element-Nr., die Unschärfe sowie für Drahtdurchmesser und -abstand.

Ein Doppel-Drahtsteg BPK sollte in Verbindung mit einem Drahtsteg- oder Stufen-Loch-BPK verwendet werden. Er muss auf der der Strahlenquelle zugewandten Seite des Prüfstückes und so dicht wie möglich zur Strahlachse gelegt werden. Die Auswertung muss nach DIN EN ISO 19232 -5 [6.19] mit einer Lupe mit bis zu vierfacher Vergrößerung erfolgen. Das größte Element (Drahtpaar), dessen Abb. gerade von zwei getrennten Drähten zu einer einzigen Form ohne einen identifizierbaren Abstand zwischen dem Bild der beiden Drähte verschwimmt, wird als die Grenze der Unterscheidbarkeit angesehen. Die Gesamtunschärfe wird durch 2d gegeben, wobei d der Durchmesser eines Drahtes und der Drahtabstände ist.

Abb. 6.15 Doppeldraht-BPK [6.19]

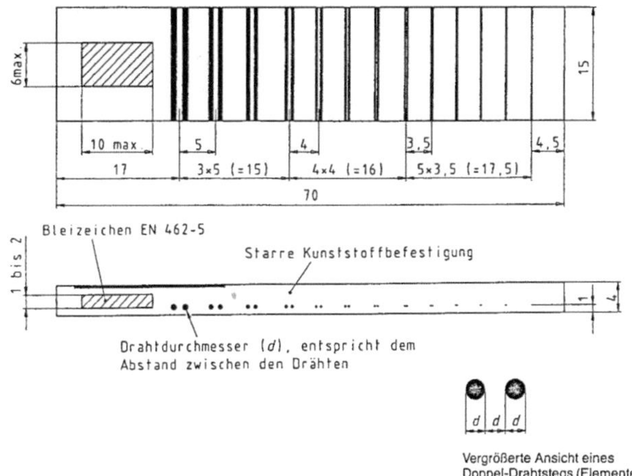

Die Klassifizierung der Durchstrahlungsprüfungen ist in DIN EN ISO 5579 [6.20] definiert, die DIN EN 444 abgelöst hat [6.21]. Darin werden die Bildgüteklassen A und B jeweils für Drahtsteg- und Stufe-Loch-Bildgüteprüfkörper bei einwandiger und doppelwandiger Durchstrahlung in Tabellenform festgelegt (Tabelle 6.5 und 6.6 auszugsweise), wobei der BPK strahlerseitig angeordnet ist. Dieselben Werte für die Bildgüteklassen gelten auch für die digitale Radiografie.

Weitere Tabellen für die Bildgüteklassen A und B jeweils für Drahtsteg- und Stufe-Loch-Bildgüteprüfkörper bei einwandiger und doppelwandiger Durchstrahlung bei filmseitiger Anordnung der BPK sind in DIN EN ISO 19232-3 [6.17] und DIN EN ISO 10893-6 [6.22] und -7 [6.23] enthalten.

Tab. 6.4 Element-Nr., Unschärfe sowie Drahtdurchmesser und -abstand [6.19]

Element- nummer D = Duplex	Zugehörige Unschärfe (mm)	Drahtdurchmesser und Abstand d (mm)	Grenzabmaße von Drahtdurchmesser und -abstand (mm)
13 D	0,10	0,05	
12D	0,13	0,063	
11D	0,16	0,08	+/- 0,005
10D	0,20	0,10	
9D	0,26	0,13	
8D	0,32	0,16	
7D	0,40	0,20	
6D	0,50	0,26	+/- 0,01
5D	0,63	0,32	
4D	0,80	0,40	
3D	1,00	0,50	
2D	1,26	0,63	+/- 0,02
1D	1,60	0,80	

Tab. 6.5 Bildgüteklassen A und B für Drahtsteg-BPK [6.7]

| Bildgüteklasse A | | | | | | Bildgüteklasse B | | | | | |
| Einwandige Durchstrahlung | | | Doppelwandige Durchstrahlung | | | Einwandige Durchstrahlung | | | Doppelwandige Durchstrahlung | | |
Dicke (mm) [1] von	bis	BZ	Dicke (mm) [2] von	bis	BZ	Dicke (mm) [1] von	bis	BZ	Dicke (mm) [2] von	bis	BZ
-	-	W19	-	-	W19	-	1,5	W19	-	1,5	W19
-	1,2	W18	-	1,2	W18	1,5	2,5	W18	1,5	2,5	W18
1,2	2	W17	1,2	2	W17	2,5	4	W17	2,5	4	W17
2	3,5	W16	2	3,5	W16	4	6	W16	4	6	W16
3,5	5	W15	3,5	5	W15	6	8	W15	6	8	W15
5	7	W14	5	7	W14	8	12	W14	8	15	W14
7	10	W13	7	12	W13	12	20	W13	15	25	W13
10	15	W12	12	18	W12	20	30	W12	25	38	W12
15	25	W11	18	30	W11	30	35	W11	38	45	W11
25	32	W10	30	40	W10	35	45	W10	45	55	W10
32	40	W9	40	50	W9	45	65	W9	55	70	W9
40	55	W8	50	60	W8	65	120	W8	70	100	W8
55	85	W7	60	85	W7	120	200	W7	100	170	W7
85	150	W6	85	120	W6	200	350	W6	170	250	W6
150	250	W5	120	220	W5	350	-	W5	250	-	W5
250	-	W4	220	380	W4	-	-	W4	-	-	W4
-	-	W3	380	-	W3	-	-	W3	-	-	W3

[1] Nennwanddicke   [2] Durchstrahlte Dicke

Schließlich können die Bildgütezahlen nach DIN EN ISO 19232-4 [6.18] auch experimentell anhand von Testaufnahmen bestimmt werden. Wenn unterschiedliche Wanddicken desselben Werkstoffs durchstrahlt werden, muss eine Bildgütetabelle nach dieser Norm aufgestellt werden.

Im amerikanischen Regelwerk sind die Bildqualität und damit die Bildgüte hauptsächlich in den ASTM-Normen geregelt, wobei man nicht von Bildgütekörpern, sondern von Penetrametern spricht. ASTM-E-94 [6.14] als Grundlagenregelwerk der Radiografie lässt ausdrücklich andere Penetrameter als die in ASTM-E-142 [6.4] beschriebenen zu, vorausgesetzt die definierten Bildgütestufen lassen sich eindeutig auch mit diesen Penetrametern bestimmen.

Die Bildgütebestimmung soll nachweisen, dass die prüftechnischen Regeln eingehalten wurden, die zum Erreichen einer guten Qualität der Durchstrahlungsaufnahme notwendig sind. Die Elemente eines Penetrameters sind gewöhnlich Drähte oder Stufen mit Löchern. Ein Maß für die geforderte Bildgüte ist die Bildgütezahl, die der angegebenen Nummer des dünnsten auf der Durchstrahlungsaufnahme erkennbaren Drahtes entspricht. Die allgemeinen Forderungen an ein Penetrameter sind dieselben wie im deutschen Regelwerk (siehe Abschnitt 6.3).

Tab. 6.6 Bildgüteklassen A und B für Stufe-Loch-BPK [6.7]

| Bildgüteklasse A | | | | | | Bildgüteklasse B | | | | | |
| Einwandige Durchstrahlung | | | Doppelwandige Durchstrahlung | | | Einwandige Durchstrahlung | | | Doppelwandige Durchstrahlung | | |
Dicke (mm) [1] von	bis	BZ	Dicke (mm) [2] von	bis	BZ	Dicke (mm) [1] von	bis	BZ	Dicke (mm) [2] von	bis	BZ
-	-	H2	-	-	H2		2,5	H2	-	1	H2
-	2	H3	-	1	H3	2,5	4	H3	1	2,5	H3
2	3,5	H4	1	2	H4	4	8	H4	2,5	4	H4
3,5	6	H5	2	3,5	H5	8	12	H5	4	6	H5
6	10	H6	3,5	5,5	H6	12	20	H6	6	11	H6
10	15	H7	5,5	10	H7	20	30	H7	11	20	H7
15	24	H8	10	19	H8	30	40	H8	20	35	H8
24	30	H9	19	35	H9	40	60	H9	-	-	H9
30	40	H10	-	-	H10	60	80	H10	-	-	H10
40	60	H11	-	-	H11	80	100	H11	-	-	H11
60	100	H12	-	-	H12	100	150	H12	-	-	H12
100	150	H13	-	-	H13	150	200	H13	-	-	H13
150	200	H14	-	-	H14	200	250	H14	-	-	H14
200	250	H15	-	-	H15	-	-	H15	-	-	H15
250	320	H16	-	-	H16	-	-	H16	-	-	H16
320	400	H17	-	-	H17	-	-	H17	-	-	H17
400		H18	-	-	H18	-	-	H18	-	-	H18

[1] Nennwanddicke   [2] Durchstrahlte Dicke

Da auch Fehler noch erkannt werden sollen, die strahlerseitig, d.h. filmfern an der Werkstückoberfläche liegen, sollen Penetrameter – wenn möglich – auch strahlerseitig gelegt werden. Ist dies nicht möglich, so wird eine höhere Bildgüteanforderung vorgeschrieben.

Über die Anwendbarkeit und Vergleichbarkeit der Penetrameter und Bildgüteprüfkörper ist viel diskutiert worden. Exakte und durch Abnahmegesellschaften anerkannte Umrechnungsfaktoren zwischen der BZ nach DIN EN ISO 19232 und der BZ nach ASTM existieren nicht. Der Penetrametertyp muss daher immer nach den Anforderungen des anzuwendenden Regelwerkes ausgewählt werden. Neben den Abmessungen muss auch ein geeigneter Werkstoff gewählt werden. Dies liegt unter anderem daran, dass die verschiedenen Testungänzen der Penetrametertypen selbst für idealisierte Ungänzentypen verschieden empfindlich sind. Während Loch-BPK relativ gute Aussagen über die Porenerkennbarkeit machen, werden Schlackenzeilen besser mit dem Draht-BPK erkennbar. ASME/ASTM-Penetra-meter sind in der Vorschrift E-142 beschrieben, die als SE 142 [6.4] auch in Sect. V, Art. 22 des ASME-Codes zu finden ist.

6.3.4 Platten-Loch-Penetrameter

Platten-Loch-Bildgüteprüfkörper werden vor allem im US-amerikanischen Regelwerk als Penetrameter vorgeschrieben. Sie bestehen aus Plättchen einheitlicher Dicke und senkrecht eingebrachten Bohrungen, einheitlicher (API) oder verschiedener Durchmesser (ASTM, ASME), die entsprechend der Wanddicke ausgesucht werden (Abb. 6.16).

Sowohl die Erkennbarkeit der Penetrameter-Umrisse (Kontrast) sowie des geforderten Lochs (Auflösung) gehen dabei in die Prüfempfindlichkeit ein. Die geforderte Plättchendicke steht in Beziehung zur Wanddicke, so dass für jede Wanddicke bestimmte oder einheitliche Prüfempfindlichkeiten aus der Erkennbarkeit der Bohrungen folgen. Dabei ist:

$$\text{Prüfempfindlichkeit} = \frac{100\%}{\text{Wanddicke}} \times \sqrt{\frac{\text{Plättchendicke} \times \text{Bohrungsdurchmesser}}{2}}$$

Platten-Loch-Penetrameter haben den Vorteil, dass sie eine problemangepasste Empfindlichkeitsabstufung ermöglichen. Nachteilig ist, dass eine Vielzahl von Prüfkörpern notwendig sind, die der Werkstückgeometrie nur schwer anpassbar sind. Die Prüfkörper haben deshalb eine Identifikationsnummer, die zur Überprüfung dient, ob das gewählte Penetrameter im Vergleich zur Wanddicke nicht zu dick ist. Zu dicke Penetrameter würden eine größere Empfindlichkeit der Aufnahme vortäuschen. Daher wird die maximale Penetrameterdicke durch die Wanddicke bestimmt. Normalerweise entspricht die maximale Penetrameterdicke 2% der Wanddicke; d.h. Wanddickeninhomogenitäten sollen im Idealfall noch sichtbar sein, wenn sie größer als 2% der Wanddicke betragen. In Sonderfällen können auch 1% oder 4% der Wanddicke zwischen Besteller und Hersteller vereinbart werden. Dünnere Penetrameter als die spezifizierten können verwendet werden.

Jedes Penetrameter trägt Identifikationsnummern aus Blei, die auf dem Film hell erscheinen. Diese Identifikationsnummern („I.D.-Numbers") sind Maßzahlen für die Dicke des Penetrameters in Zoll.

$$\text{I.D.-No.} = 1000 \times \text{Penetrameterdicke (in Zoll)}$$

Abb. 6.16 ASTM-Platten-Loch-BPK [6.12]

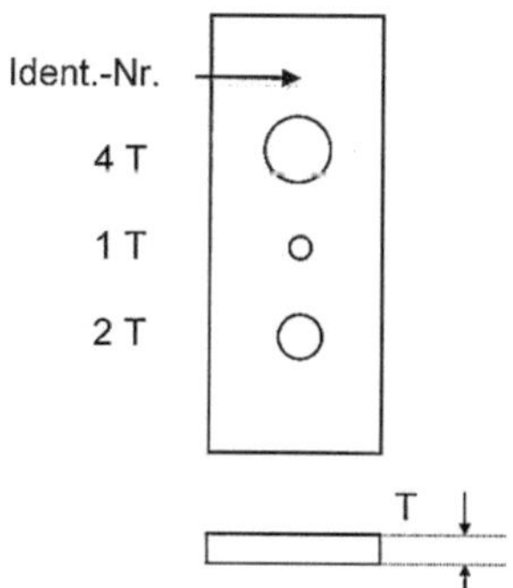

Tab. 6.7 Identifikationstabelle für Penetrameter [6.4]

Identifikations- Nr. für Penetrameter	Penetrameter- dicke (mm	Kleinste Werkstückdicke (mm)		
		Gütestufe 2 - 1 T 2 - 2 T 2 - 4 T	Gütestufe 1 - 1 T 1 - 2 T	Gütestufe 4 - 2 T
5	0,127	6,	12	3,
6	0,152	35	,7	18
8	0,203	7,94	15,9	...
9	0,229	9,53	19,1	4,76
10	0,254	11,11	22,2	...
11	0,279	12,7	25,4	6,35
12	0,305	14,3	28,6	...
20	0,508	15,9	31,8	...
100	2,540	25,4	50,8	12,7
150	3,810	127	254	63,5
		191	381	95,2

Für die Auswahl eines Penetrameters nach Tabelle 6.7 sind die Gütestufe und die Wanddicke maßgebend. Die Gütestufe ist als Kombination von max. Plattendicke und Lochdurchmesser definiert:

2 – 2 T max. Dicke des Penetrameters ist gleich 2% Wanddicke
Das 2 T-Loch muss auf dem Film noch zu sehen sein.

Da ein Penetrameter Aussagen über die Aufnahmequalität machen soll, ist es **grundsätzlich** in der ungünstigsten Position auf dem Bauteil anzuordnen, also **filmfern**. Deshalb wird das Penetrameter zwischen Strahler und Werkstückoberfläche, also strahlerseitig gelegt. Wenn vermeidbar, sollte das **Penetrameter auf keinen Fall in den auszuwertenden Bereich gelegt werden**, da die Gefahr besteht, dass es Ungänzen verdecken könnte.

Grundsätzlich muss sichergestellt werden, dass das Penetrameter auf dem Film mit der Schwärzung abgebildet wird, die auch im auszuwertenden Bereich gemessen wird. Soll z.B. eine Schweißnaht durchstrahlt werden, so weist sie meist eine gewisse zulässige Nahtüberhöhung und Wurzeldurchhang auf. Da das Penetrameter im dünneren Grundwerkstoff liegt, würde es zu empfindlich im Vergleich zur auszuwertenden Naht abgebildet. Daher wird das Penetrameter mit einer Scheibe (Shim) unterlegt, die aus gleichem Werkstoff die Wanddickendifferenz Naht – Grundwerkstoff ausgleicht. Es muss auf dem Film deutlich sichtbar sein, dass eine Unterlage verwendet wurde, sie muss gegenüber den Penetrameterumrissen an 3 Seiten um 3 mm überstehen.

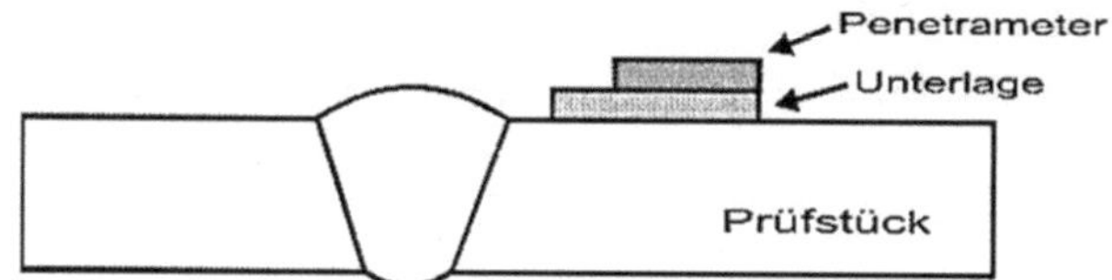

Abb. 6.17 Anwendung von Unterlagen bei der Schweißnahtprüfung (Shims) [6.4]

Während die Auswahl der Penetrameter nach der Dicke des auszuwertenden Bereichs (z.B. Nahtdicke) erfolgt, wird die Dicke der Unterlage zum Schwärzungsausgleich gewählt. Eine Badsicherung wird daher nicht bei der Auswahl des Penetrameters, wohl aber bei der Dicke der Unterlage berücksichtigt. Die Anwendungsregeln für Unterlagen und separate Blöcke sind nur gültig, wenn Dicke und Werkstoff entsprechend dem Prüfbereich gewählt werden (siehe Abb. 6.17) [6.12].

6.3.5   Drahtpenetrameter

ASTM hat Draht-Penetrameter definiert, die jedoch anders gebaut und ganz anders angewendet werden, als Draht-BPK nach DIN. ASTM kennt je 4 Drahtpenetrametersätze in je 8 Werkstoffgruppen nach ASTM E-142 [6.4]. Die Drähte sind in geometrischer Reihe geordnet, der letzte Draht des einen und der erste des folgenden Satzes sind gleich dick. Pro Satz sind 6 Drähte in einer Plastikhülle, also insgesamt 21 verschieden dicke Drähte (Tabelle 6.8 und Abb. 6.18).

Die Drahtpenetrameter nach ASTM sind entsprechend der Gruppeneinteilung nach ASTM-E-142 aufgebaut .Die Anwendung der Drahtpenetrameter erfolgt nicht wie bei ISO- oder DIN-BPK, sondern genauso wie nach E-142 für Plattenpenetrameter vorgeschrieben. Ausnahme: Der Drahtsteg wird bei der Schweißnahtprüfung quer über die Naht gelegt. Es wird als unwahrscheinlich betrachtet, dass die dünnen Drähte Ungänzenanzeigen verdecken könnten. Die Bildgüte von Drahtpenetrametern kann mit Hilfe einer speziellen Formel oder eines Diagrammes auf diejenige von Platten-Loch-Penetrametern umgerechnet werden.

Tab. 6.8 Drahtpenetrameterabmessungen [6.4]

Drahtdurchmesser (mm)			
Satz A	Satz B	Satz C	Satz D
0,08	0,25	0,81	2,50
0,10	0,33	1,02	3,20
0,13	0,40	1,27	4,06
0,16	0,51	1,60	5,10
0,20	0,64	2,03	6,40

Abb. 6.18 Aufbau der Draht-
penetrameter nach ASTM [6.4]

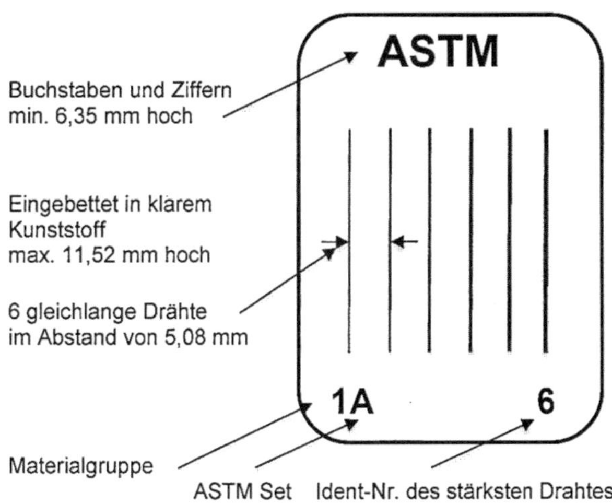

6.3.6 Penetrameterwerkstoffe

Soll die Penetrameterabbildung auf einem Film eine Aussage über die Detailerkennbarkeit
von Ungänzen in einem Werkstück machen, so kann es nicht gleichgültig sein, aus welchem Werkstoff das Penetrameter besteht. Es muss nicht der gleiche Werkstoff wie das
Prüfstück sein. Grundsätzlich gilt jedoch:

**Der Penetrameterwerkstoff muss ein ähnliches Schwächungsverhalten
wie der Werkstoff des Prüfstücks aufweisen.**

Radiografisch ähnliches Material wird nach ASTM-E-142 [6.4] der gleichen Werkstoffgruppe oder Grade-Nummer zugeordnet. Es gibt acht Gruppen-Nummern. Außer Gruppe-
Nummer 1 (Nichtmetalle) sind alle Penetrameter mit Kerben versehen, die eine Identifikation des Werkstoffs zulassen. Die Zuordnung Werkstoff-Gruppe-Nummer und Identifi-
kationskerbung ist aus Abb. 6.19 zu entnehmen.

Ein Penetrameter mit kleinerer Gruppen-Nummer als die des zu prüfenden Teiles kann
gewählt werden. Sind Werkstoffe zu durchstrahlen, die nicht direkt einer dieser 8 Werkstoffgruppen zuzuordnen sind, so sind folgende Vorgehensweisen alternativ zulässig:

1. Es wird ein Penetrametersatz aus dem Werkstoff des Teiles aus der Produktion angefertigt.
2. Es werden die in ASTM-E-142 [6.4] aufgelisteten ASTM-Werkstoffspezifikationen
   herausgesucht, die den Gruppen-Nummern entsprechen. Ist die Analyse des Produk-
   tionswerkstoffs vergleichbar, so können Standard-Penetrameter der jeweiligen Grade-
   Nummer verwendet werden.

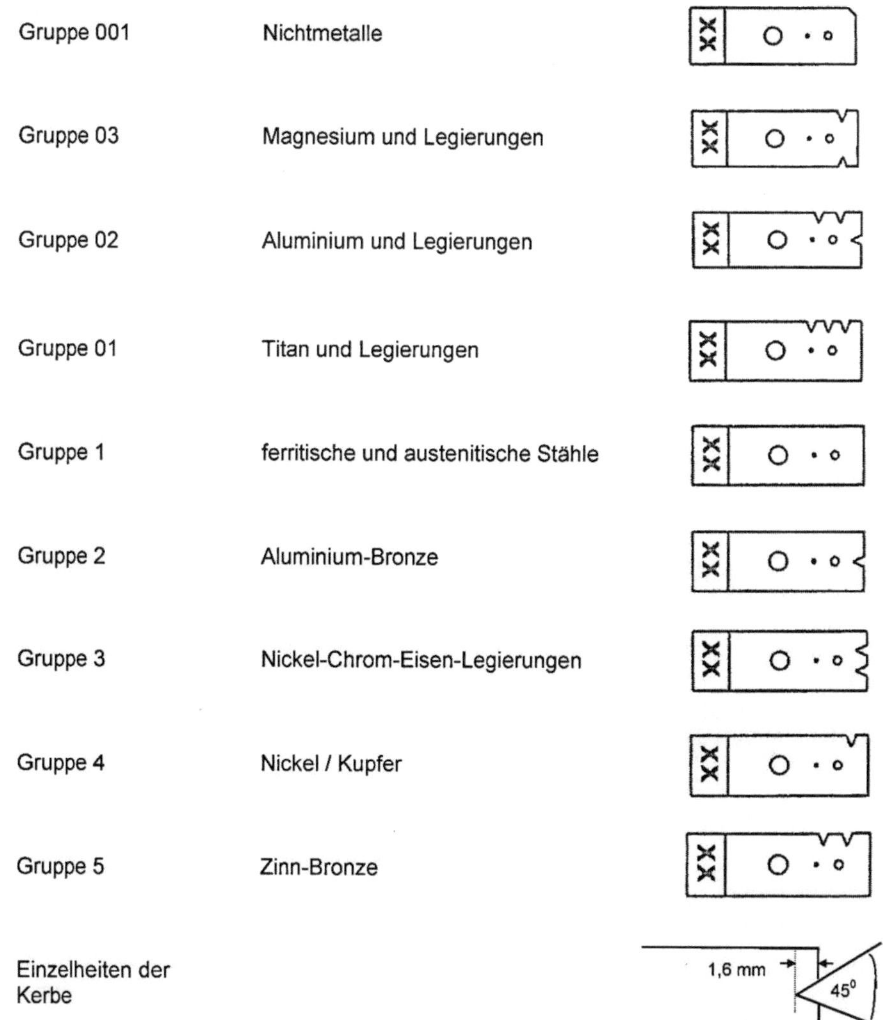

Abb. 6.19 Penetrameteridentifikation nach Werkstoffgruppen [6.14]

3. Es werden Vergleichsaufnahmen angefertigt. Dazu sind zwei getrennte, gleich dicke Stücke aus jeweils dem Penetrameterwerkstoff und dem Produktionsmaterial nötig. Diese Stücke werden mit der kleinsten anzuwendenden Strahlenenergie auf einem Film belichtet, dessen Materialschwärzung zwischen 1,5 und 3,5 liegen muss. Ist die Schwärzung in Penetrametermaterial größer als die im Produktionsmaterial, und zwar um höchstens 15%, so kann der zugehörige Penetrametersatz für die Radiografie des Produktionsteils verwendet werden.

6.3.7 Bildgütestufen („sensitivity levels")

Radiografische Filme werden in der Regel hergestellt, um diejenigen Ungänzen in Bauteilen zu finden, die die Funktionsfähigkeit des Bauteils beeinträchtigen könnten. Je nach Verwendungszweck des Bauteils werden zwischen Besteller und Hersteller daher unterschiedliche Zulässigkeitsgrenzen (severity levels) festgelegt, aus denen sich wieder unterschiedlich hohe Anforderungen an die Detailerkennbarkeit der Ungänzen ergeben. Im amerikanischen Regelwerk wird die Sichtbarkeit einer Bohrung in einer Penetrameterabbildung als Maß für die Detailerkennbarkeit und damit für die Güte der Durchstrahlungstechnik angesehen. Bei gleich guter Durchstrahlungstechnik ist die Dicke des gewählten Penetrameters die entscheidende Größe, die die Sichtbarkeit einer Bohrung auf dem radiografischen Film bestimmt.

Werden, relativ zur Wanddicke, sehr dünne Plättchen gewählt, so ist eine für kleine Wanddickenunterschiede **empfindliche** Technik (z.B. weiche Strahlung, wie Röntgenstrahlung) zu wählen, um das Plättchen und die Bohrung noch auf dem Film mit ausreichendem Kontrast abzubilden. Werden relativ zur Wanddicke, dicke Plättchen gewählt, so können die Penetrameterumrisse durchaus auch durch eine **unempfindliche** Technik (z.B. harte Strahlung, wie Gammastrahlung) sichtbar gemacht werden.

Um die **Empfindlichkeit** einer Prüftechnik in Zahlen zu fassen, muss man also von der Sichtbarkeit einer Bohrung an einem bestimmten Penetrameter ausgehen, dessen Auswahl wiederum von der Wanddicke abhängt. Bei gleich guter Technik hängt die Sichtbarkeit einer Bohrung ab von:

– der Penetrameterdicke relativ zur Wanddicke und
– dem Bohrungsdurchmesser relativ zur Wanddicke.

Eine Durchstrahlungstechnik ist daher umso empfindlicher, je dünner das Penetrameter relativ zur Wanddicke und je kleiner der Durchmesser der noch sichtbaren Bohrung ist [6.4]:

$$\alpha = \frac{A \times B}{\sqrt{2}} \times 100 \ [\%]$$

$$\alpha = \text{Empfindlichkeit}$$

$$A = \text{Dickenempfindlichkeit} = \frac{\text{Penetrameterdicke}}{\text{Wanddicke}}$$

$$B = \text{Lochempfindlichkeit} = \frac{\text{Bohrungsdurchmesser}}{\text{Wanddicke}}$$

Beispiel: Eine Wanddicke von 10 mm wird vergleichsweise mit Iridium 192 und mit einer Röntgenröhre 120 kV durchstrahlt:

1. Empfindliche Technik (Röhre):

Auf dem Film sind das Penetrameter No. 5 und das 2 T-Loch sichtbar.

Penetrameter-Dicke: 0,005 Zoll = 0,125 mm

$$A = \frac{0,125}{10} \times 100\% = \mathbf{1,25\%}$$

Bohrungsdurchmesser: 0,02 Zoll = **0,5 mm**

$$B = \frac{0,5}{10} \times 100\% = \mathbf{5\%}$$

$$\alpha = \sqrt{\frac{1,25 \times 5}{2}} = \mathbf{1,8\%}$$

2. Unempfindliche Technik (Ir 192):

Auf dem Film sind das Penetrameter No. 10 und das 4 T-Loch sichtbar.

Penetrameter-Dicke: 0,001 Zoll = **0,25 mm**

$$A = \frac{0,25}{10} \times 100\% = \mathbf{2,5\%}$$

Bohrungsdurchmesser: 0,04 Zoll = **1,0 mm**

$$B = \frac{1,0}{10} \times 100\% = \mathbf{10\%}$$

$$\alpha = \sqrt{\frac{2,5 \times 10}{2}} = \mathbf{3,6\%}$$

Eine **kleine Maßzahl** (1,8%) für die Empfindlichkeit bedeutet, dass die Empfindlichkeit **hoch** ist. Umgekehrt bedeutet eine **große Maßzahl** (3,6%), dass die Empfindlichkeit **gering** ist.

In ASTM-E-142 [6.4] sind **Normal-Bildgütestufen** festgelegt worden, um Vereinbarungen zur Prüfempfindlichkeit zwischen Besteller und Hersteller zu erleichtern: 1,4%, 2% und 2,8%.

Da die Plättchendicke T genau 2% der Wanddicke entspricht, stellen die Normalbildgütestufen genau die Bildgütezahlen: 2-1 T, 2-2 T und 2-4 T dar.

$$2\text{-}1\ \text{T:}\quad \alpha = \sqrt{\frac{2 \times 1 \times 2}{2}} = 1{,}4\%$$

$$2\text{-}2\ \text{T:}\quad \alpha = \sqrt{\frac{2 \times 2 \times 2}{2}} = 2{,}0\%$$

$$2\text{-}4\ \text{T:}\quad \alpha = \sqrt{\frac{2 \times 4 \times 2}{2}} = 2{,}8\%$$

Als Sonderbildgütestufen gelten 0,7%, 1% und 4%, wobei die ersten beiden Stufen 1% Plättchendicke, letztere 4% Plättchendicke entsprechen. Die sich ergebenden Bildgütezahlen sind. 1-1 T, 1-2 T, 4-2 T.

$$1\text{-}1\ \text{T:}\quad \alpha = \sqrt{\frac{1 \times 1}{2}} = 0{,}7\%$$

$$1\text{-}2\ \text{T:}\quad \alpha = \sqrt{\frac{1 \times 2 \times 1}{2}} = 1{,}0\%$$

$$4\text{-}2\ \text{T:}\quad \alpha = \sqrt{\frac{4 \times 2 \times 4}{2}} = 4{,}0\%$$

Ist zwischen Besteller und Hersteller **nichts** bezüglich der Bildgütestufen vereinbart, so gilt grundsätzlich die Bildgütezahl 2-2 T als vereinbart. Dies bedeutet, dass bei Plättchendicke **genau** gleich 2% Wanddicke mindestens das 2 T-Loch auf dem Film erkannt werden muss. Dabei ist es zulässig, dass ein dünneres Penetrameter als vereinbart gewählt wird. Wird in diesem dünneren Penetrameter das 2 T-Loch oder gar das 1 T-Loch sichtbar, so gilt die Aufforderung als erfüllt. Wird jedoch nur das 4 T-Loch sichtbar, so bestehen zwei Möglichkeiten:

1. Die Aufnahme wird mit Hilfe einer empfindlichen Technik wiederholt.
2. Es wird durch eine Rechnung nachgewiesen, dass 2-2 T, d.h. 2% Prüfempfindlichkeit, trotzdem erreicht wurde.

Beispiel: Ein Rohr mit 35,8 mm Wanddicke soll durchstrahlt werden. Auf dem verwendeten Penetrameter No. 20 ist nur das 4 T-Loch sichtbar. Ist trotzdem Bildgütestufe 2-2 T ($\alpha = 2\%$) erfüllt?

$$A = \frac{0{,}02 \times 25{,}4}{35{,}8} = 1{,}4\% \qquad\qquad B = \frac{0{,}08 \times 25{,}4}{35{,}8} = 5{,}6\%$$

$$\alpha = \sqrt{\frac{1{,}4 \times 5{,}6}{2}} = 1{,}9\%$$

Lösung: $1{,}4\% < \alpha < 2\%$, also ist die Bildgütestufe 2-2 T erfüllt!

6.3.8 Abschirmung gegen nicht das Bild zeichnende Strahlung

Bei einer Durchstrahlungsanordnung muss der Zentralstrahl auf das Zentrum des Prüfbereiches ausgerichtet sein und sollte möglichst senkrecht zur Oberfläche des Prüfgegenstandes stehen. Ausnahmen bilden solche Anordnungen, bei denen durch eine andere geeignetere Strahlenrichtung bestimmte Fehler festgestellt werden können, wie z.B. Flankenbindefehler. Um die Wirkung der Streustrahlung zu vermindern, soll die direkte Strahlung weitgehend auf den auswertbaren Prüfabschnitt begrenzt sein. Diesbezüglich sollten Bleifilter oder Blenden, wie z.B. Kollimatoren, eingesetzt werden. Günstig ist es jedoch immer, eine Bleischicht auf der Rückseite der Film-Folien-Kombination zum Schutz des Filmes vor Streustrahlung anzubringen. Um festzustellen, ob rückwärtige Streustrahlung den Film belichtet, muss nach ASME-Code bei jeder Belichtung ein Bleibuchstabe „B" mit einer Mindesthöhe von 1/2″ (13 mm) und einer Mindestdicke von 1/16″ (1,6 mm) auf der Rückseite des Filmes angebracht werden.

Im französischen Regelwerk AFNOR [6.2] sind die Bildgüteprüfkörper Stufenkeile, bei denen die Stufendicke nach einer geometrischen Reihe zunimmt. Die Stufen weisen jeweils ein oder mehrere Löcher auf, deren Durchmesser der Stufendicke entsprechen. Die gebräuchlichsten Bildgüteprüfkörper sind ein rechteckiger Stufenkeil mit Stufen von 15 × 15 mm und drei sechseckige Stufenkeile mit je 6 dreieckigen Stufen von 14 mm (Abb. 6.20). Die Frage ist, ob sich Frankreich in der Europäischen Union dem europäischen Regelwerk in Zukunft ohne Vorbedingungen anschließen wird und damit die französischen Testkörper entfallen.

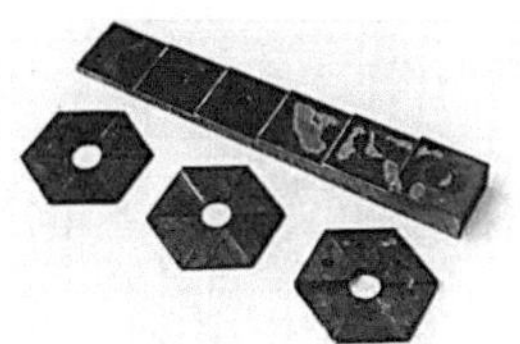

Abb. 6.20 Französische Bildgüteprüfkörper nach AFNOR [6.2]

Literatur

[6.1] Schiebold, Skript RT 3 LVQ-WP Werkstoffprüfung GmbH;

[6.2] Agfa-Gevaert NV. Industrielle Radiografie 1990;

[6.3] DIN EN ISO 11699-1, ZfP – Industrielle Filme für die Durchstrahlungsprüfung, Klassifizierung von Filmsystemen für die industrielle Durchstrahlungsprüfung, Jan. 2012;

[6.4] ASTM-E-142, Bildgütebestimmung, ASME-Code 2013;

[6.5] DIN EN 462-1, ZfP, Bildgüte von Durchstrahlungsaufnahmen, Bildgüteprüfkörper (Drahtsteg), Ermittlung der Bildgütezahl, März 1994;

[6.6] DIN EN 462-2, ZfP, Bildgüte von Durchstrahlungsaufnahmen, Bildgüteprüfkörper (Stufe/Loch-Typ), Ermittlung der Bildgütezahl, Juni 1994;

[6.7] DIN EN 462-3, ZfP, Bildgüte von Durchstrahlungsaufnahmen, Bildgüteklassen für Eisenwerkstoffe, Nov. 1996;

[6.8] DIN EN 462-4, ZfP, Bildgüte von Durchstrahlungsaufnahmen, Experimetelle Ermittlung von Bildgütezahlen und Bildgütetabellen, Dez. 1994;

[6.9] DIN EN 462-5, ZfP, Bildgüte von Durchstrahlungsaufnahmen, Bildgüteprüfkörper (Doppel-Drahtsteg), Ermittlung der Bildunschärfe, Mai 1996;

[6.10] Purschke, Die Röntgenprüfung, ZfP kompakt und verständlich Band 7, Castell-Verlag 2001;

[6.11] DIN EN 25580, ZfP, Betrachtungsgeräte für die industrielle Radiographie, Minimale Anforderungen, Juni 1992;

[6.12] ASTM E-747, Standard Praxis für die Herstellung und Werkstoff-Klassifikation von Drahtsteg-Penetrametern, ASME-Code 2013;

[6.13] ASTM E-94, Standard Vorschrift für die Durchstrahlungsprüfung, ASME-Code 2013;

[6.14] ASTM E-1025, Standard Praxis für die Herstellung und Werkstoff-Klassifikation von Platten-Loch-Penetrametern, ASME-Code 2013;

[6.15] DIN EN ISO 19232-1, ZfP- Bildgüte von Durchstrahlungsaufnahmen, Bildgüteprüfkörper, Ermittlung der Bildgütezahl mit Draht-Typ-BPK, Dez. 2013;

[6.16] DIN EN ISO 19232-2, ZfP- Bildgüte von Durchstrahlungsaufnahmen, Bildgüteprüfkörper, Ermittlung der Bildgütezahl mit Stufe/Loch-Typ-BPK, Dez. 2013;

[6.17] DIN EN ISO 19232-3, ZfP- Bildgüte von Durchstrahlungsaufnahmen, Bildgüteklassen, Febr. 2014;

[6.18] DIN EN ISO 19232-4, ZfP- Bildgüte von Durchstrahlungsaufnahmen, Experimentelle Ermittlung v. Bildgütezahlen u. Bildgütetabellen, Dez. 2013;

[6.19] DIN EN ISO 19232-5, ZfP- Bildgüte von Durchstrahlungsaufnahmen, Bestimmung der Bildunschärfezahl mit Doppel-Draht-Typ-BPK, Dez. 2013;

[6.20] DIN EN ISO 5579, ZfP, Durchstrahlungsprüfung von metallischen Werkstoffen mit Film und Röntgen- oder Gammastrahlen, April 2014;

[6.21] DIN EN 444, ZfP, Grundlagen für die Durchstrahlungsprüfung von metallischen Werkstoffen mit Röntgen- und Gammastrahlen, April 1994;

[6.22] DIN EN ISO 10893-6, ZfP von Stahlrohren, Durchstrahlungsprüfung der Schweißnaht geschweißter Stahlrohre zum Nachweis von Unvollkommenheiten, Juli 2011;

[6.23] DIN EN ISO 10893-7, ZfP von Stahlrohren, Digitale Durchstrahlungsprüfung der Schweißnaht geschweißter Stahlrohre zum Nachweis von Unvollkommenheiten, Juli 2011;

7.1 Schwärzungskurven

Der Zusammenhang zwischen der von einem Film absorbierten Strahlendosis und der sich daraus ergebenden Schwärzung wird durch die Schwärzungskurve dargestellt. Als Schwärzungskurve bezeichnet man ein Diagramm, in dem die entstehende Filmschwärzung gegen den Logarithmus der Belichtungsgröße aufgetragen ist. Diese Kurve wird auch als „charakteristische Kurve" eines Filmes bezeichnet. Im Abschnitt 5.1 wurde die Schwärzungskurve bereits grob beschrieben. Da sie jedoch für die Belichtungsgrößen von großer Bedeutung ist, soll die Schwärzungskurve im Folgenden eingehender erklärt werden [7.1], [7.2]. In Abb. 7.1 ist die Schwärzungskurve abgebildet.

Abb. 7.1 Schwärzungskurve (charakteristische Kurve) [7.1]

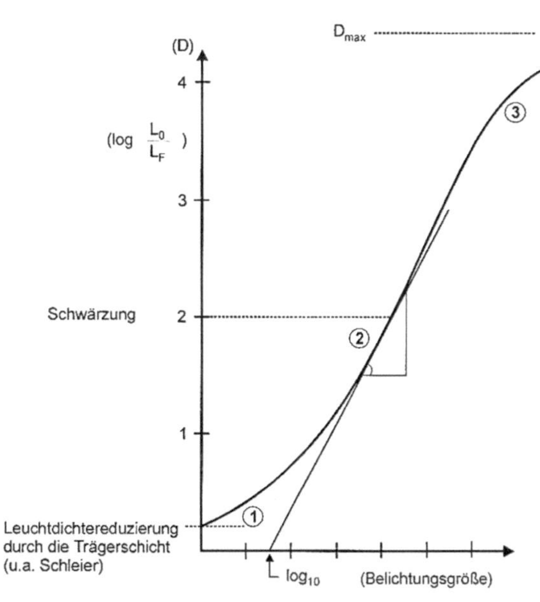

K. Schiebold, *Zerstörungsfreie Werkstoffprüfung – Durchstrahlungsprüfung,*
DOI 10.1007/978-3-662-44669-0_7, © Springer-Verlag Berlin Heidelberg 2015

137

Um die charakteristischen Merkmale der Schwärzungskurve zu erkennen, muss die Belichtungsgröße im logarithmischen Maßstab aufgetragen werden, da die Schwärzung selbst eine logarithmische Verhältniszahl ist. Folgende Merkmale sind hervorzuheben:

Abschnitt 1:
Der Fußpunkt der Kurve ist dadurch gekennzeichnet, dass ohne Belichtung bereits eine gewisse Schwärzung im Film vorhanden ist und dass sich die Schwärzung zunächst trotz Exposition nicht erhöht. Verantwortlich sind dafür die Lichtabsorption durch den Filmträger und die Entwicklung von nicht strahlenexponierten Körnern. Der Anteil der Schleierschwärzung, der durch Vorbelichtung eintritt, wird hierbei nicht erfasst.

Abschnitt 2:
Der lineare Kurvenabschnitt ist durch einen geradlinigen Kurvenverlauf gekennzeichnet, in dem die Schwärzung proportional mit der Belichtungsgröße ansteigt. Dieser Bereich beginnt ab $D = 1{,}5$ und stellt den Arbeitsbereich für die Radiografie dar.

Abschnitt 3:
Die Kurvenschulter stellt einen Abschnitt dar, in dem die Schwärzung aufgrund der Entwicklung aller Körner auch bei weiterer Belichtung nicht mehr ansteigt, d.h. eine maximale Schwärzung erreicht wird.

7.2 Belichtungsdiagramme

Belichtungsdiagramme haben die Aufgabe, bei der Durchstrahlungsprüfung den Zusammenhang zwischen dem Werkstoff, der zu durchstrahlenden Wanddicke des Prüfgegenstandes, der gewählten Film- und Foliensorte, einer vorgegebenen Schwärzung und dem Abstand FFA zur Einstellung einer praxisnahen Belichtungszeit darzustellen.

Abb. 7.2 zeigt ein Belichtungsdiagramm für eine Röntgenanlage [7.1]. Als feste Größen enthält dieses Diagramm auf der Abszisse die Wanddicke in mm Stahl und auf der Ordinate die Belichtungsgröße B in mA × min.

Weiterhin bezieht sich das Belichtungsdiagramm eines Röntgengerätes auf einen bestimmten Röhrenstrom, auf eine definierte Filmsorte, auf eine definierte Folie und Schwärzung sowie auf einen vorgegebenen Film-Fokus-Abstand (meistens 700 mm). Als variablen Parameter enthält ein solches Diagramm die für die Aufnahme erforderliche Spannung.

Zur Ermittlung der Belichtungsgröße wird im Diagramm der Schnittpunkt P zwischen der Projektion über der vorliegenden Wanddicke (34 mm) und der Kurve für die verwendete Spannung (200 KV) festgestellt. Auf der Ordinate lässt sich danach die Belichtungsgröße (im Beispiel 30 mA min) ablesen, wenn vom Schnittpunkt P eine waagerechte Gerade gezogen wird. Bei einem einstellbaren Röhrenstrom von z.B. 5 mA ergibt sich aus der Beziehung

$$B = I \times t_B \text{ eine Belichtungszeit von } t_B = \frac{B}{I} = \mathbf{6\ min}.$$

Im Unterschied zu Röntgengeräten, bei denen die Spannung und die Stromstärke variabel einstellbar sind, haben Gammastrahler eine am Tag der Durchstrahlungsaufnahme bestimmte Aktivität A. Deshalb sind die Belichtungsdiagramme von Gammastrahlern auch gleich auf den Film-Fokus-Abstand ausgelegt, der vor der Aufnahme frei wählbar ist.

Die Abbildungen 7.3 und 7.4 zeigen die Belichtungsdiagramme für Gammastrahler Ir 192 und Co 60.

Da die in den Belichtungsdiagrammen vorgegebenen Werte nicht generell anzuwenden sind, beispielsweise, wenn ein anderer Werkstoff als Stahl, andere Schwärzungswerte, ein anderer Film-Fokus-Abstand oder eine andere Filmsorte in Ansatz gebracht werden müssen, sind in solchen Fällen entsprechende Korrekturen vorzunehmen.

7.2.1 Werkstoffkorrektur

Wenn ein Belichtungsdiagramm für andere Werkstoffe als Stahl eingesetzt werden soll, muss die Wanddicke des entsprechenden Werkstoffes w_{WS} mit dem sog. Stahläquivalent C_{WS} umgerechnet werden, das angibt, wie dick eine Stahlplatte w_{St} sein müsste, um die Strahlung genauso zu schwächen, wie der vorliegende Werkstoff. Die Korrektur ergibt sich zu

$$w_{St} = C_{WS} \times w_{WS}.$$

Tabelle 7.1 enthält Stahläquivalentfaktoren für verschiedene Werkstoffe und Energien für Röntgen- und Gammastrahlen.

Die Werkstoffkorrektur und damit zumeist auch die erreichten Schwärzungen sind aufgrund des Energieeinflusses relativ ungenau.

7.2.2 Schwärzungskorrektur

Wird bei der Prüfung eine andere Schwärzung D_{neu} als die im Diagramm angegebene S_{alt} ermittelt, ist die Korrektur der Belichtungsgröße B nach folgender Beziehung durchzuführen [7.1]:

$$B_{neu} = B_{alt} \times \frac{D_{neu}}{D_{alt}}.$$

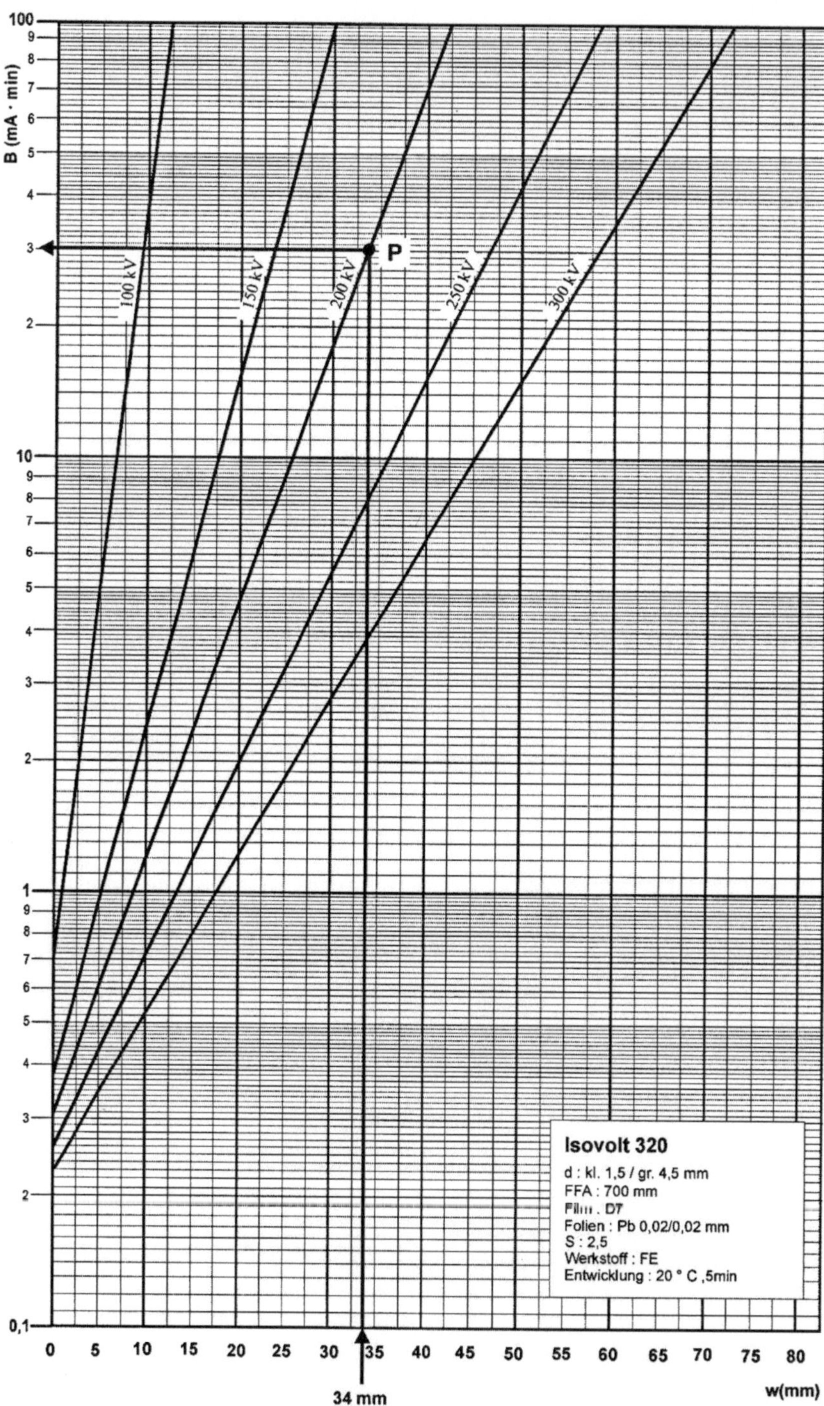

Abb. 7.2 Belichtungsdiagramm für eine Röntgenanlage Seifert 320 KV [7.1]

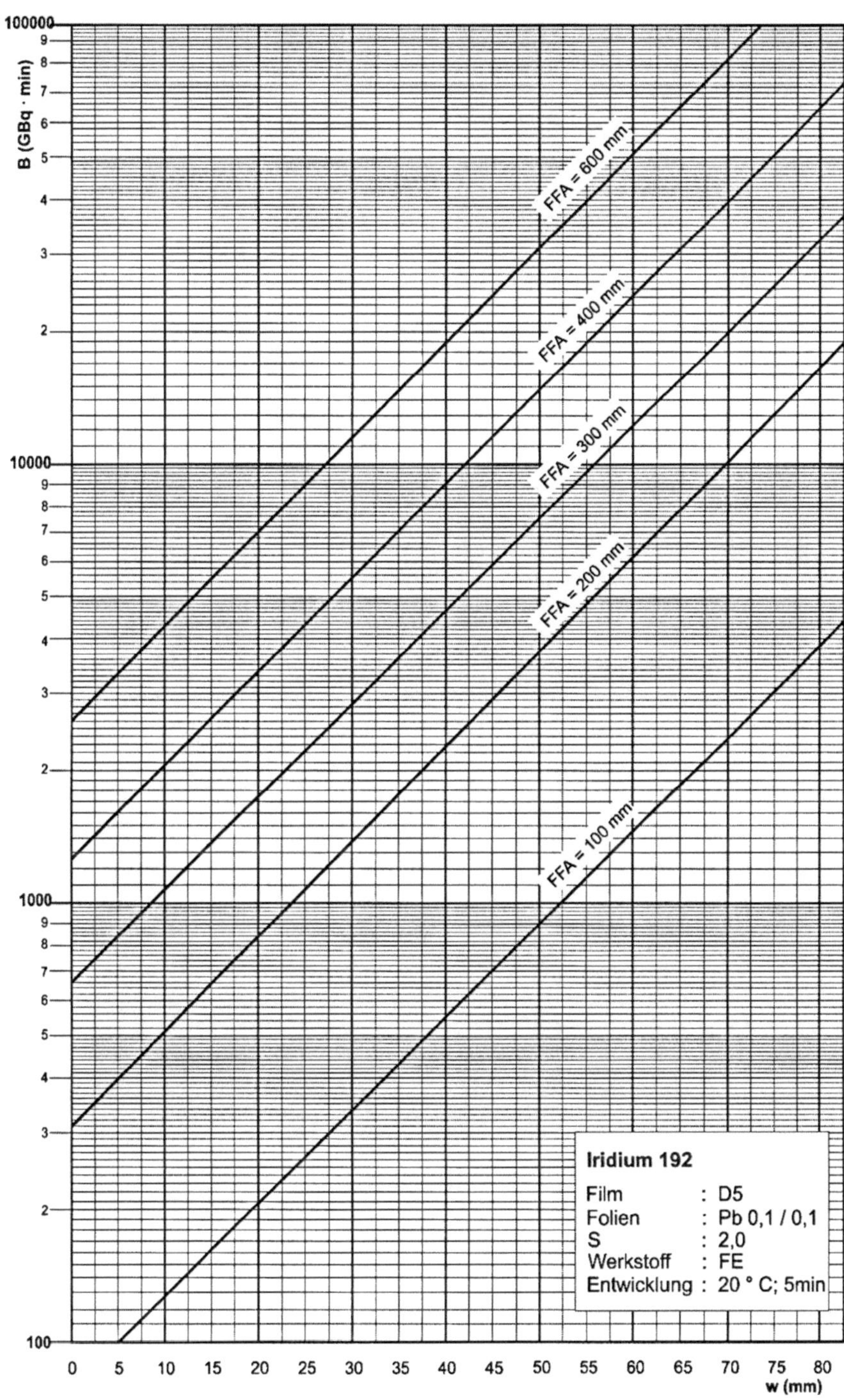

Abb. 7.3 Belichtungsdiagramm für einen Gammastrahler Ir 192 [7.1]

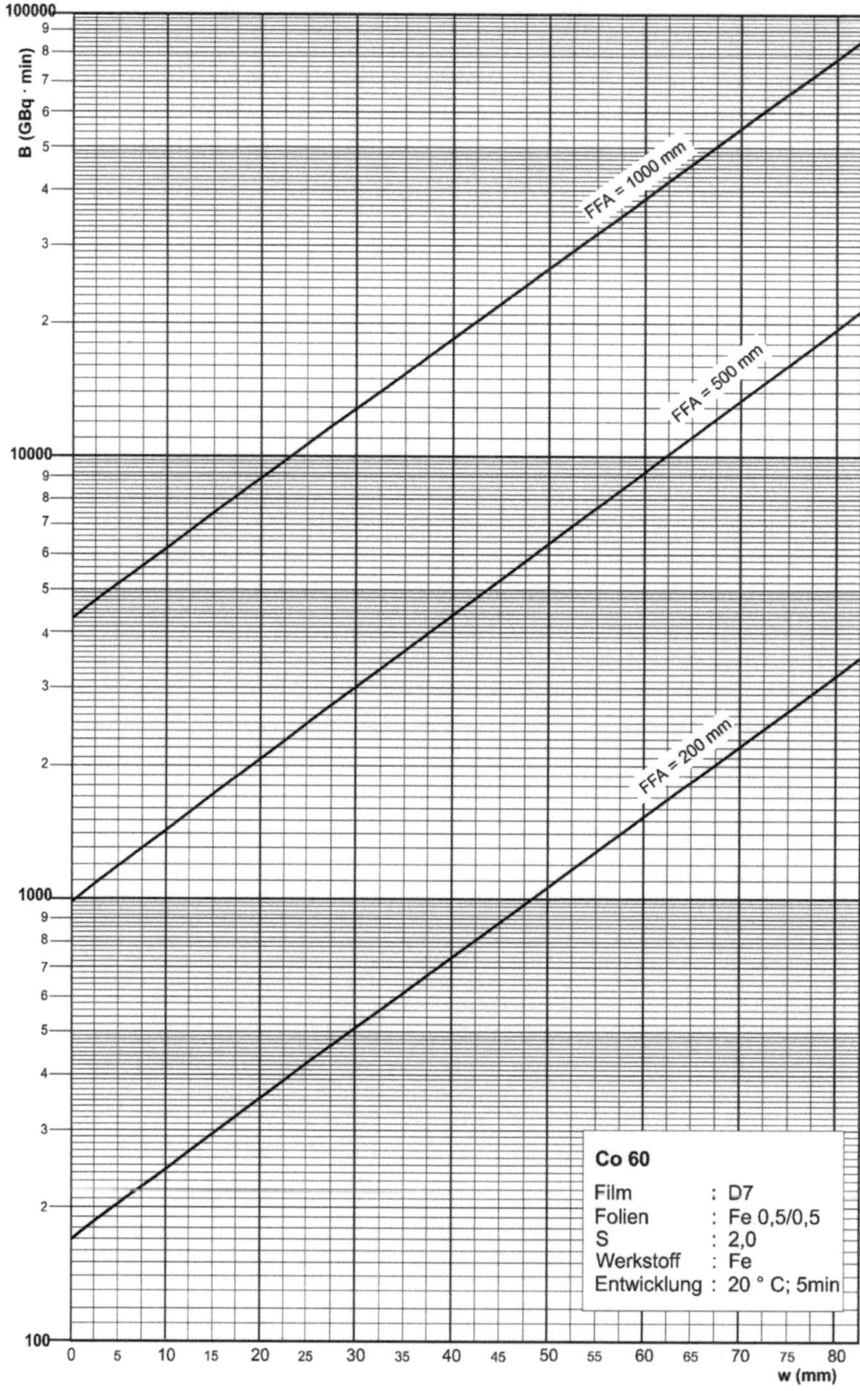

Abb. 7.4 Belichtungsdiagramm für einen Gammastrahler Co 60 [7.1]

Tab. 7.1 Stahläquivalentfaktoren C_{WS} [7.1]

Werkstoff	Röntgenstrahlen							Gammastrahlen			
	100 kV	150 kV	200 kV	400 kV	1 MeV	2 MeV	15-24 MeV	Ir192	Cs137	Co60	Rad.
Magnesium	0,05	0,05	0,08	-	-	-	-	-	-	-	-
Aluminium	0,08	0,12	0,18	-	-	-	-	0,28	0,30	0,35	0,40
Eisen, Stahl	1	1	1	1	1	1	1	1	1	1	1
Kupfer	1,6	1,6	1,5	1,4	-	-	-	1,1	1,1	1,1	1,1
Zink	-	1,4	1,3	1,3	-	-	-	1,1	1,0	1,0	1,0
Messing	-	1,4	1,3	1,3	1,2	1,2	-	1,1	1,1	1,1	1,1
Blei	-	1,4	1,2	-	5,0	2,5	-	4	3,2	2,3	2,0

7.2.3 Abstandskorrektur

Bei Veränderung des auf dem Belichtungsdiagramm angegebenen Wertes für den Film-Fokus-Abstand (FFA) ist das Abstandsquadratgesetz zu berücksichtigen [7.1]:

$$B_{neu} = B_{alt} \times \left[\frac{FFA_{neu}}{FFA_{alt}} \right]^2 .$$

7.2.4 Filmkorrektur

Soll ein anderer Film, z.B. D 5, anstelle des auf dem Belichtungsdiagramm vorgegebenen Filmes, z.B. D 7, eingesetzt werden, muss die Belichtungsgröße ebenfalls korrigiert werden. Dabei sind die jeweiligen Filmfaktoren (relative Belichtungsfaktoren) zu berücksichtigen, die vom Hersteller veröffentlicht werden. Die Filmfaktoren für die Kombination der Filme D 7/D 5 liegen zwischen 1,0 und 1,7. Die neue Belichtungsgröße errechnet sich nach [7.1] zu

$$B_{neu} = B_{alt} \times C_F .$$

7.2.5 Erstellung von Belichtungsdiagrammen

Im Normalfall wird die Belichtungszeit durch den Prüfer aus dem Belichtungsdiagramm der eingesetzten Prüfeinrichtung berechnet. Steht ein solches Diagramm nicht zur Verfü-

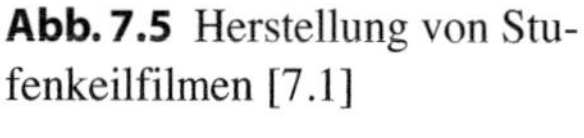

Abb. 7.5 Herstellung von Stufenkeilfilmen [7.1]

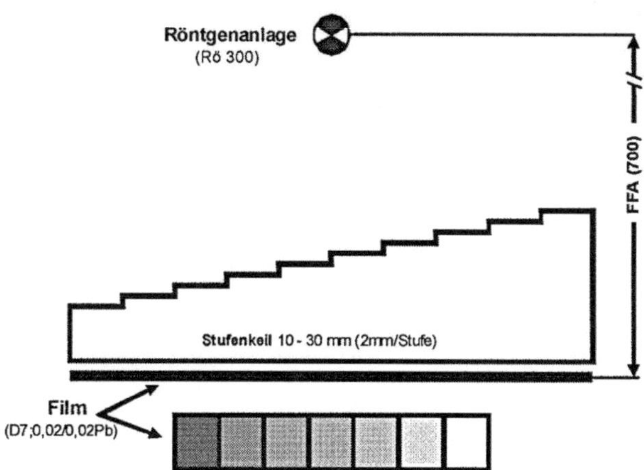

gung, kann es mit Hilfe von Stufenkeilaufnahmen für eine bestimmte Schwärzung, Spannung, Film-Folien-Kombination und für einen definierten FFA aufgestellt werden. Dazu werden zunächst Durchstrahlungsaufnahmen von Stufenkeilen mit bestimmten Wanddickenstufen bei einer vorgegebenen Belichtungsgröße, also mit einer bestimmten Stromstärke und Belichtungszeit, angefertigt (Abb. 7.5), die aus dem gleichen Werkstoff bestehen, für den das Belichtungsdiagramm gelten soll [7.1].

Durch die verschiedenen Wanddickenstufen werden auch unterschiedliche Schwärzungen erreicht (Tabelle 7.2), die in einem Diagramm über der Wanddicke aufgetragen werden (Abb. 7.6). Daraus resultieren Geraden für die Schwärzung, aus denen wiederum die angestrebte Schwärzung für das Belichtungsdiagramm ausgewählt werden kann. Im Beispiel ist das die Schwärzung $S = 2{,}5$.

Zur Erstellung des Belichtungsdiagramms werden für die ausgewählte Schwärzungsstufe 2,5 die jeweilige Belichtungsgröße 5 oder 50 mAmin und die ermittelte Wanddicke in ein vorgegebenes Belichtungsdiagramm für die Durchstrahlungsapparatur eingetragen (Abb. 7.7).

Bei kleinen Belichtungsgrößen oder niedrigen Stromstärken (<5mA) sind die Belichtungsdiagramme zumeist nicht mehr genau, d.h. die berechneten Belichtungszeiten ergeben nicht die gewünschten Schwärzungswerte. Gründe dafür sind die Unlinearität der Be-

Tab. 7.2 Wanddickenstufen und erreichte Schwärzungen aus dem Stufenkeilfilm [7.1]

Wanddicke (mm)	4	6	8	10	12	14	16	18	20	22	24	26	28	30
Schwärzung S (B = 5 mA min)	4,3	3,6	3,0	**2,5**	2,1	1,7	1,4	-	-	-	-	-	-	-
Schwärzung S (B = 50 mA min)	-		-	-	-	-	4,2	3,5	2,9	**2,5**	2,0	1,7	1,4

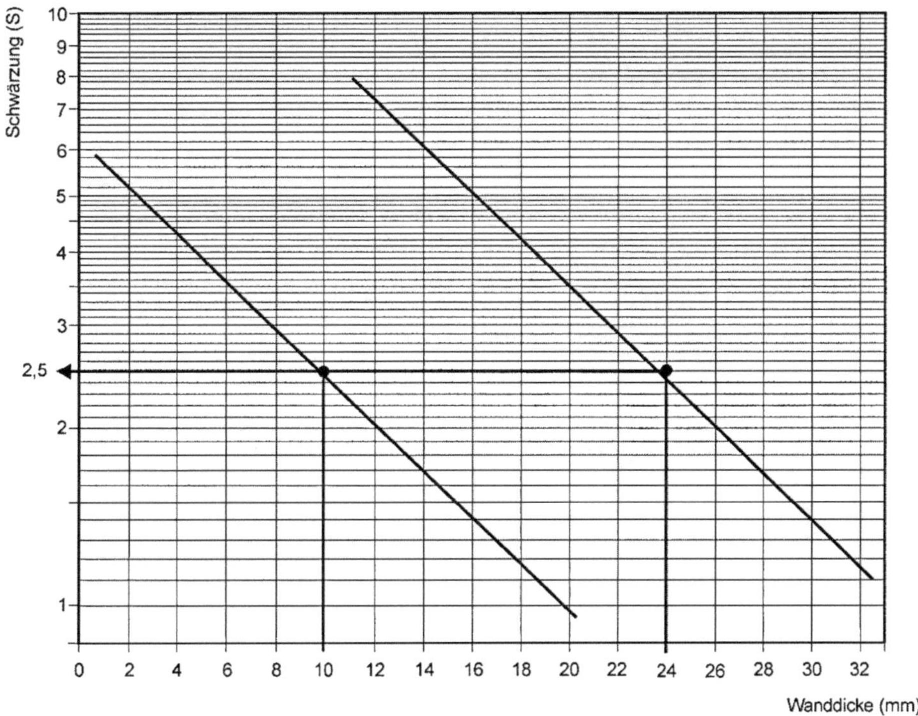

Abb. 7.6 Diagramm zur Festlegung der Schwärzungsstufe für das Belichtungsdiagramm [7.1]

triebseigenschaften der Röntgenapparate bei kleinen Stromstärken, die schlechte Ablesegenauigkeit bei kleinen Energien und das ungenaue Stahläquivalent für andere Werkstoffe als Stahl.

Schließlich sind in den Bildern 7.8 und 7.9 Belichtungsdiagramme für verschiedene Filmsorten und Spannungswerte der Röntgengeräte gegenübergestellt. Da die Filme unterschiedliche Empfindlichkeiten, Körnigkeiten und somit auch Einfluss auf die Bildqualität haben, lässt sich aus den Diagrammen ableiten, für welchen Einsatzzweck welches Diagramm am besten geeignet ist.

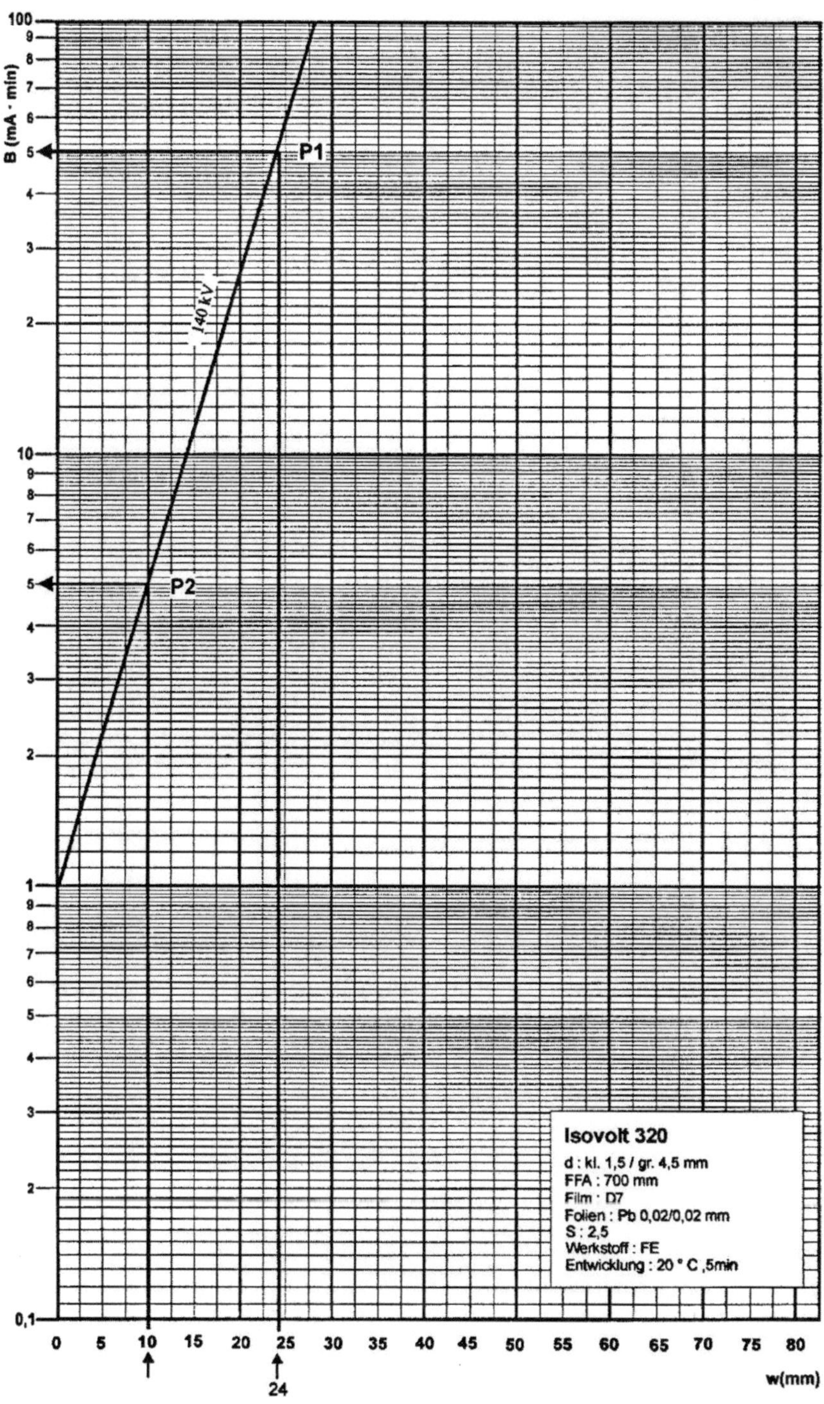

Abb. 7.7 Konstruiertes Belichtungsdiagramm [7.1]

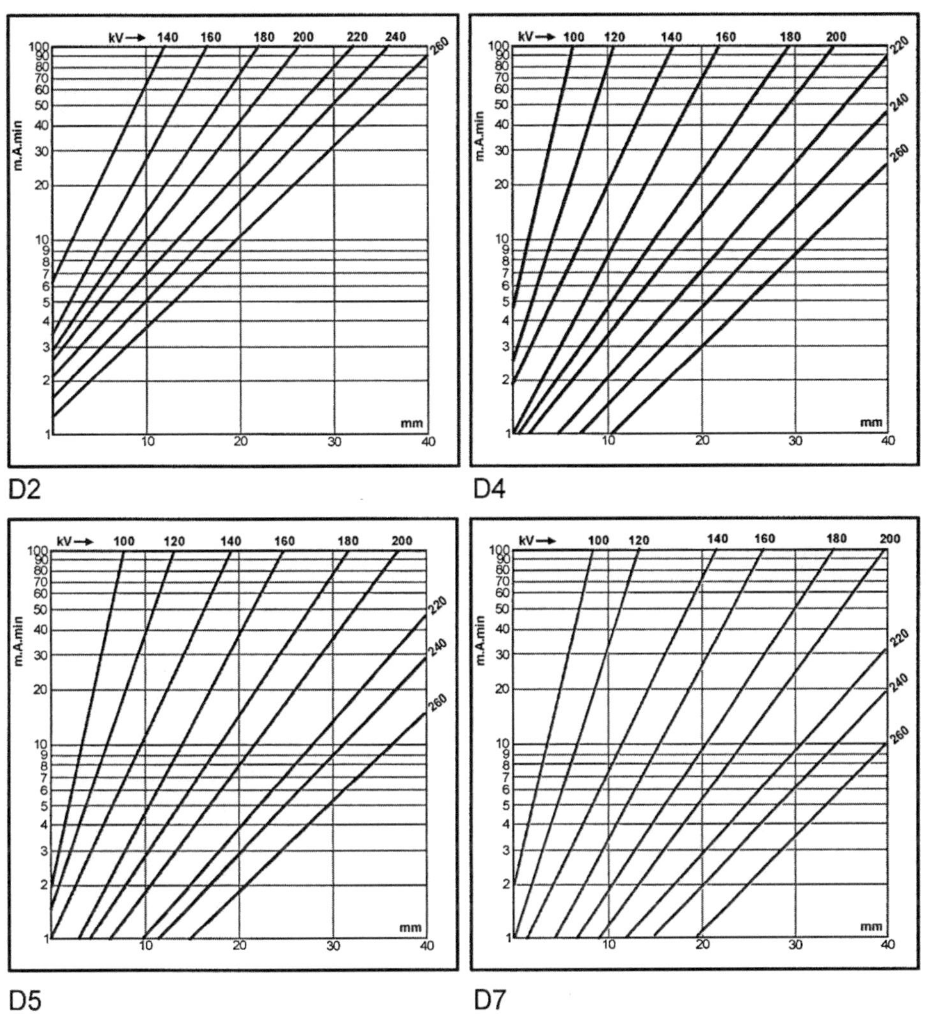

Abb. 7.8 Belichtungsdiagramme für verschiedene Filmsorten bei 260 kV (Strukturix) [7.2]

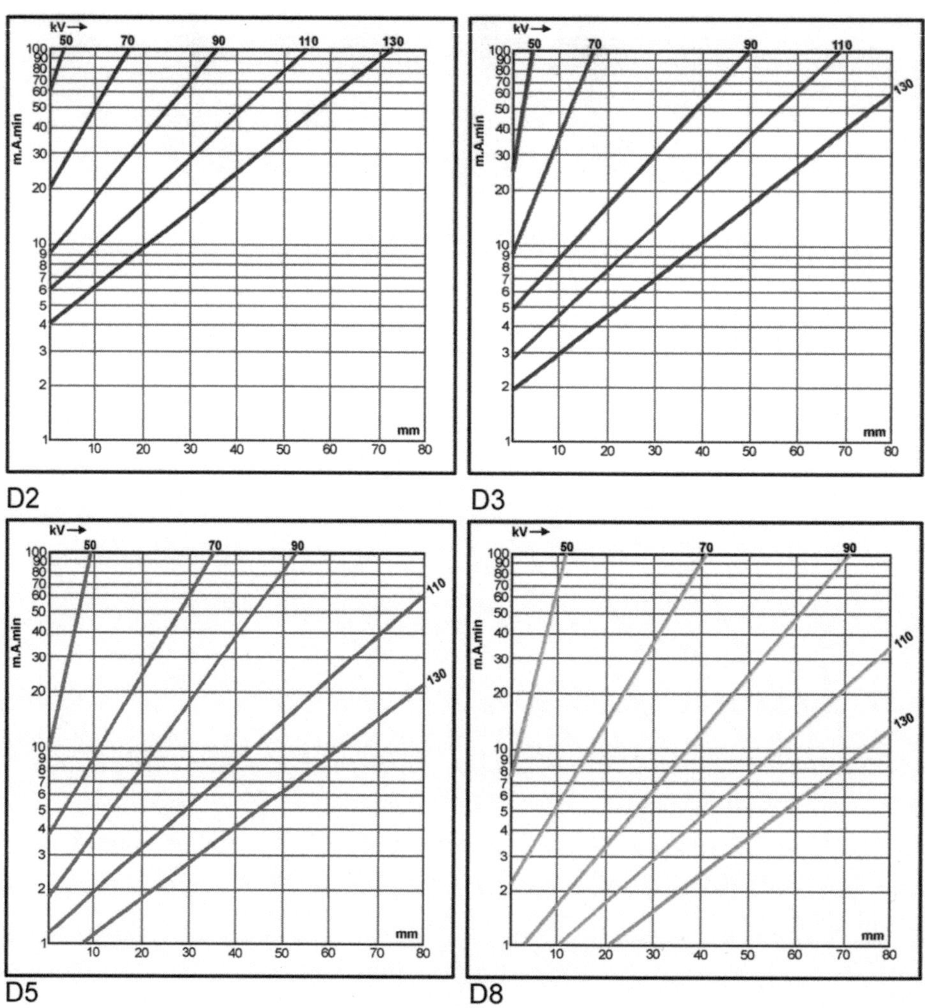

Abb. 7.9 Belichtungsdiagramme für verschiedene Filmsorten bei 130 kV (Strukturix) [7.2]

7.3 Belichtungsschieber

Belichtungsschieber dienen zur Vereinfachung der Berechnung der Belichtungszeit unter Berücksichtigung der erforderlichen Korrekturen hauptsächlich bei der Anwendung von Gammastrahlern. Den Umgang mit einem Belichtungsschieber demonstriert folgendes Beispiel, wobei zu berücksichtigen ist, dass die Aktivität in Curie und noch nicht in Bequerel angegeben wird.

Beispiel für Aufnahmeparameter:			
Strahlenquelle:	Ir 192	Aktivität:	25 Ci (925 GBq)
Wanddicke:	30 mm	$\varnothing_{\text{außen}}$:	600 mm
Schwärzung S:	2,5	Film:	D7
FFA:	300 mm		

Entsprechend Abb. 7.10 wird die Zunge des Belichtungsschiebers mit einer Aktivität von 25 Ci (925 GBq) über der zu durchstrahlenden Wanddicke w = 30 mm eingestellt. Daraus ergibt sich bei einem FFA = 300 mm eine Belichtungszeit von t_B = 4 min (siehe Pfeile).

Abb. 7.10 Beispiel für die Arbeit mit einem Belichtungsschieber [7.1]

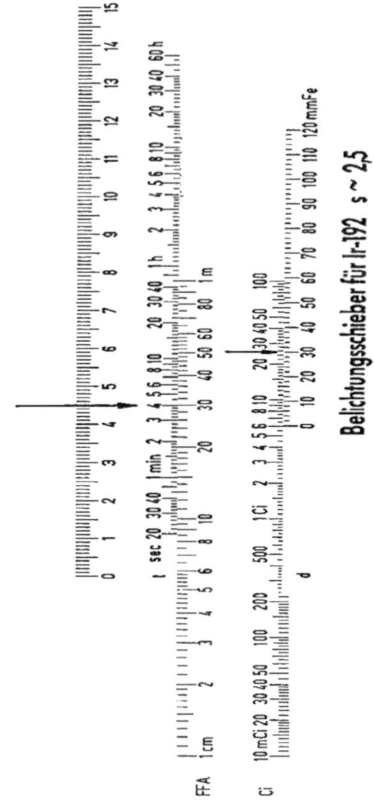

Literatur

[7.1] Schiebold, Skript RT 3 LVQ-WP Werkstoffprüfung GmbH;
[7.2] Agfa-Gevaert NV. Industrielle Radiografie 1990;

Unter dem Objektumfang versteht man den maximalen Wanddickenbereich, der im Rahmen einer Durchstrahlungsaufnahme innerhalb der zulässigen Schwärzung abzubilden ist. Der Objektumfang D wird gekennzeichnet durch das Verhältnis der Schwärzungen D_1 und D_2 hinter der kleinsten (w_1) und der größten Wanddicke (w_2) in Durchstrahlungsrichtung.

$$D = \frac{D_2}{D_1}.$$

Ein Objektumfang von D = 2 bedeutet, dass der Schwärzungsbereich zwischen D_1 und D_2 verdoppelt wird. Beispielsweise gilt das für die Schwärzungen

$$D_1 = 1,8 \text{ und } D_2 = 3,6.$$

Nach DIN EN 12681 kann der mögliche Objektumfang innerhalb eines bestimmten Schwärzungsbereiches nach Abb. 8.1 für verschiedene Röhrenspannungen und Gammastrahlenquellen abgeschätzt werden [8.1].

Die in Abb. 8.1 zusammengestellten Werte für den Objektumfang gelten näherungsweise für alle Filmtypen der Klassen G2 (auch C3 u. C4 bzw. D4 u. D5) und G3 (auch C5 u. D7) [8.3]. Abweichungen, die von den unterschiedlichen Schwärzungen (Gradationen) resultieren, sind gegenüber dem Energieeinfluss vernachlässigbar. Unter der Annahme, dass sich die Schwärzungen wie die Belichtungsgrößen verhalten, kann der Objektumfang auch aus einem Belichtungsdiagramm ermittelt werden (Abb. 8.2).

Insbesondere bei der Prüfung von Gussstücken sind größere Wanddickenunterschiede im zu durchstrahlenden Prüfbereich anzutreffen. Das kann dazu führen, dass diese Wanddicken innerhalb der in der Prüfklasse vorgegebenen Schwärzungsgrenzen nicht mehr auf einem Durchstrahlungsfilm abgebildet werden können, wenn nicht Maßnahmen ergriffen werden, um den Objektumfang zu steigern. Nachfolgend sollen einige Möglichkeiten zur Erweiterung des Objektumfanges nach DIN EN 12681 [8.1] dargestellt werden.

K. Schiebold, *Zerstörungsfreie Werkstoffprüfung – Durchstrahlungsprüfung,*
DOI 10.1007/978-3-662-44669-0_8, © Springer-Verlag Berlin Heidelberg 2015

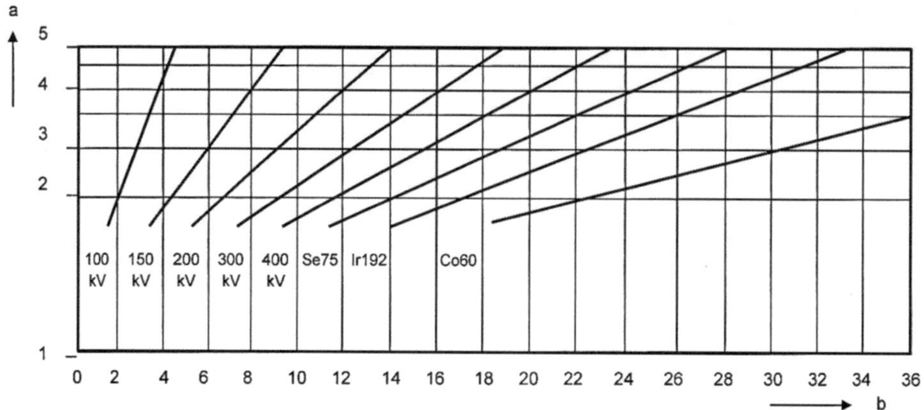

Abb. 8.1 Abschätzung des möglichen Objektumfangs unterschiedlicher Strahlungsenergien für Stahl nach DIN EN 12681 [8.1]. a = Optimaler Schwärzungsbereich D_{max}/D_{min}; b = Objektumfang in mm

- Mehrfilmtechnik,
- Kontrastminderung durch höhere Strahlungsenergie oder Aufhärtung,
- Dickenausgleich.

Im vorgenannten Beispiel mit $D_1 = B_1 = 1{,}8$ und $D_2 = B_2 = 3{,}6$ ergibt sich aus dem Belichtungsdiagramm bei den ermittelten Wanddicken

$$w_2 = 33 \text{ mm und } w_1 = 25 \text{ mm}$$

ein Objektumfang von

$$D = w_2 - w_1 = 33 - 25 = \textbf{8 mm}.$$

8.1 Mehrfilmtechnik

8.1.1 Prinzip und Verfahren der Mehrfilmtechnik

Das wichtigste Verfahren zur Erhöhung des Objektumfanges ist die Mehrfilmtechnik. Dabei werden zumeist zwei, teilweise aber auch mehrere Filme mit einer Aufnahme belichtet, wobei die Film-Folien-Kombination so gewählt wird, dass der unempfindlichere Film die kleineren Wanddicken im zulässigen Schwärzungsbereich abbildet. Deshalb richtet sich bei der Mehrfilmtechnik die Filmauswahl nach der Filmklasse, dem Schwärzungsbereich und dem Wanddicken-Objektumfang.

Der Schwärzungsbereich wird nach unten durch die in den Normen (z.B. DIN EN ISO 17636 [8.2] und DIN EN 12681 [8.1]) vorgegebenen Grenzwerte der Mindestschwärzung und nach oben durch die Leuchtdichte der Filmbetrachtungsgeräte festgelegt.

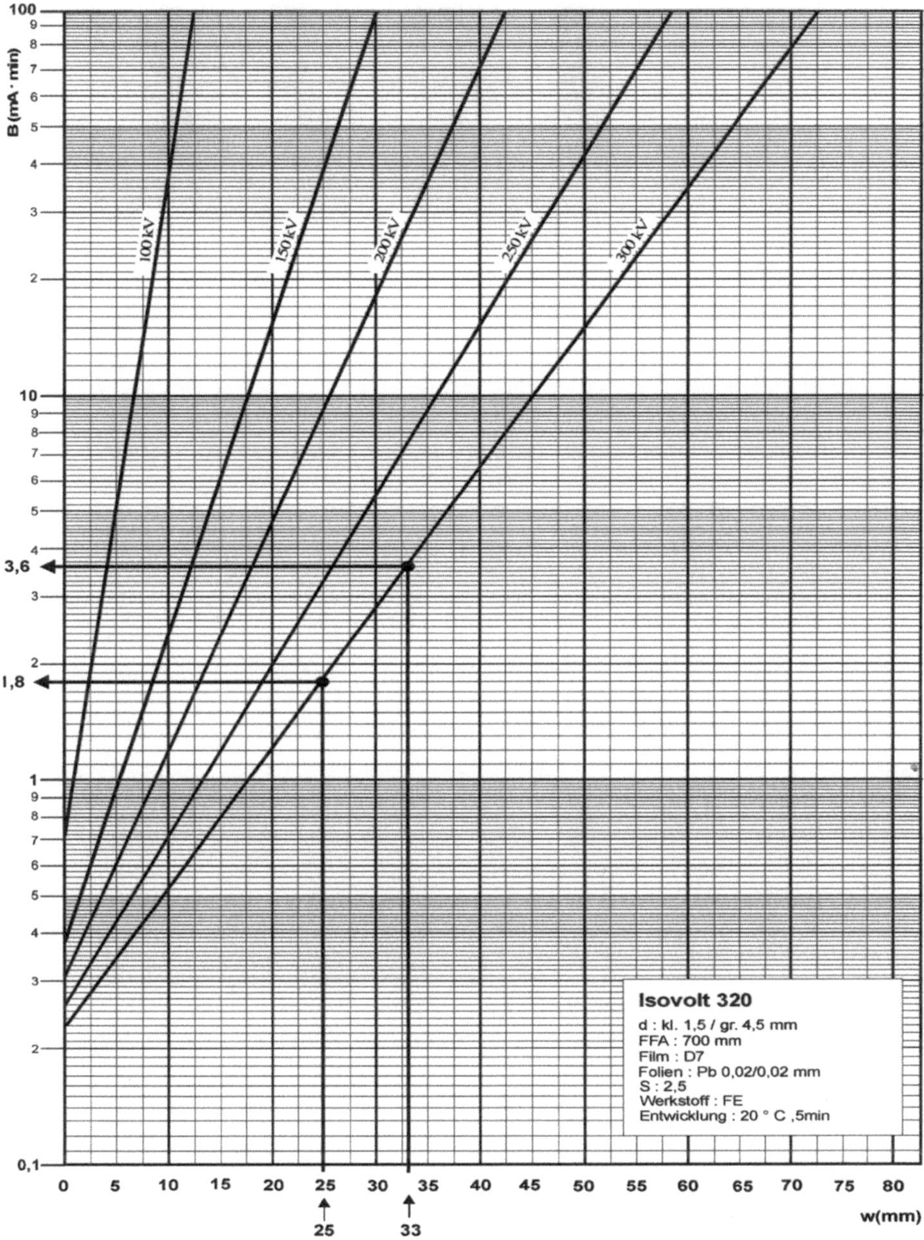

Abb. 8.2 Bestimmung des Objektumfanges aus dem Belichtungsdiagramm [8.3]

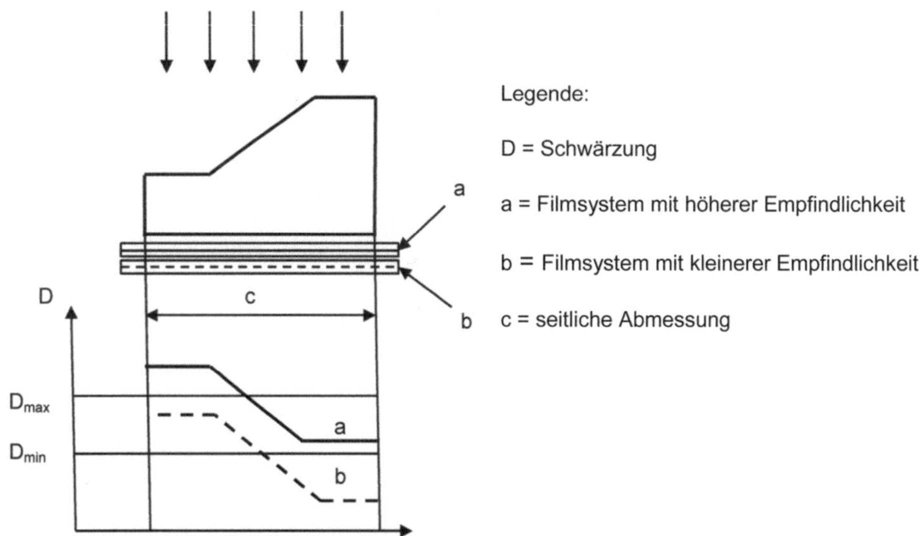

Abb. 8.3 Prinzip der Mehrfilmtechnik nach DIN EN 12681 [8.1]

Das Prinzip der Mehrfilmtechnik kennzeichnet Abb. 8.3.

Zwischen den Filmen muss jeweils eine Aufnahmefolie vorhanden sein. Bei papierkaschierten Bleifolien müssen zwei Folien verwendet werden, wobei die Metallschicht jeweils auf der Filmseite liegen muss. Filme sowie Vorder- und Hinterfolien müssen entsprechend den Tabellen 2 und 3 der DIN EN ISO 5579 [8.4] ausgewählt werden.

Filmbereiche mit geringer Schwärzung müssen während der Betrachtung abgedeckt werden (Masken), um Blendung zu vermeiden. Um ein genaues Übereinanderlegen der Filme bei den Mehrfilmtechniken zu ermöglichen, müssen Justiermarken (mindestens zwei) mit aufbelichtet werden. Die geometrischen Charakteristika des Gussstückes und ihres Abbildes auf dem Film müssen übereinstimmen. Die Schwärzung eines einzelnen Filmes darf nicht geringer als 1,3 sein, wenn Doppelfilmbetrachtungen angewendet werden.

8.1.2 Mehrfilmtechnikaufnahmen

Bei der Anfertigung einer Mehrfilmtechnikaufnahme wird eine mittlere Wanddicke zur Bestimmung der Grenzenergie eingesetzt, die sich aus den Grenzwerten des Wanddickenbereiches ergibt. Hat der Prüfgegenstand einen Wanddickenbereich von $w_1 = 10$ bis $w_2 = 24$ mm, so beträgt die mittlere Wanddicke

$$w_m = \frac{10 + 24}{2} = 17 \text{ mm}.$$

Daraus ergibt sich nach Abb. 8.4 eine Grenzenergie von ca. 250 keV. Die Schwärzung kann nach Spezifikation in Prüfklasse A auf 1,5 verringert werden und mit dem Betrachtungsgerät können Schwärzungen von 3,5 noch ausgewertet werden.

$$1{,}5 \leq D \leq 3{,}5.$$

Jetzt können die den Grenzwanddicken entsprechenden Belichtungsgrößen aus dem Belichtungsdiagramm (Abb. 8.4) entnommen werden. Für eine Grenzenergie von 250 keV ergeben sich für die Grenzwanddicken $w_1 = 10$ und $w_2 = 24$ mm die Belichtungsgrößen $B_1 = 0{,}7$ mAmin und $B_2 = 3{,}0$ mAmin. Dieses Belichtungsverhältnis

$$B = \frac{B_2}{B_1} = \frac{3{,}0}{0{,}7} = \mathbf{4{,}3}$$

muss bei Anwendung der Mehrfilmtechnik durch zwei oder mehrere Filme erfaßt werden. Rechnerisch können die Belichtungsgrößengrenzwerte für die einzelnen Filme wie folgt angegeben werden:

Film 1: Anfangsbelichtungsgröße $= 3{,}0$

$$\text{Endbelichtung }_{\text{Film 1}} = \text{Anfangsbelichtung }_{\text{Film 1}} \times \frac{D_{min}}{D_{max}} = 3{,}0 \times \frac{1{,}5}{3{,}5} = \mathbf{1{,}3}.$$

Man erkennt, dass Film 1 den Bereich der Belichtungsgrößen zwischen 1,3 und 0,7 nicht abdeckt und folglich muss ein weiterer Film 2 eingesetzt werden, der unempfindlicher als Film 1 ist, d.h. einen größeren Filmfaktor besitzt. Die Anfangsbelichtungsgröße von Film 2 muss die Bedingung erfüllen, dass die Mindestschwärzung $D = 1{,}5$ erreicht und der Film somit auswertbar wird.

Die Korrektur der Anfangsbelichtungsgröße erfolgt nach der Beziehung

$$\text{Anfangsbelichtungsgröße }_{\text{Film 2}} = \text{Endbelichtungsgröße }_{\text{Film 1}} \times \frac{\text{Filmfaktor }_{\text{Film 1}}}{\text{Filmfaktor }_{\text{Film 2}}}$$

$$\text{Anfangsbelichtungsgröße }_{\text{Film 2}} = 3{,}0 \times \frac{1{,}6}{2{,}6} = \mathbf{1{,}8}.$$

Die relativen Belichtungsfaktoren sind Tabelle 5.2 entnommen. Die Endbelichtungsgröße für Film 2 kann wiederum berechnet werden.

Film 2: Anfangsbelichtungsgröße $(A_G) = \mathbf{1{,}8}$

$$\text{Endbelichtungsgröße }_{\text{Film 2}} = A_{G\ \text{Film 2}} \times \frac{S_{min}}{S_{max}} = 1{,}8 \times \frac{1{,}5}{3{,}5} \approx \mathbf{0{,}7}.$$

Somit kann der gesamte Belichtungsgrößenbereich mit zwei Filmen (Abb. 8.5) abgedeckt werden.

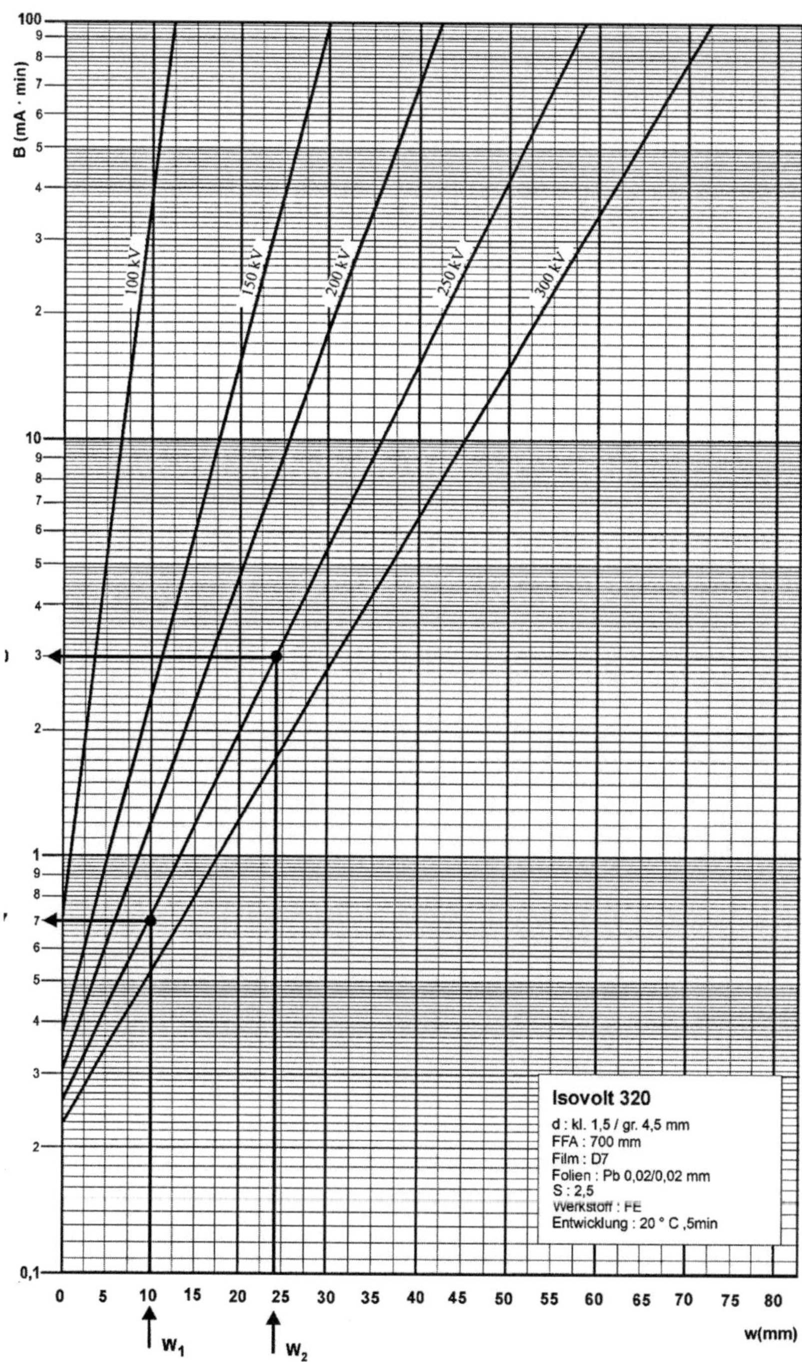

Abb. 8.4 Belichtungsdiagramm zur Ermittlung der Belichtungsgrößen über den Grenzwanddicken [8.1]

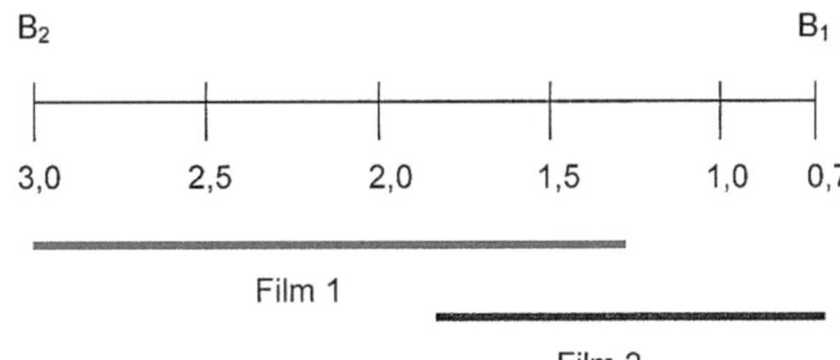

Abb. 8.5 Mehrfilmtechnik mit zwei überlappenden Filmen

Schließlich muss die Belichtungszeit so gewählt werden, dass Film 1 bei der Wanddicke 24 mm auf Schwärzung 1,5 und Film 2 bei Wanddicke 10 mm auf die maximale Schwärzung 3,5 kommen.

8.2 Kontrastminderung durch höhere Strahlungsenergie oder Aufhärtung

Eine Erhöhung der Grenzenergie darf nach DIN EN ISO 17636 [8.2] für solche Anwendungen vorgenommen werden, wo Wanddickenänderungen im durchstrahlten Bereich auftreten. Für Stahl darf die Erhöhung nicht mehr als 50 keV, für Titan nicht mehr als 40 keV und für Aluminium nicht mehr als 30 keV betragen. Bei Röntgenstrahlung bis max. 1000 keV ist die zulässige Röhrenspannung nach DIN EN ISO 5579 Abb. 1 angegeben [8.4]. Zur Steigerung des Objektumfanges können Röntgenstrahler auch durch einen Gammastrahler ersetzt werden.

Die Anforderungen an die Bildgüte nach DIN EN ISO 19232-3 [8.5] oder DIN EN ISO 19232-4 [8.6] müssen eingehalten werden.

Generell muss jedoch bemerkt werden, dass die Erhöhung der Grenzenergie, z.B. durch Erhöhung der Spannung einer Röntgenanlage, nachteilig für die Fehlerauffindbarkeit ist, da eine Kontrasterniedrigung eintritt.

Nach DIN EN 12681 [8.1] ist eine Kontrastminderung durch Aufhärtung nur in der Klasse A zulässig. Durch diese Maßnahme wird der Objektumfang nur in geringem Maße vergrößert, der Kontrast einer Aufnahme wird jedoch schlechter, auch wenn die Grenzenergie nicht überschritten ist, sondern nur zu höheren Werten verlagert wird. Abb. 8.6 zeigt die Vorfilterung am Beispiel der Durchstrahlung einer Armatur.

Abb. 8.6 Aufhärtung durch
Vorfilterung am Beispiel der
Durchstrahlung einer Armatur
[8.3]

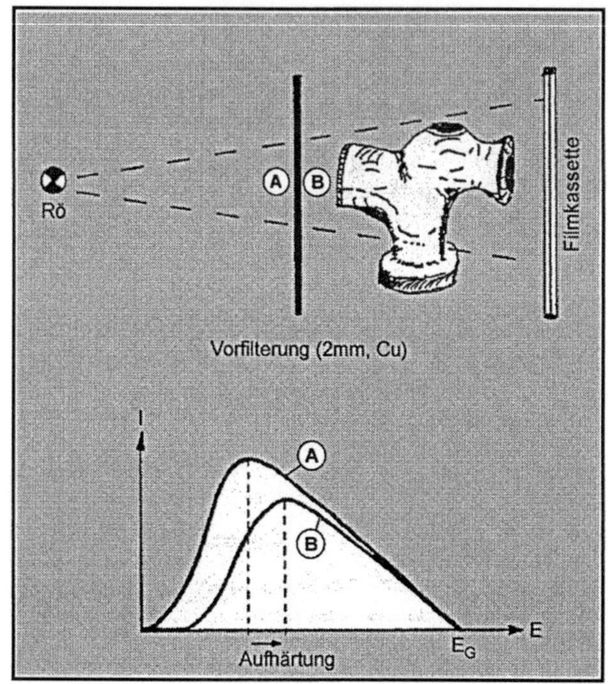

8.3 Wanddickenausgleich

Der Objektumfang kann nach DIN EN 12681 [8.1] in Klasse A auch erhöht werden, wenn
die zu durchstrahlenden Wanddicken künstlich auf einen ohne Kontrastverlust durchstrahlbaren Wanddickenbereich reduziert werden. Dies geschieht dadurch, dass der kleinere Wanddickenbereich, der auf dem Film im höheren Schwärzungsbereich abgebildet
wird, durch zusätzliche die Wanddicke ausgleichende Materialien verstärkt wird. Das Aus-
gleichsmaterial soll frei von Fehlern und Grobstrukturen sein, da die Fehler sonst von Fehlern im Prüfgegenstand nicht getrennt werden und grobes Gefüge zur Nichtprüfbarkeit
führen könnte.

Ein Wanddickenausgleich ist jedoch dann nicht zulässig, wenn die Bildqualität durch
Randüberstrahlungen beeinträchtigt wird. Andererseits kann ein Wanddickenausgleich in
Einstrahlrichtung teilweise auch dadurch herbeigeführt werden, indem eine bessere Einstrahlrichtung gewählt wird. Diese Maßnahme sollte jedoch nur ergriffen werden, wenn
durch eine andere Einstrahlrichtung die zu erwartenden Fehlerarten auch nachgewiesen
werden können.

Literatur

[8.1] DIN EN 12681, Gießereiwesen – Durchstrahlungsprüfung, Juni 2003;

[8.2] DIN EN ISO 17636-1, ZfP von Schweißverbindungen – Durchstrahlungsprüfung, Mai 2013;

[8.3] Schiebold, Skript RT 3 LVQ-WP Werkstoffprüfung GmbH;

[8.4] DIN EN ISO 5579, ZfP, Durchstrahlungsprüfung von metallischen Werkstoffen mit Film und Röntgen- und Gammastrahlen, April 2014;

[8.5] DIN EN ISO 19232-3, ZfP, Bildgüte von Durchstrahlungsaufnahmen, Bildgüteklassen für Eisenwerkstoffe, Febr. 2014;

[8.6] DIN EN ISO 19232-4, ZfP, Bildgüte von Durchstrahlungsaufnahmen, Experimentelle Ermittlung von Bildgütezahlen und Bildgütetabellen, Dez. 2013;

9.1 Geometrische Unschärfe

Die Einhaltung einer möglichst kleinen geometrischen Unschärfe der Durchstrahlungsaufnahme als wichtige Bedingung für die Erkennbarkeit kleiner Objektdetails wurde im
Abschnitt 6.1 behandelt.

Die geometrische Unschärfe entsteht aufgrund der Prinzipien der geometrischen Schat-
tenbildung an einem Objektdetail. Eine Ursache der geometrischen Unschärfe hängt mit
der Größe der Strahlenquelle zusammen. Die Strahlenquelle ist nicht punktförmig, sondern hat eine kleine Fläche von einigen mm und kann daher keinen scharfen Schatten wer-
fen. Die unscharfen Begrenzungen der Abbildung eines Objektdetails werden daher auch
als „Halbschatten" bezeichnet (Abb. 9.1).

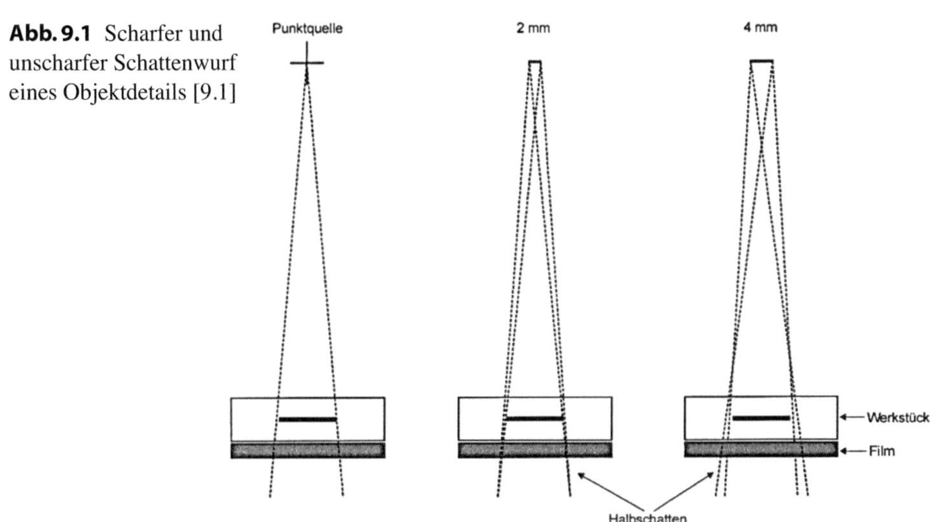

Abb. 9.1 Scharfer und unscharfer Schattenwurf eines Objektdetails [9.1]

K. Schiebold, *Zerstörungsfreie Werkstoffprüfung – Durchstrahlungsprüfung,*
DOI 10.1007/978-3-662-44669-0_9, © Springer-Verlag Berlin Heidelberg 2015

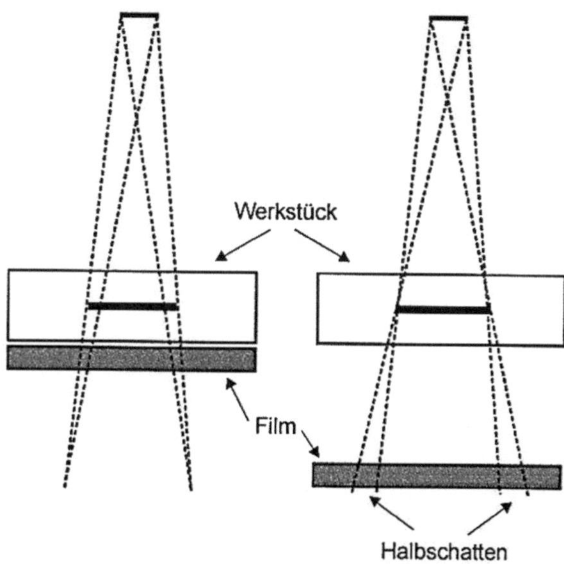

Abb. 9.2 Einfluss des Abstandes Strahlenquelle – Werkstückoberfläche [9.1]

Der Halbschatten kann nicht völlig beseitigt werden, weil es keine punktförmigen Strahlenquellen gibt. Die Ausdehnung des Halbschattens kann aber verringert werden, wenn der Abstand Strahler – Werkstückoberfläche f vergrößert wird (Abb. 9.2). Auch kann der Halbschatten reduziert werden, indem der Film so nahe wie möglich an die Werkstückoberfläche gebracht, d.h. der Abstand zwischen strahlerseitiger Werkstückoberfläche und Film so klein wie möglich gehalten wird (Abb. 9.3). Optimale geometrische Schärfe wird also erreicht, wenn:

1. die Stahlenquelle klein ist (d),
2. der Abstand Strahlenquelle – Werkstückoberfläche (f) relativ groß ist,
3. der Abstand strahlerseitige Werkstückoberfläche – Film (b) klein ist.

Die Zusammenhänge werden durch die nachstehende Formel beschrieben:

$$U_g = \frac{d \times b}{f}.$$

Liegt der Film eng an einem Werkstück gleichmäßiger Dicke s an, so ist b = s und

$$U_g = \frac{d \times s}{f}.$$

Beispiel 1:
Berechnen Sie die geometrische Unschärfe einer Durchstrahlungsaufnahme an einem Werkstück mit s = 10 mm, das mit einer Röhre mit einem Brennfleck der Abmessungen 2 × 2 mm im Abstand von 200 mm durchstrahlt wird.

Abb. 9.3 Einfluss des Film-
Objekt-Abstandes auf die geometrische Unschärfe [9.1]

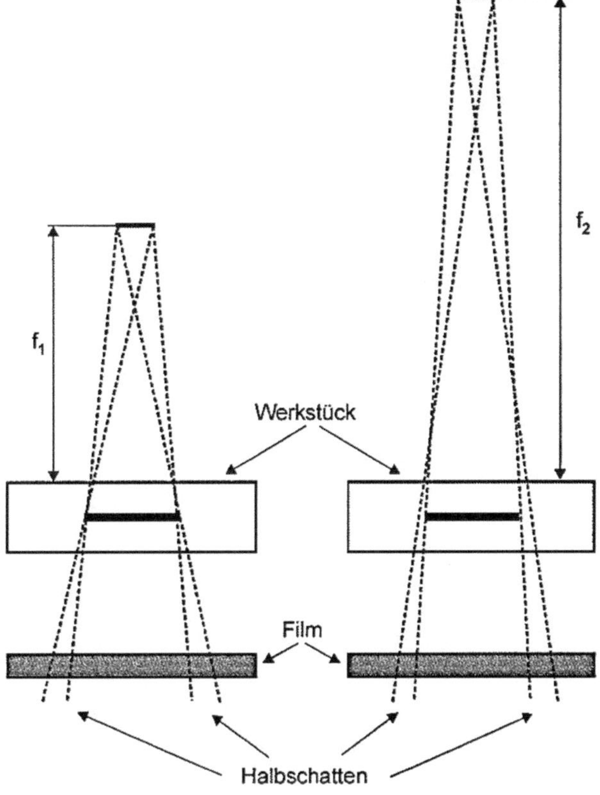

Lösung:

$$U_g = \frac{d \times s}{f} = \frac{2 \times 10}{200} = \textbf{0.10 mm}.$$

Beispiel 2:

Aus welcher Entfernung müssen Sie strahlen, wenn die geometrische Unschärfe auf
0,03 mm vermindert werden soll?

Lösung:

$$f = \frac{d \times s}{U_g} = \frac{2 \times 10}{0.03} = \textbf{700 mm}.$$

9.2 Film-Fokus-Abstand, f_{min}

Die Einhaltung einer möglichst kleinen Unschärfe einer Durchstrahlungsaufnahme ist eine wichtige Bedingung für die Erkennbarkeit kleiner Objektdetails. Die innere Unschärfe ist eine Größe, die nicht ganz zu beseitigen ist. Die geometrische Unschärfe soll so klein wie möglich gehalten werden, was erreicht wird, wenn man einen sehr kleinen Brennfleck und einen möglichst großen Abstand Strahlenquelle-Werkstückoberfläche herstellt. Letzteres ist jedoch wegen der hohen Strahlzeiten und aus Strahlenschutzgründen nicht ratsam. Es ist auch nicht notwendig, da innere Unschärfe sowieso im Film vorhanden ist.

Berthold [9.12] hat daher die Theorie entwickelt, dass die geometrischen Bedingungen, d.h. genügend großer Abstand, nur so gut sein müssen, dass die geometrische Unschärfe den Wert der inneren nicht übersteigt. Der minimale Abstand bestimmt sich daher aus der Bedingung:

$$U_g = U_i \text{ oder}$$

$$f_{min} = \frac{d \times s}{U_i}.$$

Mit dieser Formel und einem Messwert für U_i lässt sich daher rein theoretisch ein solcher Mindestabstand errechnen.

Beispiel 3:
Es soll ein Blech von 15 mm Dicke mit einer Röhre (d = 4 mm) durchstrahlt werden, die mit 160 kV arbeitet.

Lösung:
U_i ist für 160 kV bei optimalem Film-Folien-Kontakt 0,13 mm (Tabelle 5.2).

$$f\,min = \frac{4 \times 15}{0.13} = \textbf{462 mm.}$$

Schlussfolgerung:
Bei strenger Anwendung der Bertholdschen Regel [9.12] müsste die Strahlenquelle minimal 462 mm von der Werkstückoberfläche entfernt sein.

Im ASME-Code sind bei bestimmten Wanddickenbereichen feste höchstzulässige Werte für die geometrische Unschärfe vorgegeben. Diese Werte sind nicht einfach zur Berechnung eines Mindestabstandes gedacht, sondern nach Wahl einer Aufnahmeanordnung zur Überprüfung der zu erwartenden Aufnahmeunschärfe. Aus dem gewählten Abstand soll über

$$U_g = \frac{d \times s}{f}$$

Tab. 9.1 Maximale geometrische Unschärfe [9.2]

Materialdicke in mm	Maximale U$_g$ in mm
unter 50	0,510
von 50 bis 75	0,760
von 75 bis 100	1,020
über 100	1,780

Schlussfolgerung: 0,18 mm ist kleiner als 0,510 mm, also zulässig!

die geometrische Unschärfe berechnet werden. Diese sollte die in Tabelle 9.1 aufgeführten Werte nicht übersteigen:

Diese Bedingung muss aber nur dann streng eingehalten werden, wenn für Nuklearaufträge gefertigt wird. Section III stellt diese Forderung, Section V lässt eine größere Unschärfe zu, wenn eine ausreichende Empfindlichkeit der radiografischen Aufnahme mittels Penetrameter nachgewiesen wird. Wichtig für die Berechnung der geometrischen Unschärfe sind Forderungen, die der ASME-Code hinsichtlich des zu verwendeten Wertes der Brennfleckgröße macht [9.2]:

1. Die Abmessungen der Strahlenquelle können bei Isotopen und Röntgenröhren mit mehr als 320 KV aus Herstellerangaben entnommen werden. Bei Röhren, die mit 320 KV oder weniger betrieben werden sollten, muss die Brennfleckgröße vom Anwender mit einer Brennfleckaufnahme, z.B. nach dem Lochkammerprinzip, bestimmt werden.
2. Als Brennfleckgröße ist die größte Abmessung, die sich auf o.g. Weise ergibt, in die U$_g$-Formel einzusetzen.

Beispiel 4:
Ein Blech (s = 25 mm) soll nach ASME-Code, Sect. V mit einem Isotop (2 × 3 mm Brennfleck) durchstrahlt werden. Ist ein Abstand f = 420 mm ausreichend?

Lösung:

$$U_g = \frac{d \times s}{f} = \frac{3 \times 25}{420} \sim= \mathbf{0.18 \; mm.}$$

In DIN EN ISO 17636-1 [9.3] wird eine geometrische Unschärfe im vorgenannten Sinn nicht definiert. Es werden zwei Prüfklassen genannt. Klasse A für die allgemeine Prüftechnik und Klasse B für prüftechnisch höhere Empfindlichkeit. Beim Brennfleck wird vom optisch wirksamen Brennfleck ausgegangen und bei Brennfleckformen, die vom Kreis oder Quadrat abweichen, die mittlere Größe verwendet. ASME benutzt die größere Abmessung für den Brennfleck. Das Verhältnis Abstand (f) zum optisch wirksamen

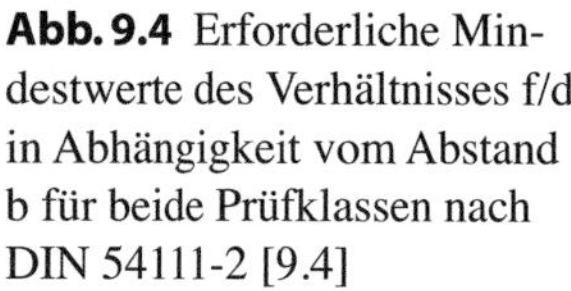

Abb. 9.4 Erforderliche Mindestwerte des Verhältnisses f/d in Abhängigkeit vom Abstand b für beide Prüfklassen nach DIN 54111-2 [9.4]

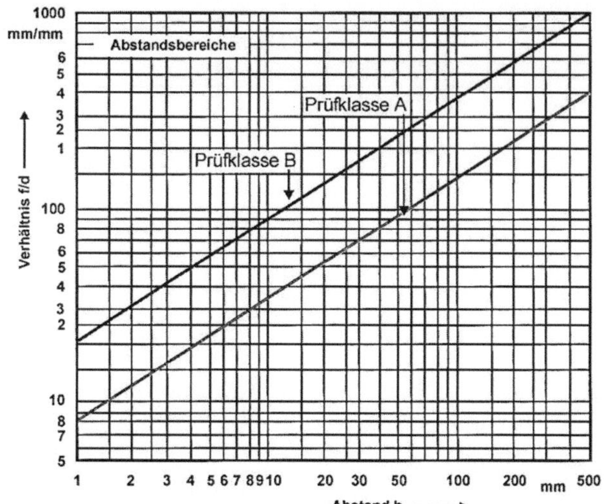

Brennfleck (d) wird limitiert für die beiden Prüfklassen [9.3]. Eine funktionelle Abhängigkeit von (b) (Abstand filmfernster Punkt zum Film) zeigt Abb. 9.4.

Praktikabel ist ebenfalls die Darstellung der Zusammenhänge in einem Leiterdiagramm gemäß Abb. 9.5 und die Mindestabstände lassen sich auch mit Hilfe eines Taschenrechners aus den folgenden Beziehungen berechnen, wobei b in mm angegeben wird.

Prüfklasse A: $f_{min}/d \geq 7{,}5 \times b^{2/3}$,
Prüfklasse B: $f_{min}/d \geq 15 \times b^{2/3}$.

Beispiel 5: Blech 15 mm Dicke, Röntgenröhre d = 4 × 4 mm

Prüfklasse A: $f_{min} = 4 \cdot 7{,}5 \cdot b^{2/3} = 179{,}2$ mm,
Prüfklasse B: $f_{min} = 4 \cdot 15 \cdot b^{2/3} = 358{,}4$ mm.

Erst wenn die Aufnahmeanordnung bestimmt ist, können die notwendigen Strahlenquellen, auszuwählenden Filme, zu erreichenden Bildgüten und Belichtungsgrößen festgelegt werden. Entscheidend für die Festlegung aller Aufnahmeparameter ist die Wahl der Aufnahmeanordnung. Sie richtet sich nach der

- Art des Prüfgegenstandes (z.B. Stutzen, Rundnaht),
- Zugänglichkeit des Prüfgegenstandes,
- Einhaltung eines minimalen Abstandes für die Schärfe der Aufnahme.

Erst wenn die Aufnahmeanordnung bestimmt ist, können die Parameter Strahlenquelle, Filme, Bildgüte und Belichtungsgröße festgelegt werden.

Abb. 9.5 Leiterdiagramm f_{min} für Prüfklasse A und B [9.4]

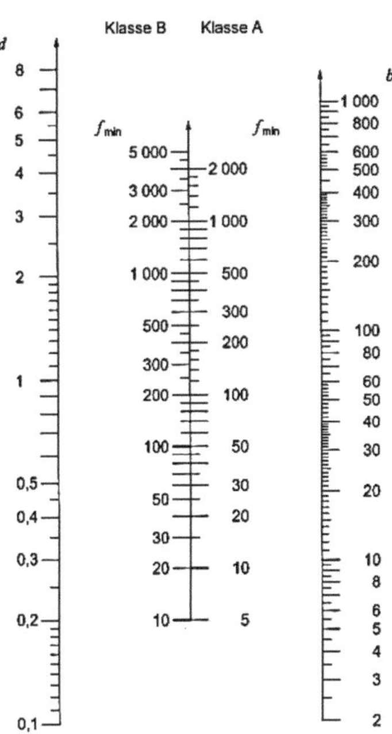

9.3 Aufnahmeanordnungen

9.3.1 Aufnahmeanordnungen nach DIN EN ISO 17636-1 und -2

Die Aufnahmeanordnung besteht aus der geometrischen Anordnung von Strahlenquelle, Prüfgegenstand und Film-/Folien-Kombination. Es ist zwischen den nachstehenden Aufnahmeanordnungen je nach Größe und Gestalt des Prüfgegenstandes, des Prüfbereiches, der Zugänglichkeit und der zu erwartenden Fehlerlage zu wählen (Abbildungen 9.7 bis 9.24 [9.3]). Dabei sind einwandige Aufnahmen (z.B. Zentralaufnahmen) den doppelwandigen insbesondere mit Doppelwandbetrachtung vorzuziehen. Die Strahlen sollen die Schweißnaht und die Bildschicht in der Mitte des zu prüfenden Werkstückausschnittes möglichst senkrecht durchdringen. Ellipsen- und Durchschussaufnahmen sind nur bei einem Außendurchmesser von $D_A \leq 90$ mm und bei Nahtbreiten $\leq D_A/4$ sinnvoll, wobei die Nennwanddicke 8 mm nicht überschritten werden soll.

Zu bemerken ist noch, dass die Aufnahmeanordnungen für die analogen Filmaufnahmen nach DIN EN ISO 17636-1 [9.3] im Prinzip analog sind zu den Aufnahmeanordnungen nach DIN EN ISO 17636-2 [9.5] für die digitalen Durchstrahlungsbilder und sich nur in der Bezeichnung des Filmes (F) und des Detektors (D) unterscheiden (Abb. 9.6).

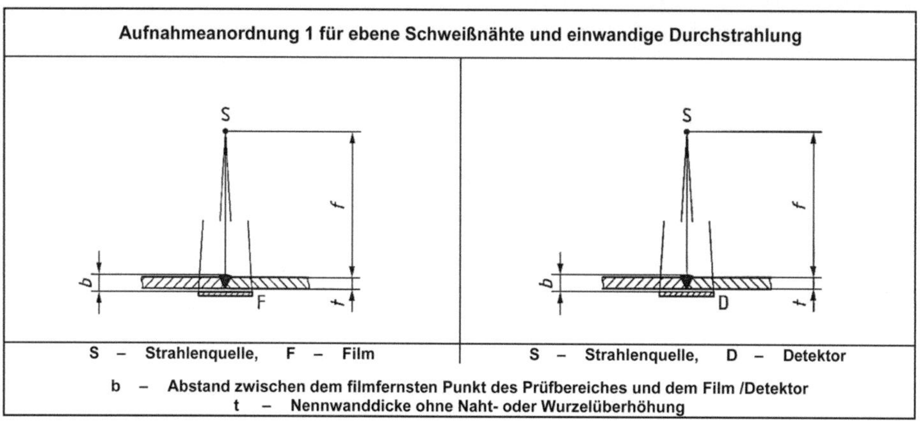

Abb. 9.6 Aufnahmeanordnung 1 nach DIN EN ISO 17636-1 (links) und -2 (rechts)

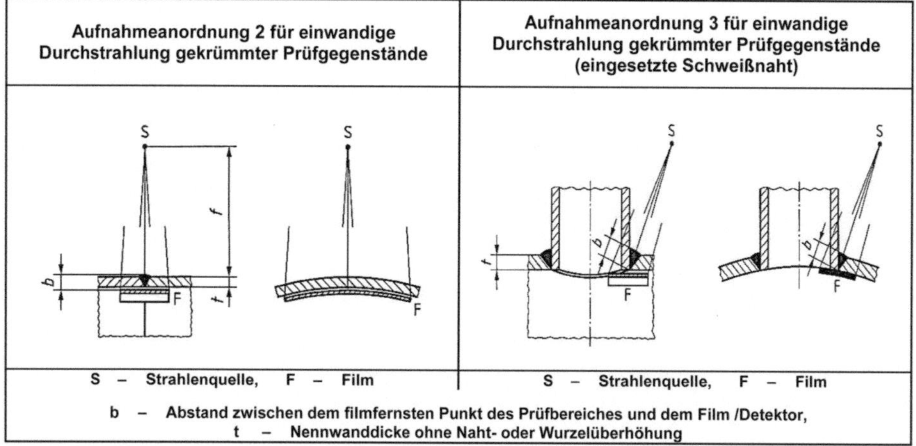

Abb. 9.7 Aufnahmeanordnung 2   **Abb. 9.8** Aufnahmeanordnung 3

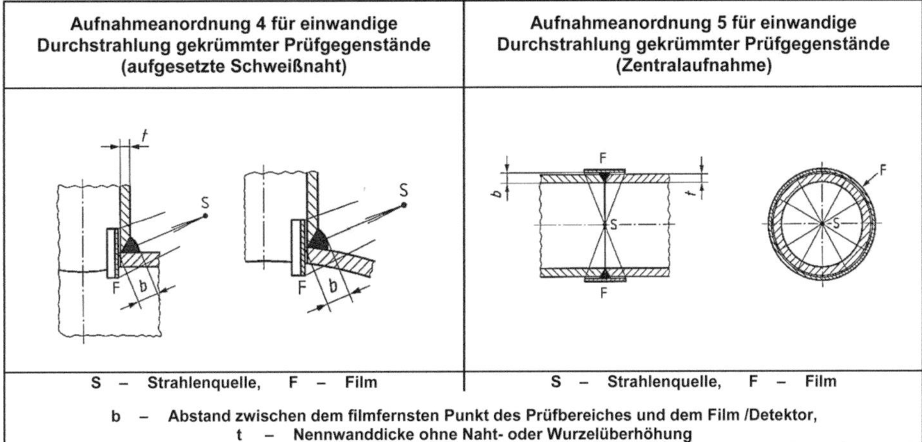

Abb. 9.9 Aufnahmeanordnung 4   **Abb. 9.10** Aufnahmeanordnung 5

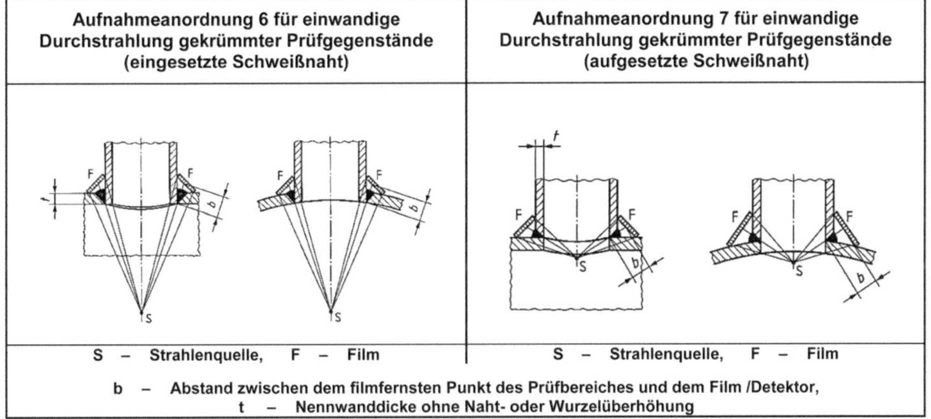

Abb. 9.11 Aufnahmeanordnung 6   **Abb. 9.12** Aufnahmeanordnung 7

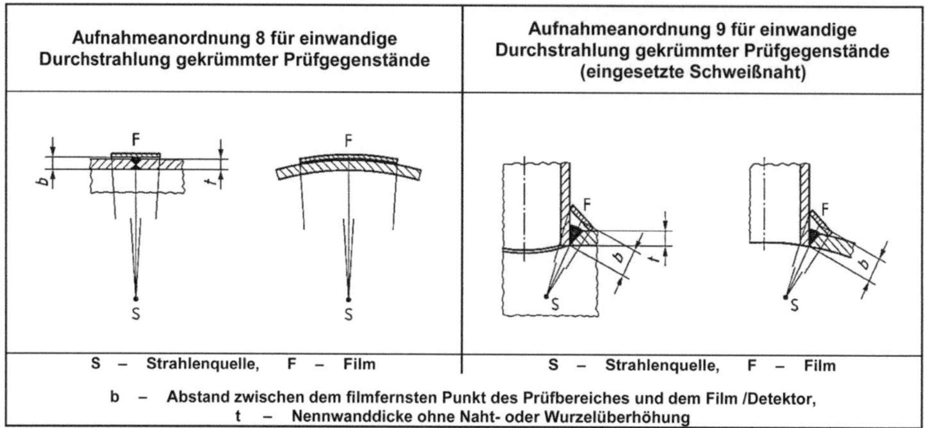

Abb. 9.13 Aufnahmeanordnung 8   **Abb. 9.14** Aufnahmeanordnung 9

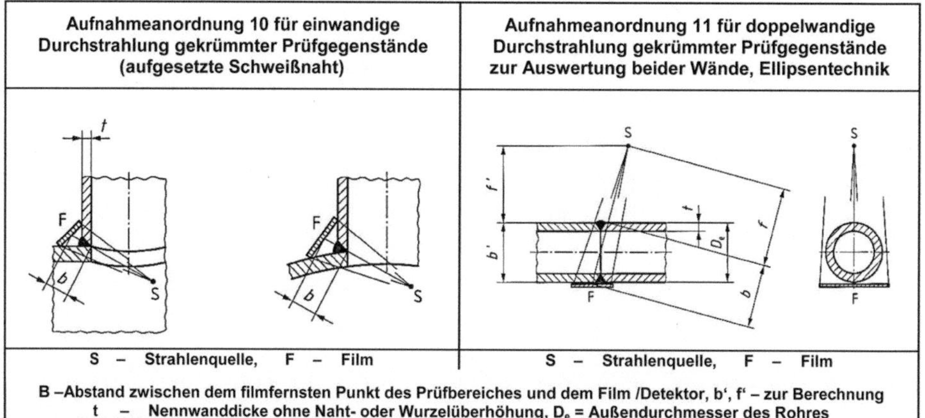

Abb. 9.15 Aufnahmeanordnung 10   **Abb. 9.16** Aufnahmeanordnung 11

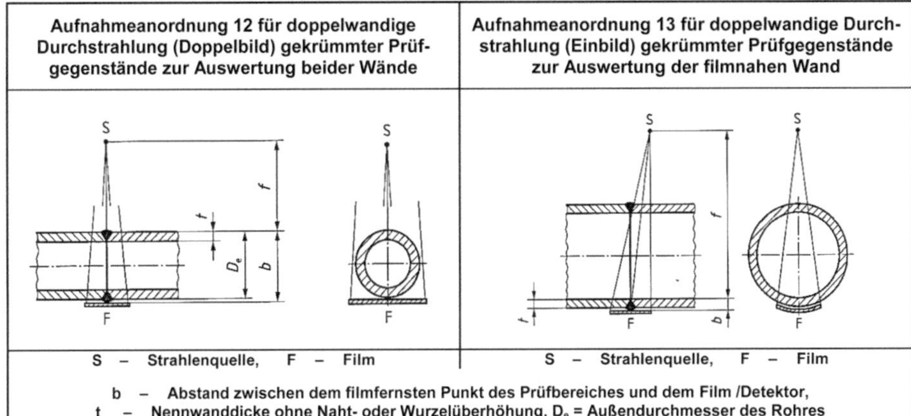

Abb. 9.17 Aufnahmeanordnung 12   **Abb. 9.18** Aufnahmeanordnung 13

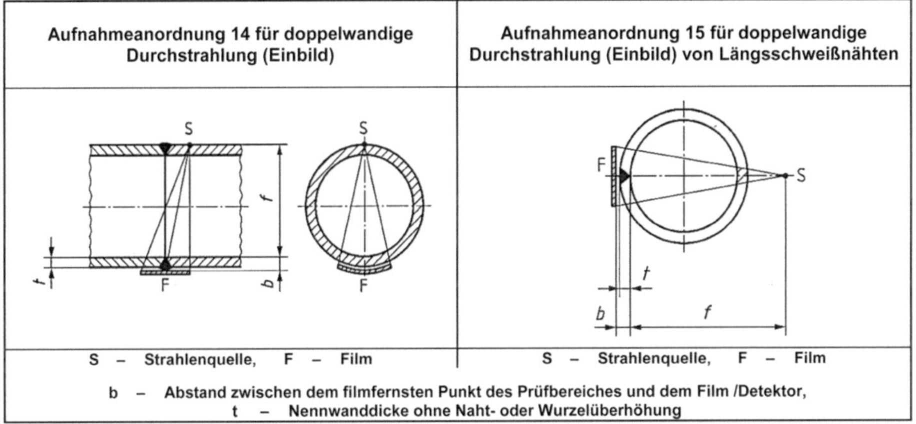

Abb. 9.19 Aufnahmeanordnung 14   **Abb. 9.20** Aufnahmeanordnung 15

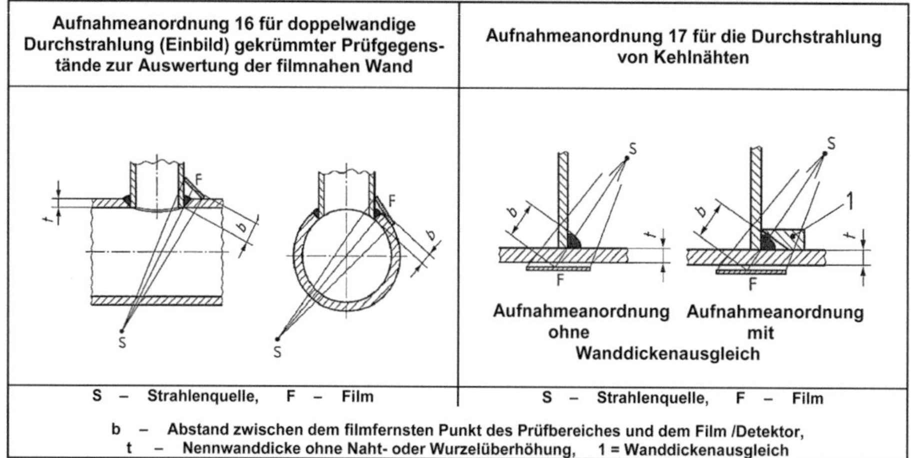

Abb. 9.21 Aufnahmeanordnung 16　　　　　**Abb. 9.22** Aufnahmeanordnung 17

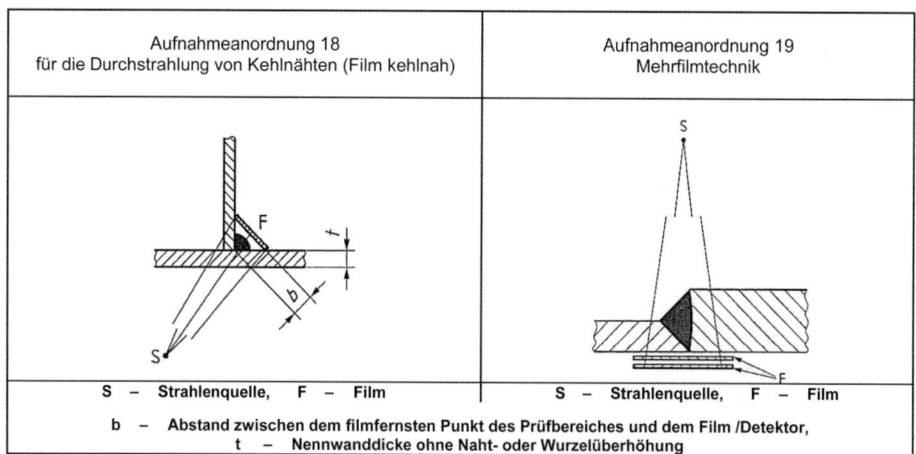

Abb. 9.23 Aufnahmeanordnung 18　　　　　**Abb. 9.24** Aufnahmeanordnung 19

9.3.2 Aufnahmeanordnungen nach DIN EN 12681

Für die nachfolgenden Aufnahmeanordnungen (Abb. 9.25 bis 9.36) gelten die folgenden Symbole:

Q = Strahlenquelle,
t = Nennwanddicke des Werkstücks im Prüfbereich,
b = Abstand zwischen der Strahlerseite des Prüflings und dem Film,
B = Bildschicht als Film oder Detektor,
f = Abstand zwischen der Strahlenquelle und der Strahlerseite des Prüflings in Richtung des Zentralstrahls,
w = Dicke des Werkstücks in Strahlrichtung (Nennwanddicke o. Istwanddicke).

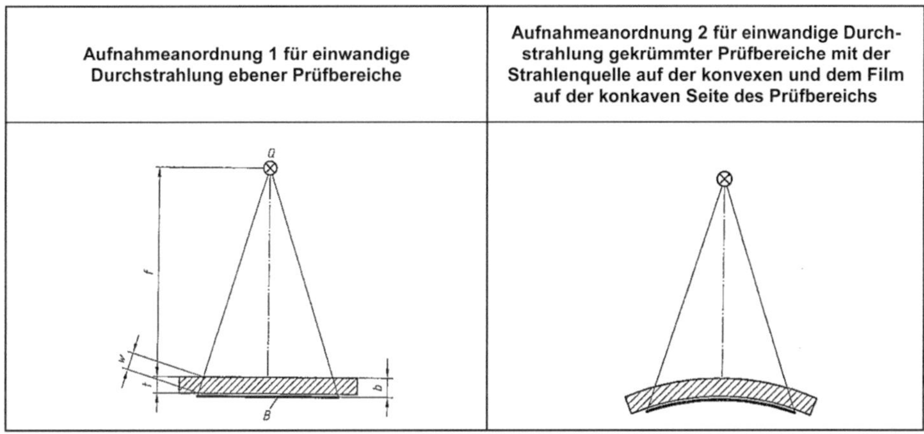

Abb. 9.25 Aufnahmeanordnung 1   **Abb. 9.26** Aufnahmeanordnung 2

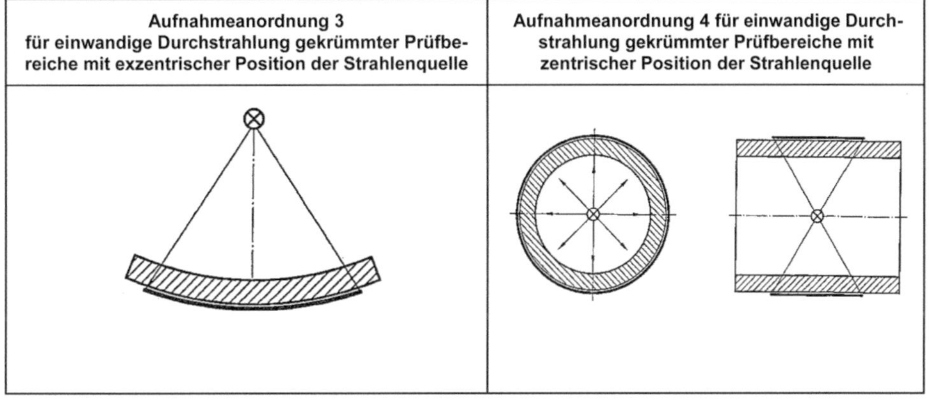

Abb. 9.27 Aufnahmeanordnung 3   **Abb. 9.28** Aufnahmeanordnung 4

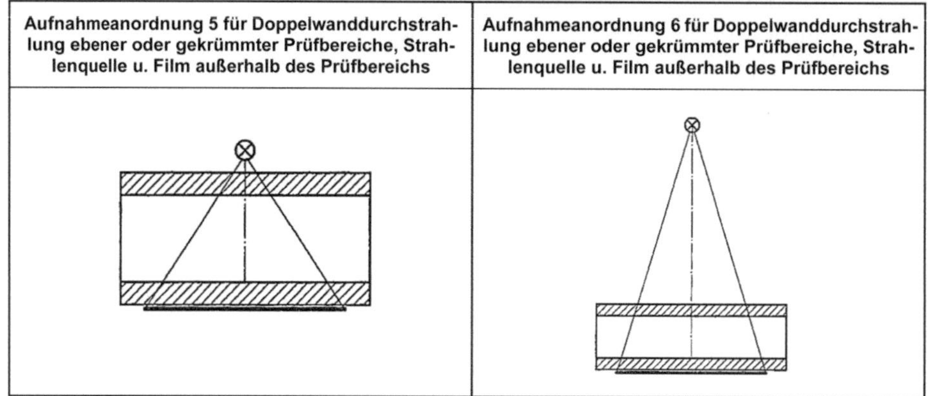

Abb. 9.29 Aufnahmeanordnung 5   **Abb. 9.30** Aufnahmeanordnung 6

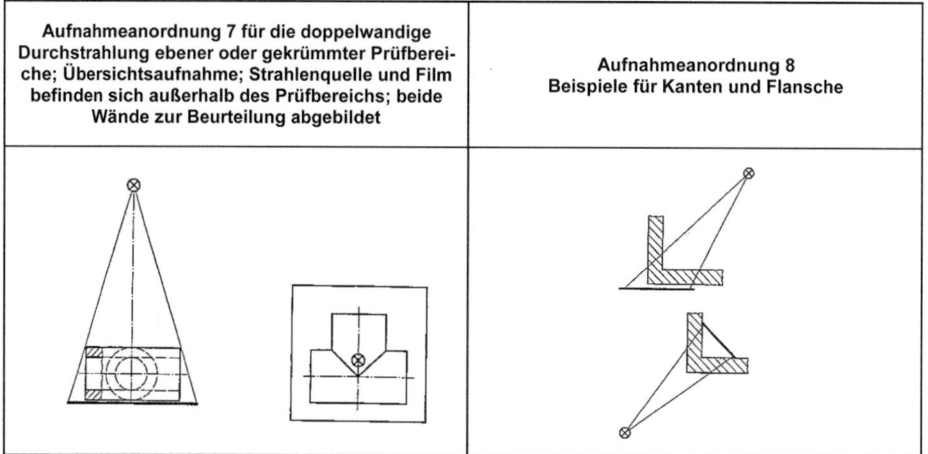

Abb. 9.31 Aufnahmeanordnung 7   **Abb. 9.32** Aufnahmeanordnung 8

Die Doppelwanddurchstrahlung im Sinne von Übersichtsaufnahmen entsprechend Abb. 9.31 muss angewendet werden, wenn die geometrischen Verhältnisse andere Aufnahmeanordnungen schwierig machen oder wenn durch die Anwendung der Technik eine bessere Fehlerauffindbarkeit entsteht. Es muss sichergestellt werden, dass unzulässige Fehler mit ausreichender Sicherheit gefunden werden. Die geforderte Bildgüte muss eingehalten werden. Bei den Aufnahmeanordnungen entsprechend den Bildern 9.30 und 9.31 ist die Dicke der Einzelwand der Fehlerklassifizierung zu Grunde zu legen. Bei unterschiedlichen Wanddicken ist die geringere Wanddicke zu Grunde zu legen. Bei den Aufnahmeanordnungen entsprechend Abb. 9.29 muss der Abstand der Strahlenquelle von der Prüf-

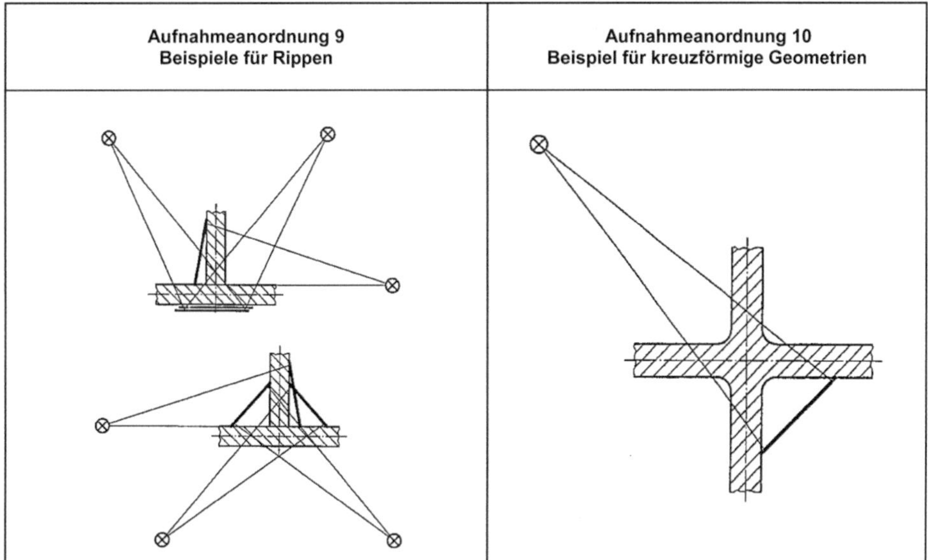

Abb. 9.33 Aufnahmeanordnung 9   **Abb. 9.34** Aufnahmeanordnung 10

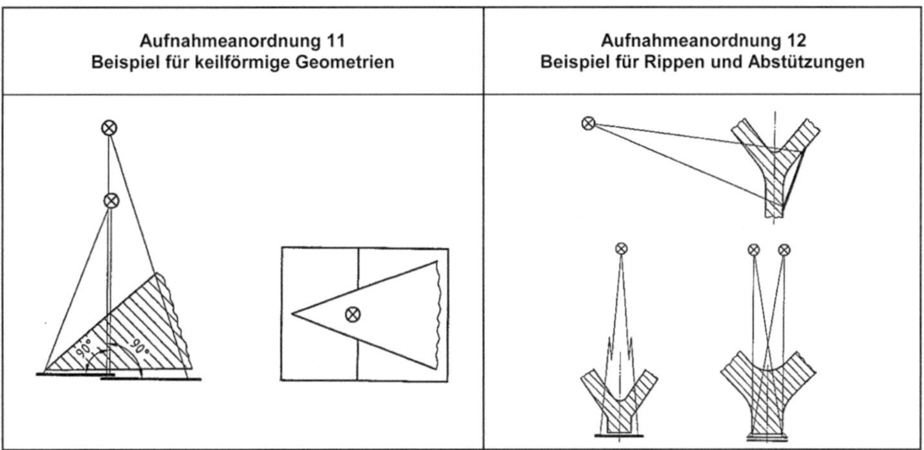

Abb. 9.35 Aufnahmeanordnung 11   **Abb. 9.36** Aufnahmeanordnung 12

oberfläche minimiert werden, vorausgesetzt, dass die Bildgüteanforderungen erfüllt werden.

Die Wahl der Strahlenquelle ist eine Funktion der durchstrahlten Wanddicke w des Prüfgegenstandes, der Prüfklasse, der Aufnahmeanordnung und des Werkstoffs. Bei nicht senkrechter Durchstrahlung ist w die durchstrahlte Wanddicke in Richtung des Zentralstrahls. Bei Doppelwanddurchstrahlung ist w die Summe der durchstrahlten Wanddicken des Prüfgegenstandes. Werden unterschiedliche Wanddicken auf einer Aufnahme abgebildet, kann der Mittelwert dieser Wanddicken eingesetzt werden.

9.3.3 Aufnahmeanordnungen nach ASME-Code

Im ASME-Code [9.2] sind für Rohre und Behälter sieben Aufnahmeanordnungen vorgeschlagen. Sie werden mit den Buchstaben A-G bezeichnet. Bei den ersten drei Aufnahmeanordnungen (A, B und C) liegt nur eine Wanddicke zwischen Strahler und Film. Sie wird daher als Einwanddurchstrahlung bezeichnet. Bei den anderen Aufnahmeanordnungen (D, E, F und G) liegen zwei Wanddicken zwischen Strahler und Film. Man bezeichnet sie daher als Doppelwanddurchstrahlungen. Die tatsächlich durchstrahlte Wanddicke ohne Nahtüberhöhung ist maßgebend für die Auswahl der Strahlenquelle bzw. für die maximal anzuwendende Spannung.

Aufnahmeanordnung A
Sie wird auch als Zentralaufnahme bezeichnet (Abb. 9.37). Die Strahlenquelle muss im Rohr zentriert werden, d.h. der Abstand Strahlenquelle – Rohrwand ist überall gleich. Auf dem Film sind Schwärzung und Unschärfe gleich groß. Die Zentralaufnahme ist daher allen anderen Aufnahmeanordnungen, wenn sie aus Gründen der geometrischen Unschärfe anwendbar ist, vorzuziehen. Es werden sog. Rundstrahlröhren oder Isotope eingesetzt.

Aufnahmeanordnung B
Kann die geometrische Unschärfe bei A nicht eingehalten werden, so kann die Strahlenquelle an eine Rohrwandung herangerückt und der Film hinter die gegenüberliegende Wand gelegt werden. Man bezeichnet sie als exzentrische Aufnahmeanordnung (Abb. 9.38). Die Strahlenquelle muss mindestens in drei verschiedene Positionen gebracht werden, da nicht der gesamte Rohrumfang mit einer Belichtung abgebildet werden kann.

Aufnahmeanordnung C
Kann aus geometrischen Gründen oder mangels geeigneter Strahlenquelle keine Innenaufnahme angefertigt werden, so muss eine Außenaufnahme angefertigt werden. Die Strahlenquelle wird außerhalb des Rohres positioniert und der Film wird **im** Rohr befestigt. Die Schwärzung fällt über die Filmlänge relativ stark ab, so dass oft weit mehr als die vorgeschriebenen 3 Belichtungen gemacht werden müssen.

Aufnahmeanordnung D und E
Ist das Rohr innen nicht zugänglich, so müssen beide Wände durchstrahlt werden, d.h. Strahlenquelle und Film werden außerhalb des Rohres auf gegenüberliegenden Seiten angeordnet. Bei der Durchstrahlung zweier Wände wird die Strahlung aufgehärtet, d.h. es geht gegenüber der Einwanddurchstrahlung Kontrast verloren. Auf der Durchstrahlungs-

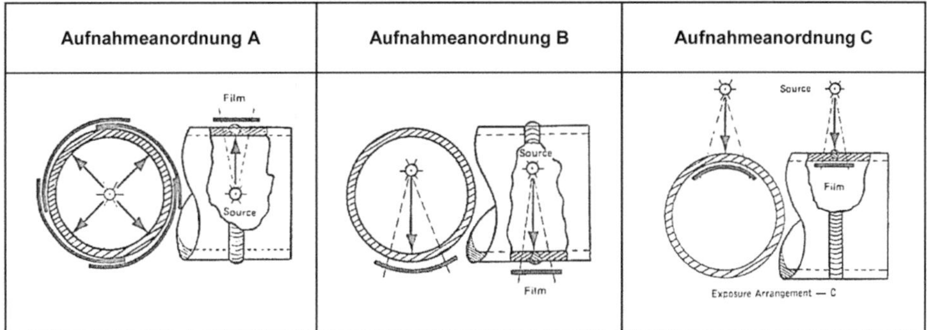

Abb. 9.37 Aufnahmeanordnung A, B und C für einwandige Durchstrahlung [9.2]

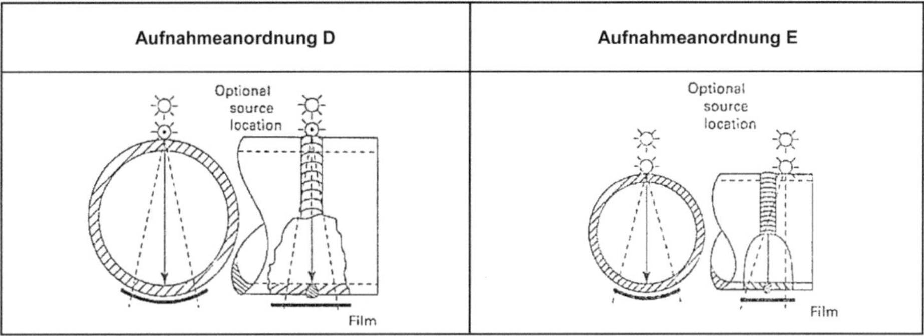

Abb. 9.38 Aufnahmeanordnung D und E für doppelwandige Durchstrahlung [9.2]

aufnahme soll nur die filmnahe Wand beurteilt werden. Als Abstand für die Berechnung der geometrischen Unschärfe ist zunächst Innendurchmesser + Wanddicke einzusetzen, d.h. während einer sog. „Kontaktaufnahme" liegt der Strahler direkt auf der Rohroberfläche. Ist die Unschärfe zu groß, muss der Strahler oder die Röhre von der Rohroberfläche entfernt eingerichtet werden.

Bei der Rundnahtprüfung kann durch die filmferne Seite der Naht gestrahlt werden. Auch diese bildet sich zwar auf dem Film ab, Fehlbeurteilungen durch Übereinanderprojektion von Nahtfehlern aus der filmfernen und der filmnahen Naht sind nur bei kleinen Rohrdurchmessern denkbar. Die Unschärfe der strahlerseitigen Nahtabbildung ist nämlich bei großem Durchmesser (also großem b) sehr hoch. Bei kleineren Durchmessern ist ein Einstrahlwinkel von ca. 10 Grad relativ zum Querschnitt ratsam (Aufnahmeanordnung D).

Aufnahmeanordnung F und G

Ist der Rohrdurchmesser sehr klein, d.h. 89 mm und kleiner, so können beide Wände durchstrahlt und beide Wände bzw. die gegenüberliegenden Nahtseiten auf einem Film be-

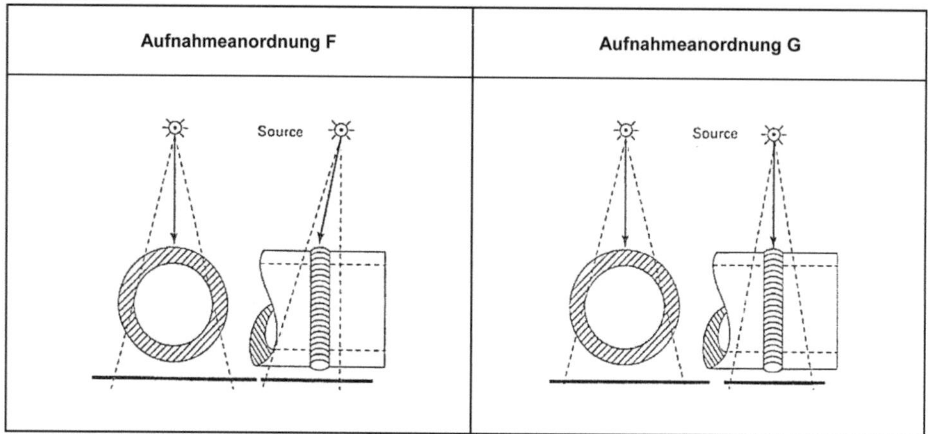

Abb. 9.39 Aufnahmeanordnung F und G für doppelwandige Durchstrahlung [9.2]

urteilt werden. Dabei können beide Nahtabschnitte übereinander durchstrahlt werden (Aufnahmeanordnung G) oder durch Einstrahlung unter 20 – 30 Grad zur kreisförmigen Querschnittsfläche als Ellipse erfolgen, d.h. beide Nahtabschnitte werden getrennt abgebildet (Aufnahmeanordnung F in Abb. 9.39). Bei F müssen mindestens 2 um 90 Grad versetzte Belichtungen, bei G in Abb. 9.39 mindestens 3 um 60 Grad versetzte Belichtungen durchgeführt werden.

9.4 Spezielle Aufnahmeanordnungen

9.4.1 Karusselaufnahmetechnik

Um rationell zu arbeiten, empfiehlt es sich, bei langen Belichtungszeiten mehrere, unterschiedliche Objekte gleichzeitig zu durchstrahlen. Das bedeutet, dass für alle Objekte die gleiche Belichtungszeit (Belichtungsgröße) verwendet werden soll, obwohl sie sich hinsichtlich des Werkstoffs und der Werkstückdicke unterscheiden. Gleiche Schwärzung auf dem Film wird dann mit Hilfe verschiedener Abstände von der Strahlenquelle eingestellt. Dazu werden die Objekte rund um einen Rundstrahler so angeordnet, dass sie sich gegenseitig nicht abschatten. Die Berechnung der Abstände und Belichtungszeit läuft dann folgendermaßen ab [9.1]:

a) Bestimmung der Mindestabstände f_{min} und FFA für alle Objekte.

b) Falls andere Materialien als Stahl durchstrahlt werden soll, muss die Stahläquivalentdicke (s_{ST}) unter Verwendung der realen Dicke des Werkstoffes (s_{WS}) und einer energieabhängigen Umrechnungskonstante (c_{WS}) mit nachstehender Formel berechnet werden:

$$s_{ST} = s_{WS} \times c_{WS}$$

c) Bestimmung der Belichtungszeit für jedes Objekt.

d) Das Objekt mit der größten Belichtungszeit wird im kleinsten Abstand aufgebaut.

e) Die für den kleinsten Abstand berechneten Belichtungszeiten werden für alle Objekte durch FFA-Änderungen der Belichtungszeit des Werkstückes mit der größten Belichtungszeit angepasst.

Zur Berechnung der neuen Film-Focus-Abstände dient folgende Formel [9.1]:

$$FFA* = \sqrt{\frac{t*}{t} \times FFA^2}.$$

Darin bedeuten:

FFA* = gesuchter neuer Film-Focus-Abstand,

FFA = zu Werkstück mit der größten Wanddicke gehörender FFA,

t   = berechnete Belichtungszeit zum Werkstück mit d_{max},

t*   = gewünschte Belichtungszeit.

Abb. 9.40 zeigt ein Beispiel der Karussellaufnahmetechnik.

Beispiel:
Nach ASME-Code, Sect. VIII [9.7] sollen folgende Objekte in Karusselltechnik durchstrahlt werden; als Film soll ein D 7 vorgegeben sein.

Objekt (1): Anschweißende eines Gussstückes mit s = 25 mm und D_a = 200 mm.
Objekt (2): Gussgehäuse mit einer Wanddicke s = 30 mm und D_a = 200 mm.

Es steht ein 40 Ci-Iridium-192 Strahler mit 3 mm Brennfleckdurchmesser zur Verfügung:

Abb. 9.40 Karussellaufnahmetechnik [9.1]

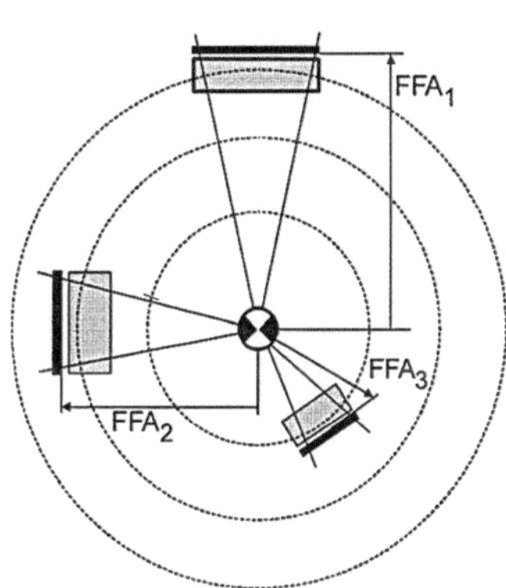

Lösung:

a) Bestimmung von f_{min} und FFA

$$1.\ f_{min} = \frac{d \times s}{U_{g\,max}} = \frac{3 \times 25}{0{,}5} = \textbf{150 mm.}$$

$$FFA = f_{min} + s = 150 + 25 = \textbf{175 mm.}$$

$$2.\ f_{min} = \frac{d \times b}{U_{g\,max}} = \frac{3 \times 200}{0{,}76} = \textbf{790 mm.}$$

$$FFA = 790 + 200 = \textbf{990 mm.}$$

b) Berechnung der Belichtungsgrößen

Objekt (1): $t_1 = 9{,}5$ min berechnet für FFA von 990 mm

Objekt (2): $t_2 = 54$ min.

c) Berechnung der Belichtungszeit

Auszugehen ist von der **größten** berechneten Belichtungszeit, also von Objekt (2). Dieses Objekt kann bereits im endgültigen Abstand aufgebaut werden.

Die Belichtungszeit beträgt für alle Werkstücke **54 min.**

d) Berechnung des FFA

Nun muss für Objekt (1) der Abstand so korrigiert werden, dass der Film ausreichende Schwärzung aufweist.

$$FFA^* = \sqrt{\frac{54}{9{,}5} \times 990^2} = \textbf{2360 mm.}$$

Die Prüfanweisung lautet gemäß Tabelle 9.2:

Tab. 9.2 Ergebnisse im Beispiel zur Karusselltechnik

Objekt	Wanddicke in mm	Belichtungszeit in min	FFA in mm
(1)	25	54	2360
(2)	60 (2 x 30)	54	990

9.4.2 Vergrößerungstechnik

Für die Erkennung von sehr feinen Objektdetails kann bei der Filmauswertung eine Lupe benutzt werden. Dies hat dort seine Grenzen, wo die Filmkörnigkeit in die Größenordnung der Objektdetails kommt. Eine andere Möglichkeit besteht darin, den Film nicht direkt an das Werkstück zu legen, sondern den Abstand Werkstückoberfläche/Film zu vergrößern. Da aber mit dieser Maßnahme auch die geometrische Unschärfe drastisch ansteigt, muss die Brennfleckgröße als Ausgleich vermindert werden (Abb. 9.41). Deshalb werden für solche Vergrößerungsaufnahmen sog. Fein- oder Mikrofokusröhren eingesetzt (Tabelle 9.3).

Um den Film oder den Strahlendetektor nicht zu weit entfernt vom Werkstück aufbauen und belichten zu müssen, wird meist sehr nahe an das Objekt herangegangen, was bei kleinen Brennfleckabmessungen möglich ist. Die Vergrößerung V wird als Näherung für kleine Werkstückdicken nach folgender Beziehung ermittelt [9.1], [9.8]:

$$V = \frac{a + b}{a} \text{ ungefähr} = \frac{FFA}{f}$$

Prüfbedingungen: – feinkörniger Film, niedrige Energie, a, b gemäß Abb. 9.41.

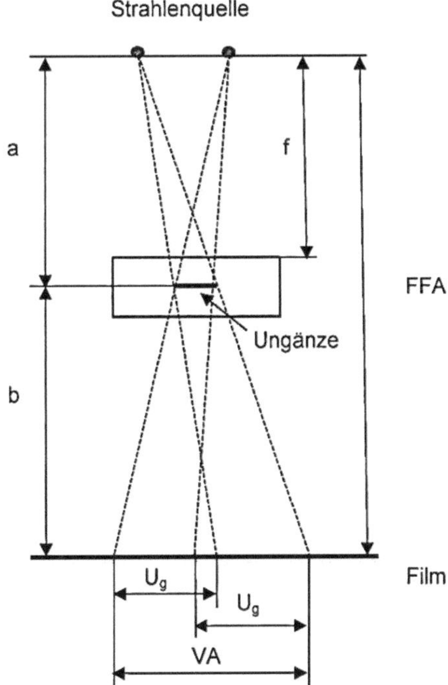

Abb. 9.41 Vergrößerungstechnik VA = Vergrößerte Abbildung [9.8]

Tab. 9.3 Brennfleckgröße und erreichbare Vergrößerung bei Fein- oder Mikrofokusröhren [9.8]

Röntgenröhre	Brennfleckgröße in mm	Erreichbare Vergrößerung
Feinfokus	0,4	3
Mikrofokus	0,005	20

9.4.3 Stereotechnik

Gelegentlich ist bei Ausbesserung von hochwertigen Gussteilen die Fehlertiefenlage von Interesse, um das Ausarbeiten von der richtigen Seite vorzunehmen und das Teil möglichst wenig zu beschädigen bzw. die Reparaturkosten niedrig zu halten. Wenn die Ultraschallprüfung nicht anwendbar ist, kann die Stereotechnik helfen. Für Bereiche ohne Wanddickenübergang, deren Wanddicke genau bekannt ist, lässt sich bei Schrägeinstrahlung aus zwei Positionen aus der relativen Verschiebung von Strahlenquelle und Fehlerabbildung auf die Tiefenlage des Fehlers schließen. Diese Verschiebung ist nämlich umso geringer, je näher der Fehler an der filmseitigen Werkstückoberfläche liegt (Abb. 9.42).

Aus Abb. 9.10 ergibt sich nach dem Strahlensatz [9.16] folgendes Verhältnis:

$$\frac{a_F}{a_s} = \frac{t}{FFA - t} \qquad t = \frac{a_F \times FFA}{a_s + a_F}$$

a_F = Detailverschiebung am Film

a_s = Verschiebung der Strahlenquelle

t = Fehlertiefe von der filmseitigen Werkstückoberfläche aus gerechnet.

Für die praktische Durchführung einer solchen Aufnahme wird meist eine Markierung an der Oberfläche angebracht. Die Belichtungszeit wird auf die tatsächlich durchstrahlte

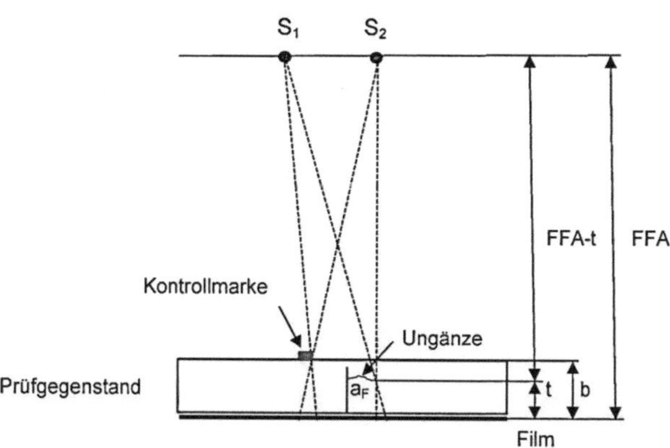

Abb. 9.42 Stereoaufnahmetechnik [9.1]

Wanddicke für eine hohe Schwärzung (D = 3,5) gerechnet. Die Belichtungszeit wird halbiert und der gleiche Film aus beiden Positionen belichtet.

Beispiel:

Aufgabenstellung: Verschiebung der Röhre: a_s = 100 mm,

                              Film-Focus-Abstand: FFA = 700 mm,

                              Werkstückdicke: S = 15 mm,

                              Objektverschiebung: a_F = 2 mm.

Von welcher Seite her muss repariert werden?

Lösung:

$$t = \frac{a_F \times FFA}{a_s + a_F} = \frac{2 \times 700}{100 + 2} = \frac{1400}{102} = \mathbf{13{,}7\ mm.}$$

Schlussfolgerung:
Die Reparatur ist von der strahlerseitigen Werkstückoberfläche durchzuführen.

9.4.4   Brennfleckaufnahmen

9.4.4.1   Röntgenröhren
Die Bildgüte und die Auflösung von Röntgenbildern hängen in hohem Maße von den Eigenschaften des Brennfleckes ab, insbesondere von der Größe und der zweidimensionalen Intensitätsverteilung.

Brennfleckaufnahmen an Röntgenanlagen bis einschließlich 500 KV Röhrenspannung werden in DIN EN 12543-1 bis -5 beschrieben [9.9] bis [9.13]. Es werden Scan-Verfahren (im Teil 1), Lochkamera- (im Teil 2), Schlitzkamera- (im Teil 3) und Kantenverfahren (im Teil 4) eingesetzt. Im Teil 5 wird die Messung der effektiven Brennfleckgröße von Mini- und Mikrofokusröhren dargestellt.

Nach ASME-Code [9.8] sind Brennfleckaufnahmen an Röntgenanlagen ab einer Spannung von 320 KV nachzuweisen. Als Methode wird das Lochkammerprinzip vorgeschlagen. Die Brennfleckgröße kann danach bestimmt werden, indem eine Bleifolie von 4 mm Dicke mit einem Loch von einigen Zehntel Millimeter Durchmesser versehen und diese zwischen Strahler und Film gebracht wird. Die Abstände zwischen Strahler und Folie sowie zwischen Folie und Film müssen identisch sein. Die Abbildung auf dem Film entspricht der Strahlergröße zuzüglich des zweifachen Lochdurchmessers.

9.4.4.2   Gammastrahler
Die Bestimmung der Strahlergrößen ≥ 0,5 mm von industriell genutzten Radio-Nukliden im Durchstrahlungsverfahren mit Röntgenstrahlen beschreibt DIN EN 12679 [9.14]. Abb.

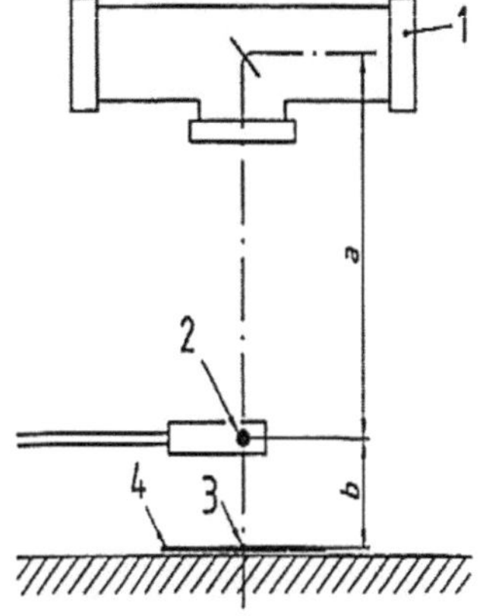

1 Röntgengerät
2 Gammastrahler : Größe d
3 Abbildung des Gammastrahlers : Projektionsgröße d´
4 Film

Abb. 9.43 Prüfanordnung zur Brennfleckbestimmung industriell genutzter Radionuklide [9.14]

9.43 zeigt die zugehörige Messanordnung. Das Röntgengerät ist mit einem FFA = 700 mm aufzustellen. Der Röntgenfilm muss senkrecht zur Achse des Röntgenstrahlenbündels liegen. Der Gammastrahler wird in der Achse zwischen Röhrenbrennfleck und Film so positioniert, dass der Abstand b zwischen Gammastrahler und Film 10 bis 20% des Abstandes a + b zwischen Röhrenbrennfleck und Film beträgt.

Eine Strahlerausfahrspitze wird über einem Film befestigt und der Gammastrahler ausgefahren. Die Röntgenstrahlung sollte sofort nach dem Erreichen der Aufnahmeposition des Gammastrahlers eingeschaltet und wiederum gleichzeitig mit dem Zurückfahren des Gammastrahlers ausgeschaltet werden. Die Zeiten für das Ein- und Ausfahren des Gammastrahlers sollten so kurz wie möglich gehalten werden, um die Schleierbildung auf dem Film zu verringern.

Der Film wird mit der Röntgenröhre belichtet. Da Ir192 z.B. einen hohen Schwächungskoeffizienten besitzt, wird dieser Strahler hell auf dem Film abgebildet. Der Gammastrahler strahlt zwar selbst auch, jedoch mit wesentlich geringerer Dosisleistung (Gamma-Dosisleistungskonstante) als die Röhre. Deshalb lässt sich der Gammastrahler auch gut auf dem Film abbilden. Diese Abbildung ist vergrößert. Der Vergrößerungsfaktor m ergibt sich dann zu [9.1]

$$m = \frac{d'}{d} = \frac{a + b}{a}.$$

Der Röntgenfilm muss visuell auf dem Filmbetrachtungsgerät ausgewertet werden. Dabei muss der Vergrößerungsfaktor berücksichtigt werden. Die wahre Brennfleckabmessung errechnet sich aus der Beziehung [9.1]:

$$d = d_{abb} \times \frac{FFA_x - FFA_y}{FFA_x}$$

Darin bedeuten: d_{abb} = Brennfleckabmessung auf dem Film,
FFA_γ = Film-Focus-Abstand Gammastrahler,
FFA_x = Film-Focus-Abstand Röhre.

Literatur

[9.1] Schiebold, Skript RT 3 LVQ-WP Werkstoffprüfung GmbH;

[9.2] ASME-Code Sect. V 2013;

[9.3] DIN EN ISO 17636-1, ZfP von Schweißverbindungen – Durchstrahlungsprüfung, Röntgen- und Gammastrahlungstechniken mit Filmen, Mai 2013;

[9.4] DIN 54111-2, Prüfung metqallischer Werkstoffe mit Röntgen- und Gammastrahlen, Aufnahme von Durchstrahlungsbildern von Gussstücken aus Eisenwerkstoffen, Juni 1982;

[9.5] DIN EN ISO 17636-2, ZfP von Schweißverbindungen – Durchstrahlungsprüfung, Röntgen- und Gammastrahlungstechniken mit digitalen Detektoren, Mai 2013;

[9.6] DIN EN 444, ZfP, Grundlagen für die Durchstrahlungsprüfung von metallischen Werkstoffen mit Röntgen- und Gammastrahlen, April 1994;

[9.7] ASME-Code, Sect. VIII 1989;

[9.8] Agfa-Gevaert NV. Industrielle Radiografie 1990;

[9.9] DIN EN 12543-1, ZfP- Charakterisierung von Brennflecken in Industrie-Röntgenanlagen, Scan-Verfahren, Dez. 1999;

[9.10] DIN EN 12543-2, ZfP- Charakterisierung von Brennflecken in Industrie-Röntgenanlagen für die zerstörungsfreie Prüfung, Radiographisches Lochkameraverfahren Okt. 2008;

[9.11] DIN EN 12543-3, ZfP- Charakterisierung von Brennflecken in Industrie-Röntgenanlagen für die zerstörungsfreie Prüfung, Radiographisches Schlitzkameraverfahren, Dez. 1999;

[9.12] DIN EN 12543-4, ZfP- Charakterisierung von Brennflecken in Industrie-Röntgenanlagen für die zerstörungsfreie Prüfung, Kanten-Verfahren, Dez. 1999;

[9.13] DIN EN 12543-5, ZfP- Charakterisierung von Brennflecken in Industrie-Röntgenanlagen für die zerstörungsfreie Prüfung, Messung der effektiven Brennfleckgröße von Mini- und Mikrofokus-Röntgenröhren, Dez. 1999;

[9.14] DIN EN 12679, ZfP- Bestimmung der Strahlergrößen von industriell genutzten Radio-Nukliden – Durchstrahlungsverfahren, Dez. 1999;

[9.15] Berthold, Anwendungen der Durchstrahlungsverfahren in der Technik, Akademische Verlagsgesellschaft mbH. Leipzig 1935;

[9.16] http://www.sofatutor.com/mathematik/videos/die-beiden-strahlensaetze;

10.1 Spezielle Strahlenquellen

Als spezielle Strahlenquellen werden Hochenergiebeschleuniger bezeichnet. Das sind Röntgenanlagen, die Elektronen auf eine so große Geschwindigkeit beschleunigen, dass sie Röntgenstrahlen mit Energien von 1 – 30 MeV erzeugen. Mit diesen Apparaten kann man Bauteile mit großen Wanddicken durchstrahlen (Wanddicken > 150 mm Stahl). Der größte Linearbeschleuniger der Welt, der SLAC National Accelerator steht in den USA in Kalifornien und hat eine Länge von über 3 km (Abb. 10.1) [10.1].

10.1.1 Der Resonanzumwandler („Resonance Transformer")

Im Resonanzumwandler ist die Röntgenröhre symmetrisch im Umwandler angeordnet. Das Elektron wird durch eine Abfolge von Elektroden zwischen Kathode und Target auf eine sehr große Geschwindigkeit beschleunigt. Zusätzlich werden die Elektronen kurz vor dem Target durch eine magnetische Linse fokussiert. Dieses Röntgengerät erzeugt Energien von 250 keV bis 4 MeV und ist für die Durchstrahlung von Stahl bis 200 mm anwendbar (Abb. 10.2).

10.1.2 Der Linearbeschleuniger

Der Linearbeschleuniger (auch Linac von „Linear accelerator" genannt) benutzt eine hochfrequente Welle im Mikrowellengebiet und ein Führungsrohr, um Elektronen auf das Target zu beschleunigen [10.3]. Dieser Gerätetyp enthält eine Elektronenkanone (Ionenpumpe), eine Quelle hochfrequenter Beschleunigungsenergie, ein Kupferrohr und ein Target. Die Elektronen werden längs des Führungsrohres durch elektrische Felder beschleunigt (Abb. 10.3).

K. Schiebold, *Zerstörungsfreie Werkstoffprüfung – Durchstrahlungsprüfung,*
DOI 10.1007/978-3-662-44669-0_10, © Springer-Verlag Berlin Heidelberg 2015

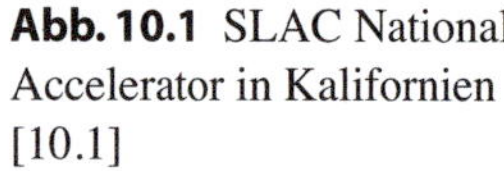

Abb. 10.1 SLAC National Accelerator in Kalifornien [10.1]

In den ersten Beschleunigern wurden die Teilchen durch Gleichspannungen beschleunigt, die jedoch nur mäßige Teilchenenergien erreichen. Die verwendete Gleichspannung darf nicht zu hoch sein, die Beschleunigungsspannungen sind beschränkt, da es sonst aufgrund von Isolationsschwierigkeiten etwa zur Bildung von Kriechströmen, Koronaentladungen oder Lichtbögen kommt. Um dieses Problem zu umgehen, wurde 1924 von Gustav Ising ein Wechselspannungs-Linearbeschleuniger vorgeschlagen [10.5]. Ein solcher Beschleuniger wurde erstmals von Rolf Widerøe im Jahr 1928 gebaut. Die Grundidee besteht darin, dass das Teilchen viele Male der gleichen Beschleunigungsspannung ausgesetzt wird. Trotz einer relativ geringen Spannung erreicht das Teilchen auf diese Weise eine hohe kinetische Energie.

In neuerer Zeit werden anstelle der von Widerøe vorgeschlagenen Konstruktion verschiedene andere Linearbeschleunigerkonzepte verwendet. Sie arbeiten mit Frequenzen

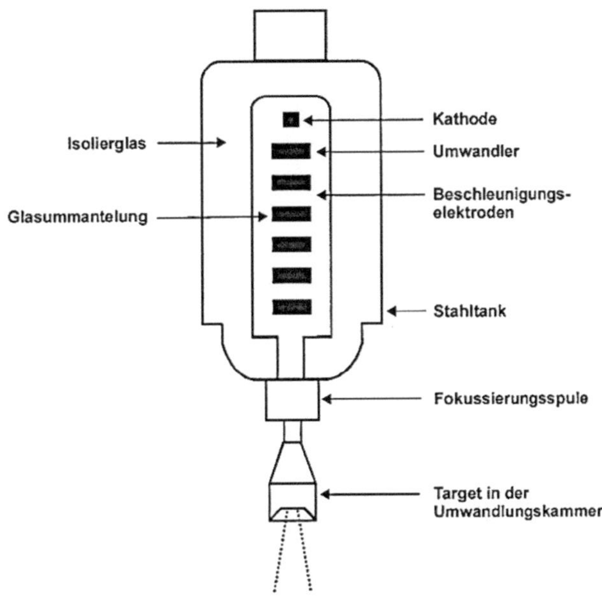

Abb. 10.2 Resonanzumwandler [10.1]

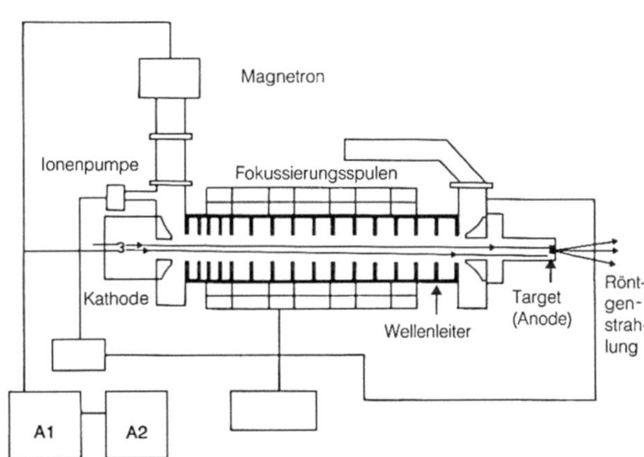

Abb. 10.3 Linearbeschleuniger [10.2]

im Bereich von etwa 100 Megahertz (MHz) bis zu einigen Gigahertz (GHz) und nutzen den elektrischen Feldanteil von elektromagnetischen Wellen. Man unterscheidet dabei Beschleuniger für Ionen und für Elektronen, weil ein großer Massenunterschied der Teilchen besteht. Elektronen sind schon bei wenigen MeV nahe an der Lichtgeschwindigkeit, der absoluten Geschwindigkeitsgrenze; bei weiterer Beschleunigung erhöhen sich fast nur noch ihre Energie und ihr Impuls. Dagegen nimmt bei Ionen dieses Energiebereichs durch weitere Beschleunigung auch die Geschwindigkeit noch stark zu [10.6].

Abb. 10.4 Linearbeschleuniger UNILAC [10.3]

Basis für Linearbeschleuniger sind Röhren der Höchstfrequenztechnik. In sog. Hohlleitern werden die Elektronen mit Phasengeschwindigkeit in Resonanz gebracht. Vor dem Target wird das Feld ausgekoppelt, die Elektronen gelangen mit hoher kinetischer Energie auf das Target. Hohe Frequenz, kleine Wellenlänge und geradlinige Ausbreitung bewirken hohe Dosisleistungen. Eine Bündelung über Magnetfelder mit Fokussierungsspulen lässt kleine Brennflecke zu. Die Strahlung tritt dann auf der anderen Seite der Anode aus. Mit Hilfe eines Kollimators wird die Strahlung gegen seitliche und gegen Rückstrahlung begrenzt. Dieses Gerät wird für Strahlenenergien von 1 bis 30 MeV gebaut und zur Durchstrahlung von Stahl mit Wanddicken bis zu 600 mm verwendet (Abb. 10.4).

Am Linearbeschleuniger UNILAC (Universal Linear Accelerator) beginnt die Beschleunigung der Ionen. Auf einer Länge von 120 Meter können Ionen aller Art auf bis zu 20 Prozent der Lichtgeschwindigkeit (60.000 km/s) beschleunigt werden. Die Ionen werden zum Experimentieren verwendet, z.B. zur Entdeckung neuer Elemente, oder in den Ringbeschleuniger SIS18 (Abb. 10.5 und 10.6) gelenkt, um sie noch weiter zu beschleunigen [10.3].

Der Beschleuniger SIS 18 ist eine Kombination des Linearbeschleunigers und eines Ringbeschleunigers [10.3]. Aus dem Linearbeschleuniger werden die Ionen in den Ringbeschleuniger eingespeist und dort auf höhere Energien beschleunigt. Sie laufen um den Ring herum und durch eine Beschleunigungsstrecke. Die dort herrschende elektrische Spannung sorgt dafür, dass die Ionen immer schneller werden. Durch Magnete werden sie auf der Kreisbahn gehalten.

Der Ringbeschleuniger SIS18 hat einen Umfang von 216 Metern. Ionen, die aus dem Linearbeschleuniger UNILAC kommen, können im SIS18 auf bis zu 90 Prozent der Lichtgeschwindigkeit (270 000 km/s) beschleunigt werden. Ein Ultrahochvakuum ist Voraus-

Abb. 10.5 Beschleunigungsstrecke des SIS 18 [10.3]

Abb. 10.6 Außenansicht des
SIS 18 [10.3]

setzung für die Beschleunigung. So kollidieren die Ionen quasi nie mit Luftteilchen im Beschleuniger [10.7].

10.1.3 Das Betatron

Das Betatron ist ein Elektronenbeschleuniger, der auf Basis magnetischer Induktion arbeitet. Durch Kombination eines Magneten und eines Transformators wird den Elektronen auf einer kreisförmigen Bahn eine hohe Energie zugeführt. Die Beschleunigungsröhre ist ringförmig und zwischen zwei großen Magnetpolen angeordnet. Die Elektronen werden mit ca. 10 bis 30 KeV in die entvakuierte Röhre geschossen und durch das Magnetfeld auf eine Kreisbahn gezwungen (Abb. 10.7).

Das erste Betatron wurde 1940 von Donald William Kerst an der Universität von Illinois gebaut [10.8]. Es beschleunigte Elektronen auf eine Energie von 2,3 MeV. Zwei Jahre später hat Kerst ein Betatron realisiert, das Elektronen auf eine Energie von 20 MeV beschleunigen konnte.

Abb. 10.7 zeigt den Aufbau eines Betatrons.

Die Röhre befindet sich dabei zwischen den speziell geformten Polschuhen eines Elektromagneten, der mit einer Induktionsspule und einer niederfrequenten Wechselspannung betrieben wird (Abb. 10.8). Bei jeder Umrundung der Röhre wird die Spannung vergrößert, wobei der Elektronenstrom auf eine größere Bahn gezwungen wird, bis er eine sehr hohe Energie besitzt. Dann wird er aus seiner kreisförmigen Bahn auf ein Target gelenkt, wo es Röntgenstrahlen erzeugt. Der Brennfleck hat ca. 1 mm Durchmesser. Die Energie dieser Strahlung liegt bei 1 bis 20 MeV.

In Abb. 10.9 ist eines der ersten Betatrons dargestellt, ein 6 MeV Betatron von Konrad Grund (Konstruktionsbeginn 1942), fotografiert im Deutschen Museum Bonn [10.10].

Interessant ist, dass man heute mit einem Betatron bis 7,5 MeV schon mobile Durchstrahlungsprüfungen ortsfest und ortsveränderlich durchführen und damit den Bereich der durchstrahlbaren Wanddicken wesentlich nach oben bis zu 250 mm Stahl oder bis zu 1000 mm Beton erweitern kann [10.15]. Die Bilderfassung und -auswertung erfolgt mit Hilfe von Speicherfolien.

Abb. 10.7 Ringförmige Röhre des Betatrons [10.7]

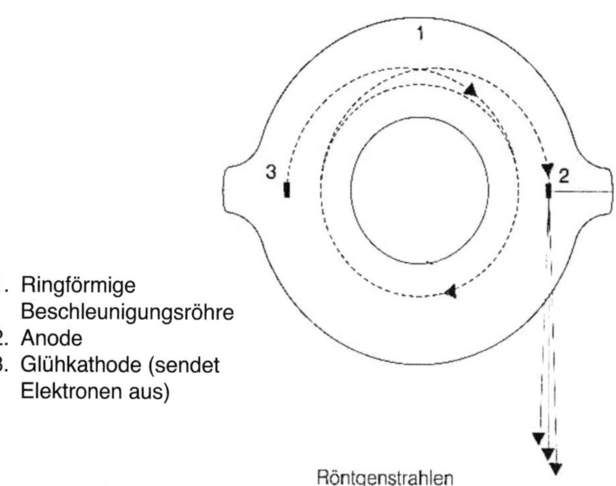

1. Ringförmige
   Beschleunigungsröhre
2. Anode
3. Glühkathode (sendet
   Elektronen aus)

Abb. 10.8 Erzeugung der Magnetfelder zur Beschleunigung der Elektronen im Betatron [10.9]

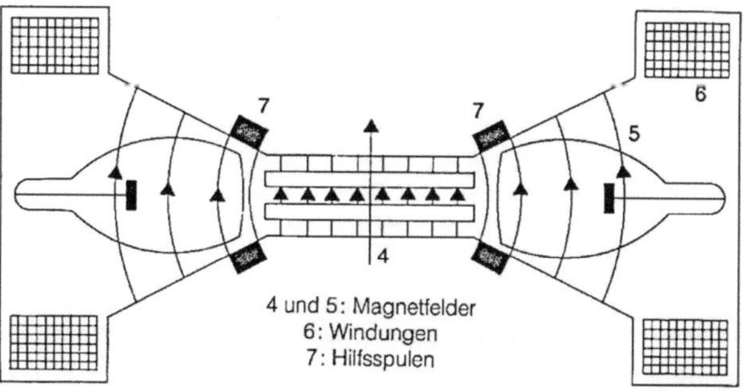

Abb. 10.9 6 MeV Betatron im
Deutschen Museum Bonn
[10.10]

Abb. 10.10 Betatronprüfung
einer Kühlmittelpumpe im
ortsveränderlichen Einsatz
[10.15]

Mit einem solchen Betatron kann ein besserer spezifischer Kontrast und ein geringeres Streuverhältnis als bei konventionellen Röntgenstrahlern erreicht werden.

In der Anwendung kann die mobile Prüfung und Inspektion dickwandiger, druckführender Komponenten, die Messung großer Wanddicken (Abb. 10.10), die Untersuchung von Korrosion und Erosion sowie die Prüfung der Funktionen von großen Baugruppen genannt werden [10.15].

10.1.4 Neutronenradiographie

Neutronen sind ungeladene Teilchen des Atomkerns mit hoher Durchdringungsfähigkeit für schweratomige Werkstoffe. Sie werden entsprechend ihrer Energie nach Tabelle 10.1 unterschieden, wobei besonders thermische und kalte Neutronen für die Durchstrahlungsprüfung maßgebend sind. Die Neutronen treten durch Stöße mit leichtatomigen Werkstoffen stärker in Wechselwirkung als mit schweratomigen, da beim Stoß die leichten Atome wesentlich mehr Energie übernehmen. Diese Eigenschaft wird ausgenutzt bei der Durch-

Tab. 10.1 Energie und Neutronen [10.11]

Neutronenradiographie	
Energie	Bezeichnung der Neutronen
> 100 KeV	Schnelle Neutronen
0,3 bis 100 eV	Ephithermische Neutronen
0,01 bis 0,3 eV	Thermische Neutronen
< 0,01 eV	Kalte Neutronen

strahlung von Komponenten, bei denen leichtatomige Werkstoffe (wie z.B. Kunststoffe, Wasser) von Schwermetallen ummantelt sind.

Die gebräuchlichsten Neutronenquellen sind Kernreaktoren, so dass ihre Verwendungsfähigkeit stark eingeschränkt ist, weil man selten die Werkstücke in den Reaktor transportieren kann. Eine wesentliche Neutronenquelle ist Californium 252 mit einer Halbwertszeit von 2,65 Jahren. Abb. 10.11 zeigt eine Anordnung zur Neutronenradiographie.

Bei der Neutronenradiographie werden die Bildinformationen gewonnen durch die Direktbelichtung von Metallfolien aus Gadolinium, Cadmium, Zinksulfit, Lithium oder sog. Konverterfolien.

Die Ansicht einer Neutronenanlage ist in Abb. 10.12 zu sehen.

10.1.5   Durchstrahlungsprüfung mit Mikrofokusröhren

Mikrofokusröhren besitzen einen sehr kleinen Brennfleck (<100 µm), so dass die geometrische Unschärfe wesentlich verringert werden kann. Mit solchen Röhren können deshalb

Abb. 10.11 Anordnung zur Neutronenradiographie [10.11]

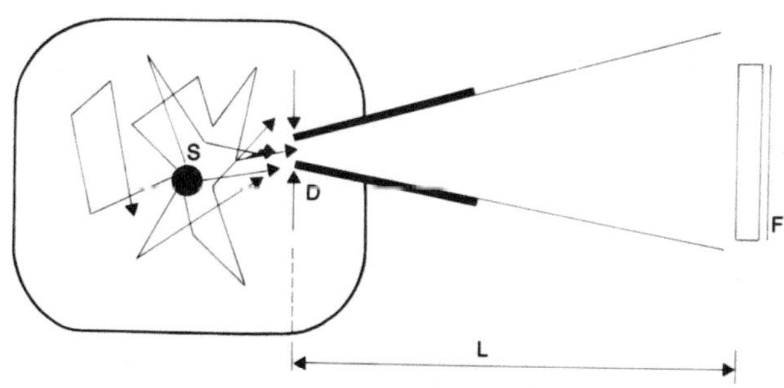

S   Neutronenquelle im Zentrum des Moderators
D   Austrittsöffnung für thermische Neutronen
F   Detektor (Film oder Schirm)

Abb. 10.12 Ansicht einer Neutronenanlage [10.16]

auch sehr kleine Fehler mit Hilfe der Vergrößerungstechnik festgestellt werden, ohne dass die geometrische Unschärfe gegenüber der konventionellen Durchstrahlungsprüfung nennenswert zunimmt. In Tabelle 10.2 sind die Vor- und Nachteile der Mikrofokustechnik zusammengestellt.

Spezielle Einsatzgebiete der Mikrofokustechnik sind die Untersuchung von Keramikwerkstoffen auf Mikroporen oder Mikrolunker, von feinsten Hohlräumen in Turbinenschaufeln, von Elektronikbauteilen sowie von Einschweißungen in Rohrböden von Wärmetauschern [10.11].

Tab. 10.2 Vor- und Nachteile der Mikrofokustechnik [10.11]

Mikrofokustechnik	
Vorteile	Nachteile
Weniger Streustrahlung durch den stark erhöhten Abstand zwischen Prüfgegenstand und Film sowie durch die Anwendung der Vergrößerungstechnik, d.h. kleinere Bereiche des Prüfgegenstandes werden bestrahlt.	Es werden infolge der Vergrößerungstechnik jeweils nur kleine Bereiche des Prüfgegenstandes abgebildet, so dass die Prüfung großflächiger Werkstücke sehr aufwendig wird. Neutronenquellen stehen praktisch nur in Kernreaktoren zur Verfügung. Der Transport dorthin unter Berücksichtigung der Sicherheitsaspekte ist nachteilig.
Erkennbarkeit sehr kleiner Fehler durch günstiges Verhältnis Fehlergröße zur Filmkörnigkeit.	Mikrofokus-Röntgenanlagen sind technisch aufwendig, weil mit Vakuumpumpen und Elektronenfokussierung betrieben.

10.1.6 Durchstrahlungsprüfung mit Computer-Tomografie (CT)

Diese Untersuchungsmethode wird hauptsächlich im medizinischen Bereich angewendet, zunehmend aber auch in technischen Anwendungsfällen. Zur kurzen Darstellung des Prinzips dieser Methode, die von Hounsfield [10.11] vorgeschlagen wurde, sei ausgeführt, dass das Werkstück von einem scharf ausgeblendeten Röntgenstrahl durchstrahlt wird, der dann von einem oder mehreren Detektoren aufgenommen wird.

Bei medizinischen Anlagen drehen sich Quelle und Detektoren synchron um das Objekt, bei industriellen Anwendungen wird in der Regel das Werkstück gedreht. Spezielle Anwendungen dieses Untersuchungsverfahrens sollen in diesem Zusammenhang nicht ausgeführt werden.

10.2 Spezielle Strahlenempfänger

10.2.1 Durchleuchtungsprüfung

Die Durchleuchtungsprüfung, auch Fluoroskopie genannt, ist ein Vorgang, der durch Umwandlung von Röntgenstrahlung in sichtbares Licht ein radiografisches Bild auf einem Leuchtschirm erzeugt. Man versteht darunter die kontinuierliche Betrachtung von Untersuchungsobjekten mittels Röntgenstrahlung. Den fluoreszierenden Folien ist die Fluoroskopie insoweit ähnlich, als sie auf der Aussendung sichtbaren Lichts bei der Bestrahlung mit Röntgenwellen beruht. Sie unterscheidet sich von ihr darin, dass sie normalerweise kein Film-Dokument hervorbringt. Die Arbeitsweise der Durchleuchtungsprüfung ist in Abb. 10.13 dargestellt.

Der Röntgenstrahl hinter dem Prüfstück ist je nach Wanddicke unterschiedlich intensiv, so dass die jeweilige Strahlenintensität in entsprechende Lichtintensitäten umgesetzt wird. Verglichen mit der Herstellung über einen Film ist die Durchleuchtungsprüfung eine wesentlich schnellere und ökonomischere Methode. Deshalb kann sie die Radiografie in einem gut geplanten Qualitätskontrollprogramm ergänzen. Als schnellere und billigere Methode kann sie für die Voruntersuchung von Prüfstücken auf große Volumenfehler benutzt werden. Neuere Entwicklungen haben die Fluoroskopie so stark verbessert, dass

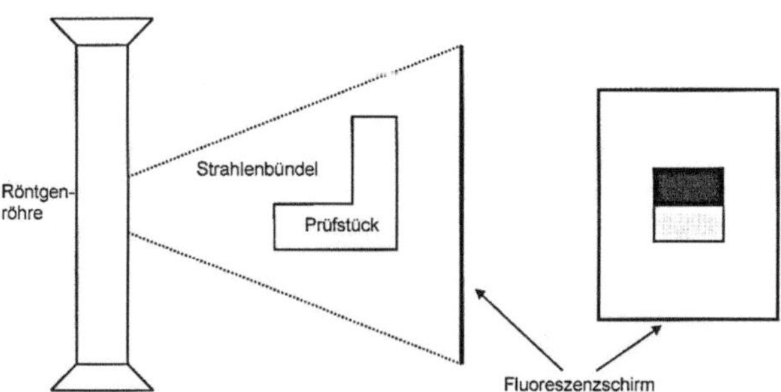

Abb. 10.13 Arbeitsweise der Durchleuchtungsprüfung (Fluoroskopie) [10.12]

Tab. 10.3 Vor- und Nachteile der Fluoroskopie [10.12]

Durchleuchtungsprüfung (Fluoroskopie)	
Vorteile	Nachteile
Schneller	Kein bleibendes Dokument
Keine Filmverarbeitung	Ermüdung des Betrachters
Teile können bewegt werden	Niedrige Detailerkennbarkeit
Betrachtung in allen Richtungen möglich	Nur für dünne Prüfstücke anwendbar

Fehler fast ebenso gut wie durch Radiografie aufgefunden werden können. Die Radiografie hat jedoch immer noch den Vorteil, dass sie ein bleibendes Dokument hervorbringt. Die Vor- und Nachteile der Fluoreskopie werden in Tabelle 10.3 dargestellt.

Die Ausrüstung besteht aus einer Röntgenstrahlenquelle, einer Stand- und Drehvorrichtung für das Bauteil, dem Leuchtschirm sowie einem Bleiglasfilter. Daran kann sich eine Spiegelfolge anschließen, die dem Schutz des Betrachters bei der Auswertung dient (Abb. 10.14).

Das fluoroskopische Bild ist anders auszuwerten als ein Film. Anzeigen, die auf einem **Röntgenfilm** als **dunkle Punkte** erscheinen, werden auf dem **fluoroskopischen Schirm** als **helle Punkte** abgebildet, so dass sie leichter wahrzunehmen sind. Aufgrund der Beanspruchung des Auges sind ihre Umrisse aber schlechter definiert und sie sind nicht so leicht zu interpretieren. Aus diesem Grund ist die Auswertezeit für den Prüfer zu begrenzen. Da das Bild relativ dunkel und kontrastarm ist, können auch nur dünnwandige Prüf-

Abb. 10.14 Arbeitsplatz für die Fluoroskopie [10.13]

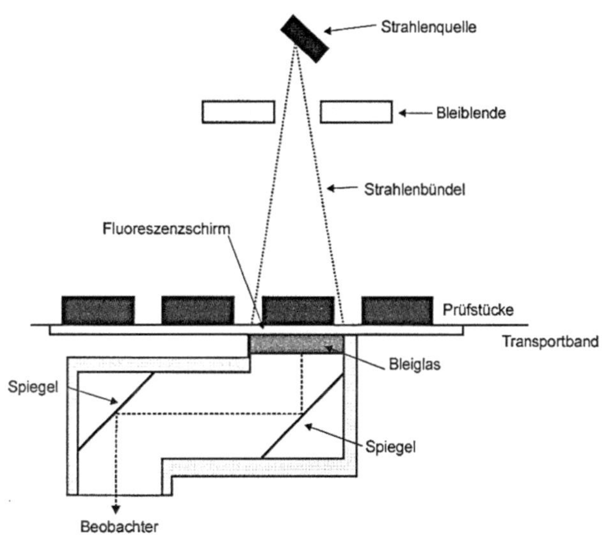

Tab. 10.4 Einflussfaktoren bei der Fluoroskopie [10.13]

Faktor	Erklärung
Helligkeit	Lichtmenge, die der Fluoreszenzschirm nach hinten abgibt
Optisch wahr-genommene Größe	Hängt vom Abstand Auge-Schirm ab. Bei Vergrößerung des Abstandes nimmt die Abbildungsgröße ab.
Kontrast	Differenz der Lichtintensität bei Werkstückdickendifferenz
Wahrnehmungs-schnelligkeit	Ist vom Betrachter abhängig. Erfahrung und physische Fähigkeiten sind erforderlich.

gegenstände aus leichtatomigen Werkstoffen (z.B. Aluminium) geprüft werden. Eine fachgerecht ausgeführte Fluoroskopie hängt direkt von folgenden Faktoren ab (Tabelle 10.4):

Hinzu kommt, dass kommerzielle fluoroskopische Schirme sich in ihrer Fähigkeit unterscheiden, eine scharfe Abbildung hervorzurufen, da sie sich in Dicke, Kristalldurchmesser, chemischer Zusammensetzung und Ansprechfähigkeit unterscheiden. Außerdem muss der Schirm vor jeder Strahlung geschützt werden, einschließlich der Streustrahlung, die keine Information gibt, sondern Objektdetails verdeckt. In Abb. 10.15 ist eine Fluoroskopieeinrichtung übersichtlich dargestellt und in Abb. 10.16 die Durchleuchtung eines Containers vor der Verschiffung [10.13].

Flouroskopie arbeitet am besten mit niedriger Beschleunigungsspannung, d.h. 100 – 150 kV. Höhere Spannungen führen zu geringerer Bildhelligkeit und reduzieren die Auflösung, da größere Brennfleckabmessungen notwendig sind. Moderne Systeme sind heute mit Bildverstärkersystemen und Monitoren ausgerüstet.

Abb. 10.15 Fluoroskop in der Ansicht [10.13]

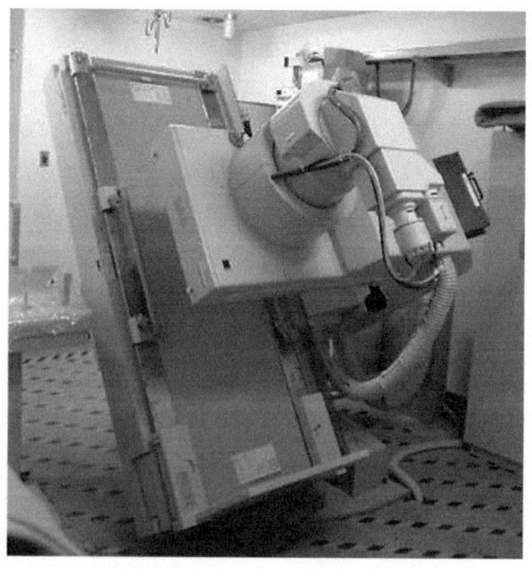

Abb. 10.16 Durchleuchtung eines Containers [10.14]

10.2.2 Xeroradiografie

Unter Xeroradiografie versteht man einen trockenen fotografischen Prozess, der ein elektrostatisches System zur Reproduktion einer Abbildung verwendet. Wird eine radiografische Abbildung reproduziert, spricht man von Xeroradiografie.

Wenn man auf eine bestimmte Aluminium-Platte eine dünne Beschichtung von Selen aufbringt, so lässt sich diese elektrisch aufladen. Wird diese Schicht danach belichtet, so werden die beleuchteten Stellen entladen, während die dunkeln Stellen ihre Ladung behalten. Der gleiche Vorgang spielt sich bei Bestrahlung ab. Das Ausmaß der Entladung ist proportional zur Licht- oder Strahlenmenge, die die Beschichtung erreicht hat.

Bringt man zwischen Strahlenquelle und Selenschicht einen Prüfgegenstand, so bestimmen Dicke und Dichte des Prüfgegenstandes die Dosis, die die Selenschicht erreicht. Das Ergebnis ist ein unsichtbares Abbild des Prüfgegenstandes. Dieses wird sichtbar, wenn man ein Puder auf die Beschichtung bringt, das an den geladenen Stellen festgehalten wird (Abb. 10.17). Da dieser Vorgang der „Sichtbarwerdung" nur wenige Sekunden dauert, können sehr schnell Prüfergebnisse erhalten werden. Das Abbild kann durch Abdruck mit Papier zu einem bleibenden Dokument entwickelt werden. Auch die Platte kann wiederverwendet werden [10.2].

10.2.3 Röntgenbildverstärker

Röntgenbildverstärker bestehen aus einem Vakuumrohr mit Leuchtschirm. Durch einen mehrstufigen Abbildungs- und Umwandlungsprozess von Licht in Elektronen, Beschleunigung der Elektronen, Elektronen in Licht und Betrachtung mit einer Videokamera lassen sich Intensitätssteigerungen bis zum Faktor 1000 erreichen. Die Leuchtschirme besitzen Schirmflächen bis zu 40 cm Durchmesser [10.15].

Die Anwendungen von Durchleuchtungsverfahren sind begrenzt, weil die Fehlernachweisempfindlichkeit deutlich geringer als bei der klassischen Röntgenprüfung mit Film ist. In neuerer Zeit sind Verbesserungen durch Einsatz der Signal-Mittelungstechnik erzielt

Abb. 10.17 Xeroradiografie
[10.2]

worden. Weitere Maßnahmen zur Erhöhung der Bildqualität sind die Kontrastanhebung
und die Kantenverstärkung.

10.2.4 Colorradiografie

In der Filmradiografie erfolgt die Auswertung der Röntgenaufnahmen nur auf der Grundlage der Grauabstufungen zwischen den Helligkeitsstufen von Schwarz nach Weiß. Das
menschliche Auge ist jedoch für Farbkontraste empfindlicher. Deshalb ist der Versuch
unternommen worden, mit Hilfe der Farbfotografie zusätzliche Auswertungsparameter zu
entwickeln, insbesondere Farbtöne und Farbsättigung. Eine routinemäßige Anwendung
der Colorradiografie und eine Ablösung der schwarzweißen durch farbige Röntgenaufnahmen konnte jedoch aus technischen und ökonomischen Gründen bisher nicht durchgesetzt werden [10.7].

10.2.5 Computer-Tomographie (CT)

Bei diesem Untersuchungsverfahren wird der Prüfgegenstand von einem scharf ausgeblendeten Röntgenstrahl durchstrahlt, der dann von einem oder mehreren Detektoren aufgenommen wird. Dabei wird der Prüfgegenstand gedreht. Jeder Detektor ermittelt die gesamte Absorption entlang des Röntgenstrahls. Dadurch müssen große Datenmengen vom
Computer gespeichert und verarbeitet werden, besonders wenn hohe Auflösungen gefordert werden.

Das Bild des untersuchten Prüfgegenstandes wird aus vielen Schnittbildern zusammen-
gesetzt. Dabei werden Schwärzungsunterschiede von 0,02 % ermittelt. Speziell im Kapitel
4 sind Einzelheiten der Computer-Tomographie ohne eine Gesamtdarstellung beschrieben
worden [10.2].

Literatur

[10.1] http://commons.wikimedia.org;

[10.2] Schiebold, Skript RT 3 LVQ-WP Werkstoffprüfung GmbH;

[10.3] https://www.gsi.de/forschung_beschleuniger/beschleunigeranlage/linearbeschleuniger.htm;

[10.4] http://www.leifiphysik.de/themenbereiche/bewegung-ladungen-feldern/lb/bewegung-ladungen-feldern-teilchenbeschleuniger-0;

[10.5] H. Krieger: Strahlungsquellen für Technik und Medizin. Teubner, 2005, ISBN 3-8351-0019-X;

[10.6] F. Hinterberger: Physik der Teilchenbeschleuniger und Ionenoptik. 2. Auflage, Springer, 2008, ISBN 978-3-540-75281-3;

[10.7] Eisenkolb, Kurzmann, Einführung in die Werkstoffkunde, Band VI, Zerstörungsfreie Werkstoffprüfung, Deutscher Verlag für Grundstoffindustrie Leipzig Juni 1969;

[10.8] http://erlangen.physicsmasterclasses.org/exp_besch/exp_besch_05.html;

[10.9] http://www.spektrum.de/lexikon/physik/betatron/1485;

[10.10] http://www.google.de/imgres?imgurl=http://upload.wikimedia.org/wikipedia, commons/8/83/Betatron_6MeV_(1942).jpg

[10.11] Agfa-Gevaert NV. Industrielle Radiografie 1990;

[10.12] http://de.wikipedia.org/wiki/Durchleuchtung;

[10.13] http://commons.wikimedia.org/wiki/File:Fluoroscope.jpg;

[10.14] http://www.google.de, cyber_roentgen 2_5sp.jpg;

[10.15] http://de.wikipedia.org/wiki/R%C3%B6ntgenbildverst%C3%A4rker;

[10.15] Redmer, Przybilla, Föllner, Malitte, Ewert, Anwendung hochenergetischer Strahlenquellen in der Durchstrahlungsprüfung, DGZfP-Jahrestagung Bremen 2011;

[10.16] Frei, Lehmann, Neue Erkenntnisse bei der Nutzung von Neutronenstrahlen für die Untersuchung industrierelevanter Komponenten, DGZfP-Jahrestagung St. Gallen 2008;

11.1 Werkstoffe, Ordnungszahlen, Dichte u. Schwächungskoeffizienten

Chemische Elemente unterschiedlicher Ordnungszahl unterscheiden sich nicht nur in der Größe des Schwächungskoeffizienten für Röntgenstrahlung, sondern auch in der Wellenlängenabhängigkeit des Schwächungskoeffizienten. Man kann daher auch bei der Durchstrahlungsprüfung die spektrale Abhängigkeit des Schwächungskoeffizienten als Information über den Werkstoff ausnutzen. Der Einfluss der Ordnungszahl auf die Abhängigkeit des Schwächungskoeffizienten ist jedoch vergleichsweise gering zur absoluten Abhängigkeit des Schwächungskoeffizienten von der Energie. Da die Ordnungszahl des durchstrahlten Stoffes aber in der 3. Potenz wirksam wird, darf diese Abhängigkeit der Schwächung nicht vernachlässigt werden.

Die Hauptanwendungsgebiete der Durchstrahlungsprüfung sind mit dem Werkstoff Fe (Stahl und Eisen) gekoppelt. Man unterscheidet deshalb Werkstoffe mit gegenüber Stahl niedrigerer Ordnungszahl und solche mit höheren Ordnungszahlen (siehe auch Abb. 11.1). In gleicher Weise wie die Ordnungszahl ist die Dichte der Werkstoffe zu betrachten.

Im Abb. 11.2 ist die Abhängigkeit des Schwächungskoeffizienten von der Energie für Werkstoffe mit unterschiedlichen Ordnungszahlen dargestellt. Im Bereich der konventionellen Röntgenstrahlung nimmt der Schwächungskoeffizient mit zunehmender Röntgenenergie ständig ab. Der Verlauf ist geringfügig abhängig von der Ordnungszahl, so dass die effektive Ordnungszahl eines Werkstoffes ermittelt werden kann, wenn die Durchstrahlung bei verschiedenen Energien erfolgt. Meistens genügen bereits zwei Energiestufen zur Unterscheidung von zwei Werkstoffkomponenten, wie mit Hilfe der Computertomographie nachgewiesen werden konnte [11.2].

K. Schiebold, *Zerstörungsfreie Werkstoffprüfung – Durchstrahlungsprüfung,*
DOI 10.1007/978-3-662-44669-0_11, © Springer-Verlag Berlin Heidelberg 2015

Abb. 11.1 Periodensystem der Elemente [11.1]

Abb. 11.2 Abhängigkeit des Schwächungskoeffizienten von der Energie für Werkstoffe mit unterschiedlichen Ordnungszahlen [11.2]

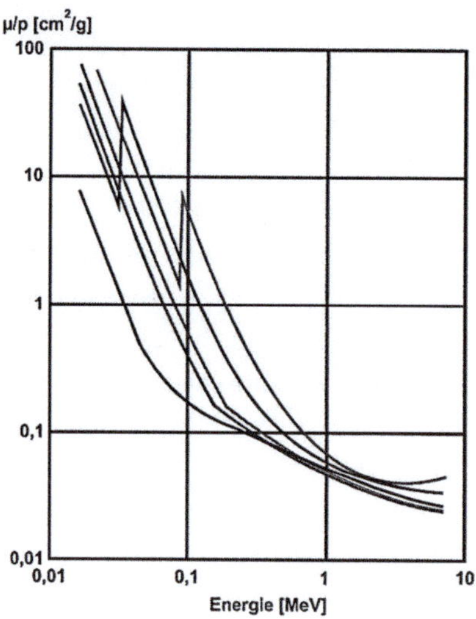

11.2 Durchstrahlung von Werkstoffen niedriger Ordnungszahl

11.2.1 Leichtmetalle

In diese Gruppe können alle Leichtmetalle sowie Kunststoffe, Keramik, Graphit, Gummi, Beton und andere Baumaterialien eingeordnet werden. Am häufigsten wird neben Stahl der Werkstoff Aluminium mit Durchstrahlungsmethoden untersucht, vielfach mit Radioskopie oder Computertomographie. Deshalb liegen über die Durchstrahlungsprüfung von Aluminium auch die relativ meisten Ergebnisse zu Röntgenaufnahmen, weniger jedoch zu Gammaaufnahmen vor.

Röntgenaufnahmen an Prüfgegenständen aus Leichtmetall werden nur in seltenen Fällen mit Röhrenspannungen über 200 kV angefertigt, meist bleibt man unter 150 kV. In diesen Spannungsbereichen spielt die Eigenfilterung der Röhren schon eine große Rolle. Weichstrahlröhren mit Berylliumfenster werden zur Verbesserung der Bildgüte eingesetzt. Teilweise wurden aber auch Megavolteinrichtungen zur Untersuchung dickwandiger Aluminiumteile verwendet. Tabelle 11.1 zeigt Ergebnisse über die Erkennbarkeit kugelförmiger Hohlräume bei der Röntgendurchstrahlung von Aluminium [11.2].

Radionuklide finden im Gegensatz zu Schwermetallen bei der Durchstrahlungsprüfung von Leichtmetallen auch heute noch nur verhältnismäßig wenig Anwendung. Das liegt z.T. darin begründet, dass nur wenige brauchbare Gammastrahler zur Verfügung stehen. Auch wird teilweise bei diesen Präparaten durch eine energiereiche Betastrahlung eine ziemlich durchdringende Röntgenbremsstrahlung erzeugt, die sich der Gammastrahlung überlagert und damit bildverschlechternd wirkt (Thulium 170). In Abb. 11.3 sind Messergebnisse zusammengefasst, die mit Thulium 170 (A) und Iridium 192 (B) an Aluminium gewonnen wurden.

Die Durchstrahlungsprüfung von Werkstoffen mit niedriger Ordnungszahl wird wesentlich beeinflusst durch die gegenüber Eisen und Stahl viel niedrigeren Schwächungskoeffizienten (vergleiche auch Tabelle 2.2 und Abb. 2.9) und durch die höheren Streuverhältnisse.

Tab. 11.1 Ergebnisse über die Erkennbarkeit kugelförmiger Hohlräume bei der Röntgendurchstrahlung von Aluminium [11.2]

Wanddicke der Aluminiumprüfstücke (mm)	Röhrenstrom (mA)	Detailerkennbarkeit (mm)
12,7	0,1	1,2
64	1,0	1,6
114	1,0	2,0
165	1,0	2,4
216	3,0	2,8
266	3,0	3,6

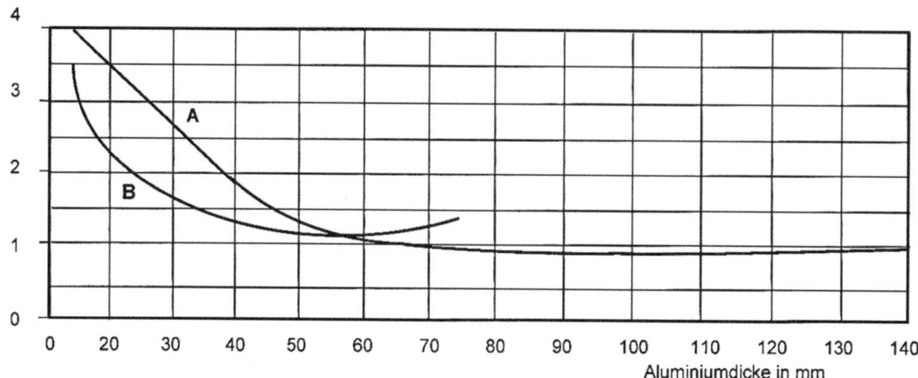

Abb. 11.3 Untersuchung zur Drahterkennbarkeit der Durchstrahlungsprüfung von Aluminium mit radioaktiven Isotopen [11.2]

Abb. 11.4 Schwächungskoeffizient μ von Aluminium [11.2], [11.3]

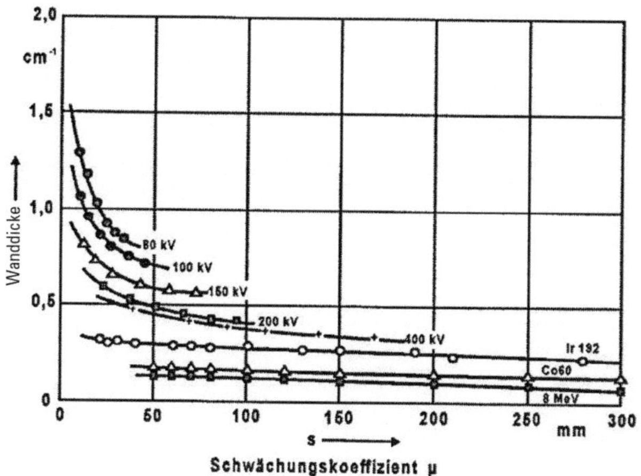

Abb. 11.4 zeigt den Schwächungskoeffizienten und Abb. 11.5 das Streuverhältnis von Aluminium in Abhängigkeit von der Strahlenenergie und der durchstrahlten Wanddicke.

Maximale Streuverhältnisse treten bei einer Grenzenergie von 400 kV auf. Mit abnehmender Energie bis zu 80 kV wird das Streuverhältnis etwas kleiner. Bei Ir 192 und Co 60 ist die Aluminium-Wanddicke in die äquivalente Stahl-Wanddicke umzurechnen, wenn man die Streuverhältnisse der beiden Werkstoffe vergleichen will. Danach ergeben sich für Aluminium wesentlich höhere Streuverhältnisse als für Stahl.

Schwächungskoeffizient und Streuverhältnis bewirken ganz wesentlich den spezifischen Kontrast $\mu/(1 + k)$. Für Aluminium ist der spezifische Kontrast in Abhängigkeit von der durchstrahlten Wanddicke s in Abb. 11.6 wiedergegeben.

Abb. 11.5 Streuverhältnis k
von Aluminium [11.2], [11.3]

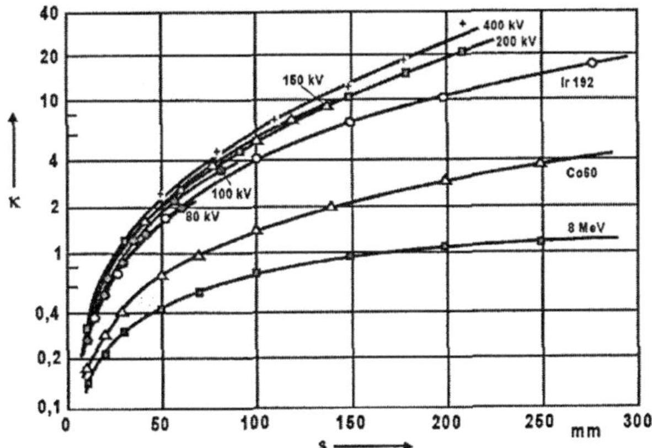

Abb. 11.6 Spezifischer
Kontrast $c_{sp} = \mu/(1 + k)$ von
Aluminium [11.2], [11.3]

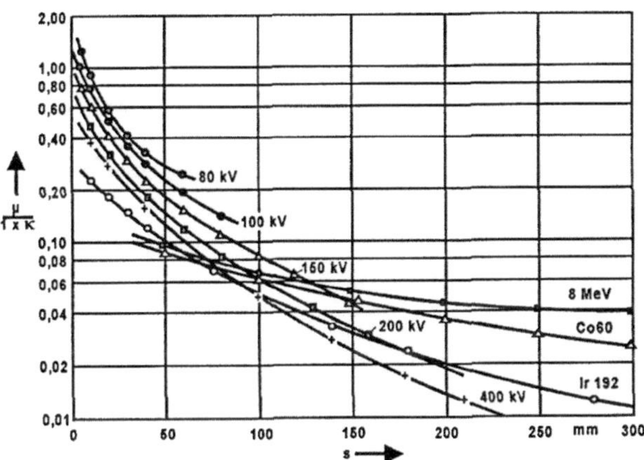

Man kann aus Abb. 11.6 ableiten, dass der spezifische Kontrast sehr stark mit der Wanddicke und zunehmender Grenzenergie abfällt. Ähnlich verhält sich die Bildgüte für Aluminium in Abhängigkeit von der durchstrahlten Wanddicke. Man sollte deshalb bei Wanddicken bis 100 mm bei Aluminium möglichst kleine Grenzenergien anwenden, bei größeren Wanddicken ist der Einsatz der Strahlenenergie beliebig. Weiterhin lässt sich konstatieren, dass das Streuverhältnis bei der Durchstrahlungsprüfung der erörterten Werkstoffe am deutlichsten den spezifischen Kontrast und damit die Fehlererkennbarkeit bestimmt. Eine Maßnahme, um solchen hohen Streuverhältnissen zu begegnen, ist die Zwischenfilterung zwischen Prüfgegenstand und Film (Abb. 11.7).

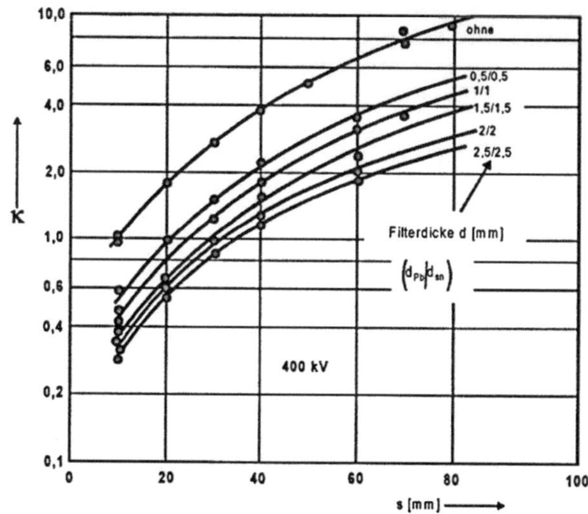

Abb. 11.7 Zwischenfilter und Streuverhältnis bei Stahl [11.2], [11.3]

11.2.2   Kunststoffe

Für die Qualität einer Röntgenaufnahme ist der Bildkontrast zwischen Fehler und Grundmaterial maßgebend. Je näher die Ordnungszahlen des Grundmaterials und des Stoffes im Fehlerquerschnitt beieinander liegen, umso weicher muss die Röntgenstrahlung sein, um einen ausreichenden Bildkontrast zu erhalten. Gerade bei Kunststoffen ist das der Fall, d.h. man muss mit einer Röhre mit möglichst niedriger Spannung arbeiten (ca. 25 bis 60 kV) und Berylliumfenster verwenden. Die am Kunststoff besonders interessierende Durchstrahlungsprüfung betrifft Muffen- und Stumpfschweißverbindungen an Versorgungsrohren aus Polyethylen.

Abb. 11.8 zeigt schematisch eine Durchstrahlungstechnik an PE-Rohren und

Abb. 11.9 einen Bindefehler in der Schweißverbindung.

Die Einstrahlrichtung ist in Richtung der Bindeebene zu legen, bei der Heizelementstumpfschweißung bedeutet das senkrecht zur Rohrachse. Bei anderen Schweißverfahren,

Abb. 11.8 Durchstrahlungstechnik an PE-Rohren (schematisch) [11.4]

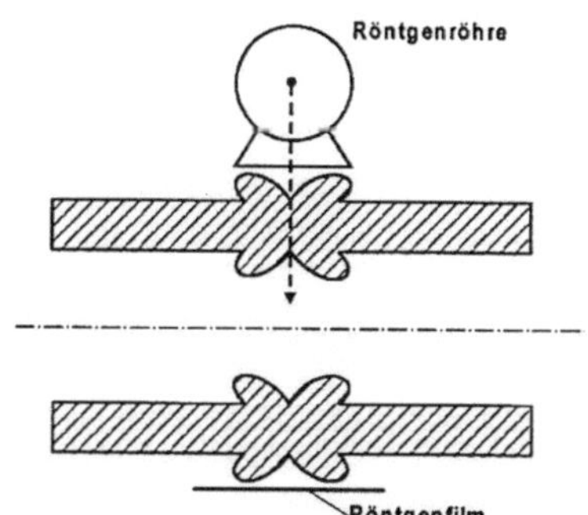

Abb. 11.9 Bindefehler in der Schweißverbindung [11.4]

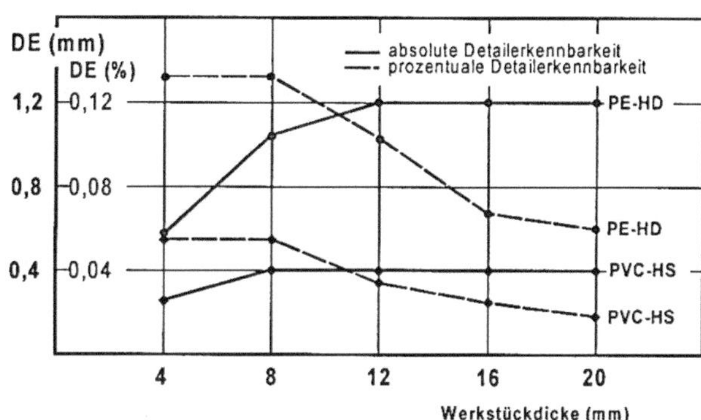

Abb. 11.10 Detailerkennbarkeit bei der Röntgenprüfung von PE u. PVC [11.4]

wo die Nahtfuge einen Winkel bildet, z.B. bei der V-Naht, müssen demnach zwei Aufnahmen von einer Nahtstelle angefertigt werden. So hat man schon Bindefehler von 2–3 mm Tiefenausdehnung in einer 75 mm dicken Schweißnaht auf dem Film gut nachgewiesen [11.4].

Ein Prüfverfahren wird u.a. daran gemessen, ob kleinste Fehlstellen mit Sicherheit nachgewiesen werden können. In der Durchstrahlungstechnik ist es üblich, die Prüfmethode an ihrer Detailerkennbarkeit einzustufen. Untersuchungen zur Detailerkennbarkeit an Kunststoffen mit verschiedenen Testkörpern und definierten künstlichen Fehlstellen (Sägeschnitte, Bohrungen, Absätze) haben ergeben (Abb. 11.10), dass die Detailerkennbarkeit DE bei Wanddicken von 4 bis 20 mm zwischen 0,2 und 1,3% liegt, was deutlich besser ist, als die Normen für die Metalle festlegen ($\leq$ 2%).

Versuchsergebnisse zeigen aber auch Einschränkungen in der Nachweisbarkeit von speziellen Fehlern in Plastverbindungen mit Röntgenstrahlen. Dabei handelt es sich besonders um Bindefehler geringer Spaltbreite und anderer Orientierung der Ausdehnung im Vergleich zur Durchstrahlungsrichtung. Prinzipiell kann die Aussage getroffen werden, dass Fehler mit einer Ausdehnung in Strahlungsrichtung von 5 bis 10% der Objektdicke und einer Spaltbreite senkrecht dazu von 0,1 mm, auf einem Röntgenfilm gut zur Abbildung kommen. Abb. 11.11 zeigt die Schwächungskoeffizienten μ_a und die Streukoeffi-

Abb. 11.11 Schwächungskoeffizient und Streukoeffizient bei PE, AL und Stahl

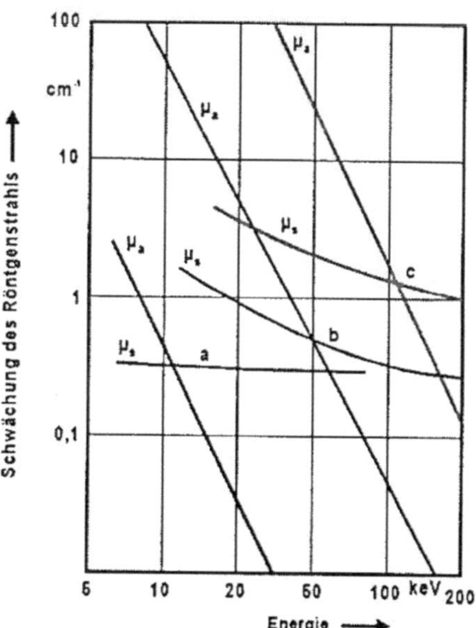

zienten μ_s von Polyethylen, Aluminium und Stahl noch einmal im Vergleich in Abhängigkeit von der Grenzenergie [11.4].

Die niedrige Dichte des Plastwerkstoffes erfordert ein Filmmaterial mit kontrastreichen
Bildern bei verhältnismäßig kleinen Wanddicken. Die Filme müssen daher eine besonders
feine Körnung, sehr gute Kontrasteigenschaften, eine mittlere Lichtempfindlichkeit und
außerordentliche Teil-Wiedergabeeigenschaften besitzen. Folien werden selten eingesetzt.

11.3 Durchstrahlung von Werkstoffen hoher Ordnungszahl

Die Durchstrahlungsprüfung solcher Werkstoffe, wie Kobalt, Nickel, Kupfer, Blei, Zinn,
Silber, Gold oder Wismut (auch Schwermetalle genannt) ist relativ selten, Hauptanwen-
dungsgebiet bleibt die Prüfung von Eisen und Stahl. Werkstoffe mit hoher Ordnungszahl
und großer Dichte zeigen im Gegensatz zu den Leichtmetallen große Schwächungskoeffizienten, die demgemäß auch für die Fehlererkennbarkeit und den spezifischen Kontrast die
hauptsächlichste Einflussgröße ist. Stellvertretend ist in Abb. 11.12 die Detailerkennbarkeit von Stahl mit Wanddicken zwischen 50 und 175 mm mittels Co 60 untersucht worden. Danach erreicht die prozentuale Detailerkennbarkeit zwischen 100 und 120 mm ihren
besten Wert, um zu größeren Wanddicken hin wieder anzusteigen.

Die Wahl der Durchstrahlungsenergie richtet sich bei diesen Werkstoffen wesentlich
nach der in Abhängigkeit von der zu durchstrahlenden Wanddicke noch vertretbaren Belichtungszeit.

Abb. 11.12 Detailerkennbarkeit von Stahl mit großen Wanddicken [11.2], [11.4]

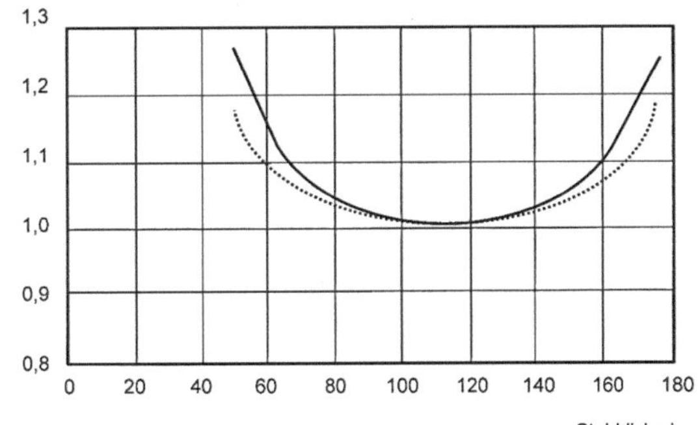

Literatur

[11.1] giga.de/s/periodensystem-der-elemente-zum-ausdrucken/_

[11.2] Schiebold, Skript RT 3 LVQ-WP Werkstoffprüfung GmbH;

[11.3] DGZfP, Skript RT 2, Ausgabe 1994;

[11.4] LVQ-WP Werkstoffprüfung GmbH, Abschlussbericht zum F/E-Thema „Zerstörungsfreie Werkstoffprüfung an Schweißverbindungen von Kunststoffrohren", Nov. 2011;

12

12.1 Gussfehler

12.1.1 Lunker und Mikrolunker

Beim Abkühlen reduziert sich das Metallvolumen. Dies gilt auch für das Gießen; hier sind drei Phasen der Volumenminderung (Tabelle 12.1) festzustellen [12.1]:

1. Volumenminderung im flüssigen Zustand. Volumenminderung durch Einguss und Steiger ausgleichbar.
2. Volumenminderung im plastisch „teigigen" Zustand: Schwindung. Innen: flüssig; außen: teigig, fest. „Flüssigkeit" = Schmelze gleicht Volumenänderungen von innen aus.
3. Volumenminderung im festen Zustand: Gleichmäßige werkstoffabhängige Volumenkontraktion (Schrumpfung).

Besonders drastisch ist die Volumenminderung beim Übergang flüssig/fest (teigig). Hier treten Schwindlungshohlräume, **Lunker** genannt, auf (Abb. 12.1) [12.1].

In der Abgussform wird der Werkstoff an den Wänden zuerst fest und erstarrt schließlich in Schichten. Beim Übergang flüssig/fest führt jedoch die Volumenminderung dazu,

Tab. 12.1 Schwindung und Schrumpfung bei wichtigen Gusswerkstoffen

Werkstoff	Schwindung in %	Schrumpfung in %
Grauguss	2,8	1,0
Stahlguss	4,5	3,0
Aluminiumguss	5,0	1,3

K. Schiebold, *Zerstörungsfreie Werkstoffprüfung – Durchstrahlungsprüfung,*
DOI 10.1007/978-3-662-44669-0_12, © Springer-Verlag Berlin Heidelberg 2015

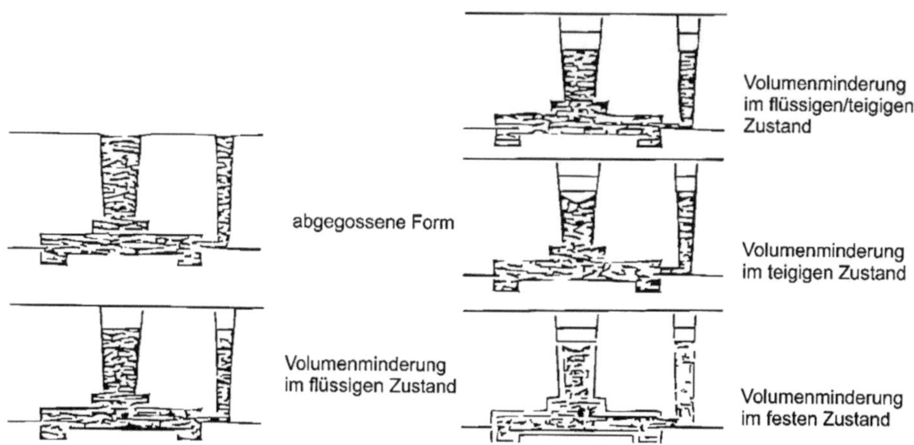

Abb. 12.1 Lunkerbildung (Darstellung der Abkühlphase an einem Gussstück)

Abb. 12.2 Blocklunker in
einem Stahlblock [12.1]

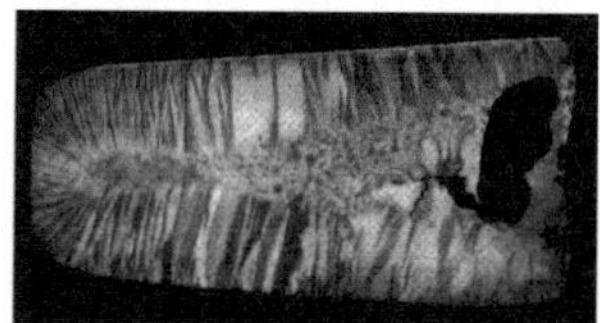

dass die Flüssigkeit im Innern diese ausgleichen muss, wodurch der Spiegel der Schmelze absinkt und ein sog. Kopflunker entsteht, der beim Sandguss durch den Speiser und beim Kokillenguss durch den Blockkopf aufgenommen wird (Abb. 12.2).

Bei globulitischer Erstarrung im Inneren des Gussblockes kann zusätzlich zwischen einzelnen Körnern noch Restschmelze liegen, die dann verästelte Hohlräume zwischen den Körnern hinterlässt. Es entstehen Mikrolunker, Gasblasen, Fadenlunker, Schwammiges Gefüge (Abb. 12.3 und 12.4).

Abb. 12.3 Mikrolunker im
Inneren einer Lagerschale aus
Stahlguss [12.1]

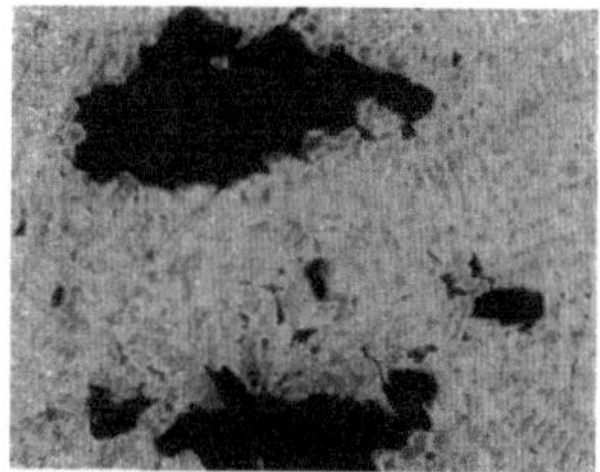

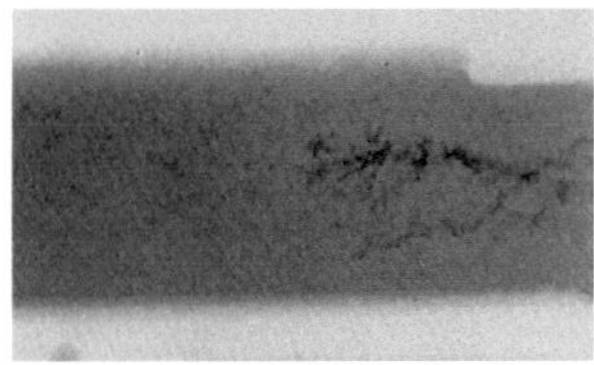

Abb. 12.4 Fadenlunker in einer Durchstrahlungsaufnahme [12.2]

12.1.2 Warmrisse

Bei hochlegierten Werkstoffen besteht der letzte Rest Schmelze zwischen den Kristallen oft aus niedrigschmelzendem Material. Es kann sich dabei z.B. um Schwefel, Sauerstoff oder Phosphorverbindungen handeln, die als „Seigerungen" zwischen den bereits festen Körnern noch flüssig sind, wenn aufgrund der Volumenschrumpfung im Gussteil bereits starke mechanische Spannungen auftreten. Diese mechanischen Spannungen kann der Werkstoff dann nicht aufnehmen, er reißt längs der Flüssigkeitsfilme (Abb. 12.5). Abb. 12.6 zeigt Warmrisse in einer Durchstrahlungsaufnahme.

Abb. 12.5 Warmrissbildung Schematisch [12.1]

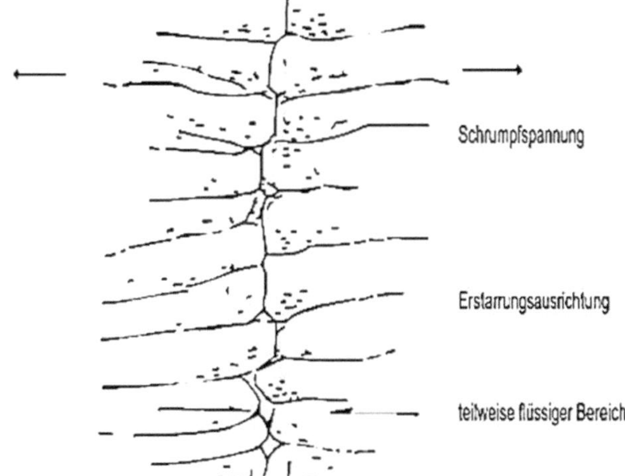

Abb. 12.6 Warmrisse in einer Durchstrahlungsaufnahme [12.2]

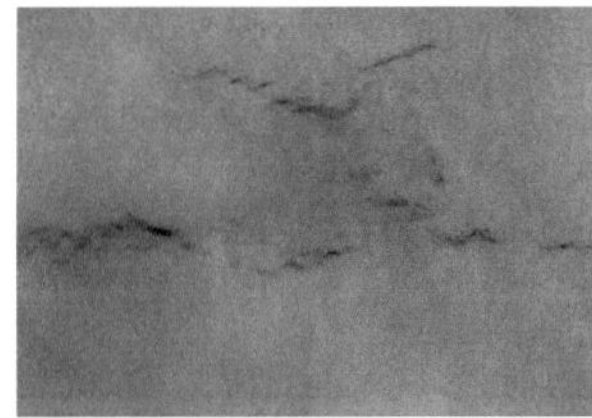

12.1.3 Poren

Eine Schmelze enthält im Gegensatz zum Feststoff eine große Menge an gelöstem Gas. Dieses Gas muss beim Festwerden aus dem Metall verschwinden. Es ballt sich meist an der Grenzfläche flüssig/fest zu Gasblasen zusammen und entweicht durch die noch flüssige Schmelze an die Luft oder in den Formsand. Dazu braucht das Gas Zeit. Erstarrt die Schmelze zu schnell, so können diese Blasen „eingefroren" werden und zur Porenbildung führen. Abb. 12.7 zeigt Gasblasen in einem Block aus unberuhigtem Stahl. Porosität erzeugt weitestgehend rundliche Anzeigen.

12.1.4 Sand- und Schlackeneinschlüsse

Abplatzen des Formsandes beim Verfüllen der Form führt zu warzenartigen Erscheinungen (Schülpen) an der Oberfläche und zu Sandeinschlüssen im Innern des Gusswerkstoffes. Durch Desoxidationsvorgänge und Reaktion mit feuerfesten Auskleidungsstoffen entstehen nichtmetallische Produkte, die ebenfalls im Werkstückinnern „eingefroren" werden können (Schlacken).

12.1.5 Kernstützen

Kernstützen bei Hohlteilen dienen dazu, die Innere Form so abzustützen, dass sie nicht verrutscht und so die Maßgenauigkeit gefährdet wird. Kernstützen bestehen aus demselben Material wie das Gussteil. Sie werden mit dem Gusswerkstoff verschweißt. Ist die Stütze ankorrodiert, ölig oder schmutzig, so gelingt das Verschweißen nicht und es entsteht eine Art von „Bindefehler" zwischen Gusswerkstoff und Kernstütze. Diese Erscheinung ist als Fehler zu werten („unverschweißte Kernstützen"), die die Bauteilhaltbarkeit entscheidend beeinträchtigt.

Abb. 12.7 Gasblasen in einem Block aus unberuhigtem Stahl [12.1]

12.2 Durchstrahlungsprüfung von Gussstücken nach DIN EN 12681

12.2.1 Prüfklassen

In den für die Durchstrahlungsprüfung von Gussstücken gültigen Normen, wie DIN EN 444 [12.4] (inzwischen ersetzt duch DIN EN ISO 5579 [12.18] werden zwei Prüfklassen unterschieden:

- Prüfklasse A für die Grundtechnik, z.B. zur Prüfung auf volumenhafte Fehler,
- Prüfklasse B für die verbesserte Technik mit höherer Empfindlichkeit, z.B. zur Prüfung auf die Gütestufen mit höchster Qualität oder bei Anschweißenden.

Die Techniken der Klasse B werden angewendet, wenn Klasse A zu unempfindlich sein könnte. Bessere Techniken als Klasse B sind durch Vereinbarung zwischen den Vertragspartnern unter Festlegung aller geeigneten Prüfparameter möglich. Die Wahl der radiografischen Technik muss zwischen den betroffenen Vertragspartnern vereinbart werden.

Wenn es technisch nicht möglich ist, eine der für die Klasse B maßgebenden Prüfbedingungen, wie die Art der Strahlenquelle oder den Abstand Strahlenquelle zum Prüfgegenstand einzuhalten, darf zwischen den Vertragspartnern vereinbart werden, dass die Prüfbedingungen nach Klasse A gewählt werden. Der Verlust an Empfindlichkeit muss durch eine Vergrößerung der minimalen Schwärzung auf 3,0 oder durch die Wahl eines Filmsystems mit höherem Kontrast ausgeglichen werden. Wegen der dadurch erreichten größeren Prüfempfindlichkeit gegenüber der Klasse A dürfen die durchstrahlten Prüfabschnitte als nach Klasse B geprüft angesehen werden.

12.2.2 Film-Fokus-Abstand, f_{min}

Zur Vorbereitung der Einrichtung von Durchstrahlungsaufnahmen gehört zunächst die Ermittlung des Film-Fokus-Abstandes. Dafür benötigt man Angaben zur zu erwartenden Unschärfe der Aufnahme. Die Einhaltung einer möglichst kleinen geometrischen Unschärfe der Durchstrahlungsaufnahme ist jedoch eine wichtige Bedingung für die Erkennbarkeit kleiner Objektdetails. Optimale geometrische Unschärfe wird erreicht, wenn

1. Der Brennfleck der Strahlenquelle klein ist (d),
2. Der Abstand Strahlenquelle – Werkstückoberfläche (f) relativ groß ist,
3. Der Abstand strahlerseitige Werkstückoberfläche – Film (b) klein ist.

Die Zusammenhänge werden durch die nachstehende Formel beschrieben:

$$U_g = \frac{d \times b}{f}.$$

Liegt der Film eng an einem Werkstück gleichmäßiger Dicke w an, so ist b = w und

$$U_g = \frac{d \times w}{f}.$$

Die geometrische Unschärfe muss so klein wie möglich gehalten werden, was erreicht wird, wenn man wie oben dargestellt, einen sehr kleinen Brennfleck und einen möglichst großen Abstand Strahlenquelle – Werkstückoberfläche hat.

Letzteres ist jedoch wegen der hohen Strahlzeiten und aus Strahlenschutzgründen nicht ratsam. Es ist auch nicht notwendig, da innere Unschärfe sowieso im Film vorhanden und nicht ganz zu beseitigen ist. Um den minimalen Film-Fokus-Abstand zu bestimmen, sollte deshalb die geometrische gleich groß wie die innere Unschärfe sein. Daraus resultiert die Beziehung [12.2]

$$f_{min} = \frac{d \times w}{U_i}$$

Mit dieser Formel und einem Messwert für U_i lässt sich daher rein theoretisch ein solcher Mindestabstand errechnen.

Beispiel:
Es soll ein Blech von 15 mm Dicke mit einer Röhre (Brennfleck d = 4 mm) durchstrahlt werden, die mit 160 KV arbeitet.

Lösung:
Die innere Unschärfe ist für 160 KV bei optimalem Film-Folien-Kontakt lt. Tabelle 3.6 U_i = 0,13 mm.

$$f_{min} = \frac{4 \times 15}{0,13} = \textbf{462 mm.}$$

Im ASME-Code sind bei bestimmten Wanddickenbereichen feste höchstzulässige Werte für die geometrische Unschärfe vorgegeben. Diese Werte sind nicht einfach zur Berechnung eines Mindestabstandes gedacht, sondern nach Wahl einer Aufnahmeanordnung zur Überprüfung der zu erwartenden Aufnahmeunschärfe. Aus dem gewählten Abstand soll über die geometrische Unschärfe berechnet werden. Diese sollte die in Tabelle 12.2 aufgeführten Werte nicht übersteigen:

In DIN EN 444 [12.4] werden wie bereits dargestellt zwei Prüfklassen unterschieden. Das Verhältnis Abstand (f) zum optisch wirksamen Brennfleck (d) wird in Beziehung zu einer funktionellen Abhängigkeit von (b) (Abstand filmfernster Punkt zum Film) für die beiden Prüfklassen limitiert. Der Abstand f muss, wenn möglich, so bemessen werden, dass das Verhältnis dieses Abstandes zur Größe d der Strahlenquelle f/d, nicht die Werte unterschreitet, die durch die folgenden Gleichungen gegeben sind:

$$f/d \cdot \geq 7,5 \times (b/mm)^{2/3} \text{ Prüfklasse A,}$$
$$f/d \cdot \geq 15 \times (b/mm)^{2/3} \text{ Prüfklasse B.}$$

Tab. 12.2 Maximale geometrische Unschärfe nach ASME-Code [12.5]

Materialdicke in mm	Maximale U_g in mm
unter 50	0,510
von 50 bis 75	0,760
von 75 bis 100	1,020
über 100	1,780

Es lassen sich die Mindestabstände auch mittels Taschenrechner berechnen oder aus einem Leiterdiagramm ablesen (Abb. 12.8). Falls der Abstand b < 1,2 w ist, muss die Größe b durch die Nennwanddicke w ersetzt werden.

Abb. 12.8 Leiterdiagramm nach DIN EN 444 zur Ermittlung d. Mindestabstände Strahlenquelle zum Prüfgegenstand f_{min} für die Prüfklasse A und B

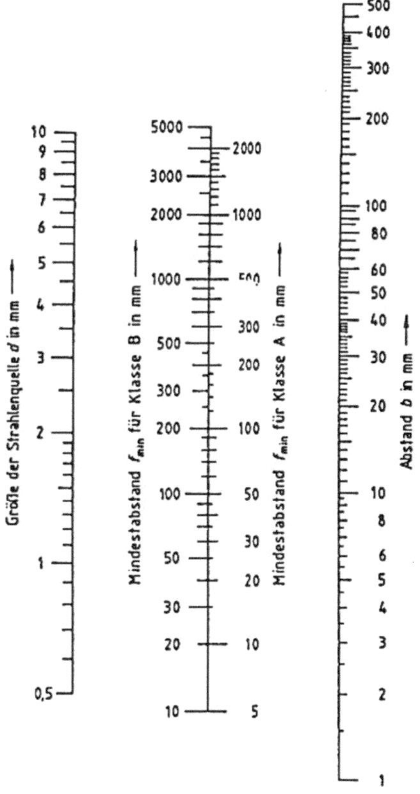

Beispiel

Blech 15 mm Dicke, Röntgenröhre Brennfleck d = 4 mm

$$\text{Prüfklasse A: } f_{min} = 4 \times 7{,}5 \times b^{2/3} = 179{,}2 \text{ mm,}$$
$$\text{Prüfklasse B: } f_{min} = 4 \times 15 \times \cdot b^{2/3} = 358{,}4 \text{ mm.}$$

12.2.3   Wahl der Röhrenspannung und der Strahlenquelle

12.2.3.1   Röntgenstrahler

Um eine gute Fehlerauffindbarkeit zu erhalten, sollte die Röhrenspannung nach DIN EN 444 so niedrig wie möglich sein. Die maximalen Werte der Röhrenspannung sind in Abb. 12.9 in Abhängigkeit von der Dicke angegeben [12.4].

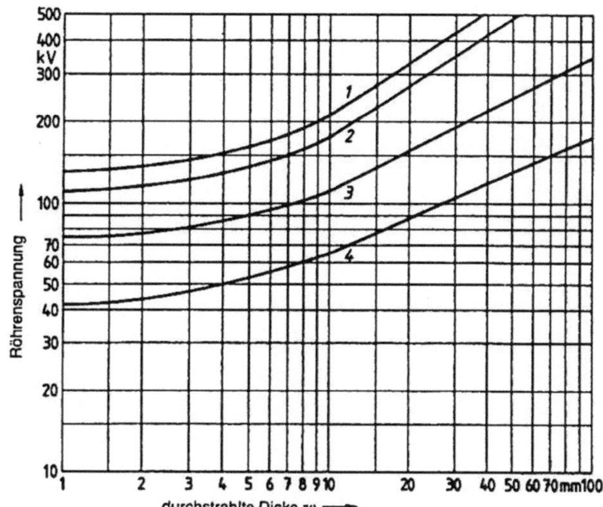

Abb. 12.9 Maximale Röhrenspannung von Röntgenstrahlern bis 500 kV in Abhängigkeit von der durchstrahlten Dicke und vom Werkstoff

12.2.3.2   Andere Strahlenquellen

Zulässige Bereiche der durchstrahlten Dicke für Gammastrahler und Röntgenstrahler über 1 MeV sind in Tabelle 12.3 angegeben.

12.2.3.3   Energieauswahl nach ASME-Code

In Abb. 12.10 sind Grenzwerte für die maximale Spannung von Röntgengeräten für den Werkstoff Stahl dargestellt. Für Kupferlegierungen oder Aluminium sind ähnliche Kurven in Sect. V enthalten.

Die Verwendung von radioaktiven Präparaten richtet sich entsprechend Tab. 12.4 nach der Wanddicke [12.5].

Tab. 12.3 Dickenbereich des Prüfgegenstandes für Gammastrahler und für Röntgenstrahler ab 1 MeV Grenzenergie für Stahl, Kupfer und Nickel-Basis-Legierungen nach DIN EN 444 [12.4]

Strahlenquelle	Durchstrahlte Wanddicke in mm für	
	Prüfklasse A	Prüfklasse B
Ir 192	$20 \leq w \leq 100$	$20 \leq w \leq 90$
Co 60	$40 \leq w \leq 200$	$60 \leq s \leq 150$
Rö.-Str. $1\,\mathrm{MeV} \leq E_G \leq 4\,\mathrm{MeV}$	$30 \leq w \leq 200$	$50 \leq w \leq 180$

Abb. 12.10 Maximale Spannung für Röntgenanlagen und Stahl nach ASME-Code [12.5]

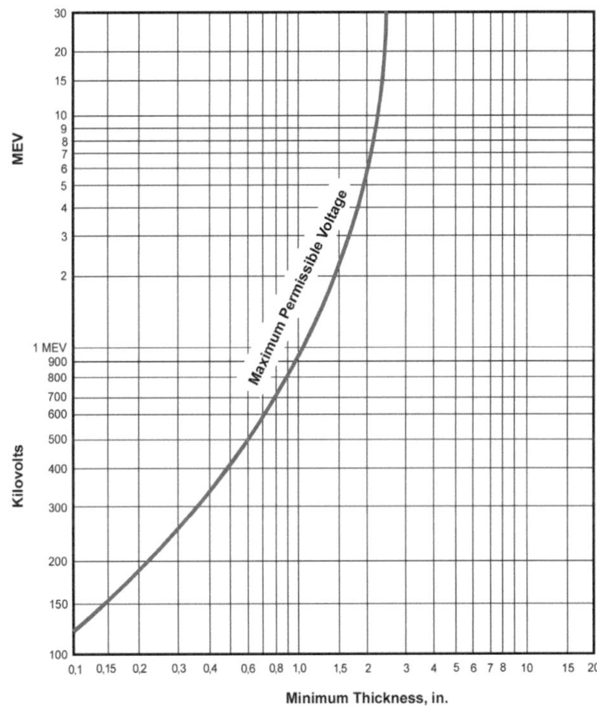

Bei der Verwendung radioaktiver Isotope richtet sich die maximale Wanddicke in erster Linie nach der Belichtungsdauer, deshalb sind keine oberen Grenzwerte angegeben worden. Die angegebenen Grenzwerte können herabgesetzt werden, wenn nachgewiesen werden kann, dass durch die angewandte Durchstrahlungstechnik die erforderliche Empfindlichkeit der Durchstrahlungsprüfung erreicht worden ist.

Tab. 12.4 Mindestwanddicken für die Anwendung radioaktiver Strahlung

Werkstoff	Mindestwanddicke in mm für	
	Iridium 192	Cobalt 60
Stahl	19	38
Kupfer und Nickel	17	33
Aluminium	64	-

12.2.4 Anforderungen an die Filmschwärzung

Die Belichtung muss so gewählt werden, dass die auf der Durchstrahlungsaufnahme erzielte Gesamtschwärzung einschließlich der Schleierschwärzung im auszuwertenden Bereich mindestens den Werten der Tabelle 5.9 entsprechen. Dies gilt auch für alle Einzelfilme, wenn die Mehrfilmtechnik angewendet wird. Die Schleierschwärzung ist festgelegt als die gesamte Schwärzung eines verarbeiteten unbelichteten Films und darf den Wert 0,3 nicht überschreiten. Tabelle 12.5 zeigt die Mindestschwärzungswerte nach DIN EN ISO 5579. Die Tabelle enthält auch den zulässigen Höchstwert der Schleierschwärzung.

Nach ASME-Code, Sect. V [12.5] muss die Mindestschwärzung in der Einzelfilmbetrachtung bei Röntgenstrahlung 1,8 und bei Gammastrahlung 2,0 betragen. Bei Doppelfilmbetrachtung von Mehrfilmbelichtungen muss jeder Film mindestens 1,3 aufweisen. Der maximale Schwärzungsgrad muss stets 4,0 betragen. Eine Toleranz von 0,05 Schwärzung ist zulässig bei Abweichungen zwischen den Messwerten verschiedener Densitometer.

Die Schwärzungsmessgeräte sind regelmäßig nach ASTM – SE-1079 [12.6] durch Vergleich mit einem geeichten Stufenkeilfilm zu kalibrieren. Die Aufnahmeanordnung und die Bestimmung der Aufnameparameter (f und b) für Gussteile sind bekannt. Bei der Betrachtung wird der FFA bei senkrechter Durchstrahlung und entsprechender Lage der Mitte des Films bestimmt. Von der Filmmitte zum Filmrand sind die Abbildungsparameter – mit Ausnahme der Zentralaufnahme – jedoch anders, weil einerseits die effektiv durchstrahlte Wanddicke steigt und andererseits der Abstand Werkstückoberfläche – Strahler sich verändert. Außerhalb der Filmmitte werden die Prüfgegenstände immer schräger durchstrahlt

Tab. 12.5 Mindestschwärzung der Durchstrahlungsbilder nach DIN EN ISO 5579 [12.4]

Prüfklasse	Erforderliche Schwärzung einschließlich Schleierschwärzung	Schleierschwärzung
A	$\geq 1,5$	$\leq 0,3$
B	$\geq 2,0$	

und liefern damit einen immer schlechteren Kontrast, je weiter die Filmmitte vom Fehlerort entfernt ist. Da reale Fehler keinen geradlinigen, sondern einen gekrümmten Verlauf zeigen, rechnet man mit einem Winkel von ca. 25° zur Hauptachse des Risses, der zur Fehlerabbildung ausreicht, was einem Unterschied in der Wanddicke Filmmitte zum Rand des auswertbaren Bereichs von 10 % entspricht.

12.2.5 Auswahl der Film-Folien-Kombination

Für die Durchstrahlungsprüfung sind Filmsystemklassen nach DIN EN ISO 5579 zu verwenden. In den Tabellen 12.6 und 12.7 sind die minimalen Filmsystemklassen angegeben.

Der ASME-Code enthält keine konkreten Angaben zu Filmklassen oder Film-Folien-Kombinationen. Man verweist auf handelsübliche Produkte.

Tab. 12.6 Filmsystemklassen und Aufnahmefolien nach DIN EN ISO 5579 [12.4]

Strahlenquelle	Durchstrahlte Dicke w	Filmsystemklasse[a]		Art und Dicke der Aufnahmefolien aus Metall	
		Klasse A	Klasse B	Klasse A	Klasse B
Spannung des Röntgenstrahlers ≤ 100 kV			C3	Keine oder bis 0,03 mm Vorder- und Hinterfolien aus Blei	
Spannung des Röntgenstrahlers > 100 kV bis 150 kV		C5		Bis 0,15 mm Vorder- und Hinterfolien aus Blei	
Spannung des Röntgenstrahlers > 150 kV bis 250 kV			C4	0,02 mm bis 0,15 mm Vorder- und Hinterfolien aus Blei	
Yb 169 Tm 170	$w < 5$ mm	C5	C3	Keine oder bis 0,03 mm Vorder- und Hinterfolien aus Blei	
	$w \geq 5$ mm		C4	0,02 mm bis 0,15 mm Vorder- und Hinterfolien aus Blei	
Spannung des Röntgenstrahlers > 250 kV bis 500 kV	$w \leq 50$ mm	C5	C4	0,02 mm bis 0,2 mm Vorder- und Hinterfolien aus Blei	
	$w > 50$ mm		C5	0,1 mm bis 0,2 mm Vorderfolien aus Blei[b] 0,02 mm bis 0,2 mm Hinterfolien aus Blei[b]	
Spannung des Röntgenstrahlers > 500 kV bis 1000 kV	$w \leq 75$ mm	C5	C4	0,25 mm bis 0,7 mm Vorder- und Hinterfolien aus Stahl oder Kupfer[c]	
	$w > 75$ mm	C5	C5		
Se 75		C5	C4	0,02 mm bis 0,2 mm Vorder- und Hinterfolien aus Blei	

Tab. 12.7 Filmsystemklassen und Metallfolien für Aluminium und Titan nach DIN EN ISO 17636-1 [12.7]

Strahlenquelle	Filmsystemklasse[a]		Art und Dicke der verstärkenden Aufnahmefolien
	Klasse A	Klasse B	
Spannung des Röntgenstrahlers ≤ 150 kV	C5	C3	Keine oder bis 0,03 mm Vorder- und bis 0,15 mm Hinterfolien aus Blei
Spannung des Röntgenstrahlers > 150 kV bis 250 kV			0,02 mm bis 0,15 mm Vorder- und Hinterfolien aus Blei
Spannung des Röntgenstrahlers > 250 kV bis 500 kV			0,1 mm bis 0,2 mm Vorder- und Hinterfolien aus Blei
Yb 169			0,02 mm bis 0,15 mm Vorder- und Hinterfolien aus Blei
Se 75			0,2 mm Vorder-[b] und 0,1 mm bis 0,2 mm Hinterfolien aus Blei

[a] Bessere Filmsystemklassen dürfen auch verwendet werden (siehe ISO 11699-1).

[b] Anstelle von einer 0,2-mm-Bleifolien dürfen zwei 0,1-mm-Bleifolien verwendet werden.

12.2.6 Auswertbarer Bereich, Anzahl der Teilaufnahmen

Der auswertbare Bereich einer Durchstrahlungsaufnahme ergibt sich aus dem Längenabschnitt des Films, innerhalb dessen die Mindestschwärzungswerte erreicht worden sind oder der mit einer Aufnahme zu erfassende Prüfbereich soll so begrenzt werden, dass die geforderte Filmschwärzung entsprechend 12.2.4 im auszuwertenden Bereich eingehalten wird. Das Verhältnis der durchstrahlten Wanddicken beim Zentralstrahl zu dem am äußeren Rand eines auszuwertenden Bereiches mit gleichbleibender Dicke darf nicht größer sein als 1,1 für Prüfklasse B und 1,2 für Prüfklasse A. Diese Werte dürfen jedoch dann überschritten werden, wenn bevorzugte Fehlerorientierungen nachweisbar werden oder bestimmte Abschnitte des Prüfgegenstandes, z.B. von Gussstücken, dadurch prüfbar werden.

Der Strahl muss auf das Zentrum des Prüfbereiches gerichtet sein und sollte senkrecht auf der Oberfläche des Prüfgegenstandes stehen, außer wenn gezeigt werden kann, dass bestimmte Fehler am besten durch eine andere Strahlenausrichtung gefunden werden. In diesem Fall kann eine geeignete andere Strahlenausrichtung zugelassen werden. Zwischen den Vertragspartnern dürfen andere Möglichkeiten der Durchstrahlung vereinbart werden.

Die erforderliche Anzahl von Teilaufnahmen ist abhängig vom auszuwertenden Bereich eines Prüfgegenstandes. Bei kleinen Gussstücken versucht man den Prüfgegenstand mit einer Übersichtsaufnahme zu erfassen. Je größer die Gussstücke sind, desto mehr Teilaufnahmen müssen angefertigt werden. Ein Filmlageplan, z.B. Rastereinteilung am Gussstück (Abb. 12.11) und ein Strahlerlageplan (Abb. 12.12) werden erforderlich.

Abb. 12.11 Filmlageplan (z.B. Rastereinteilung am Gussstück) [12.1]

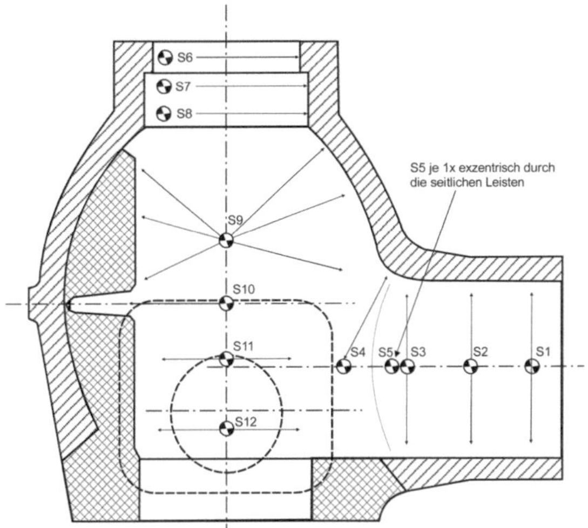

Abb. 12.12 Strahlerlageplan an einem Gehäuse [12.1]

12.2.7 Erhöhung des Objektumfanges

Insbesondere bei Gussstücken ist es oft notwendig, einen größeren Wanddickenbereich innerhalb der zulässigen Schwärzungsgrenzen mit einer Aufnahme abzubilden. Eine solche Objektumfangserhöhung kann mit folgenden Verfahren umgesetzt werden:

- Mehrfilmverfahren mit gleich empfindlichen und unterschiedlich empfindlichen Filmen und Folien,
- Kontrasterniedrigung durch Erhöhung der Strahlungsenergie und durch Aufhärtung der Strahlung,
- Wanddickenausgleich.

Konkrete Maßnahmen zur Erhöhung des Objektumfanges sind im Kapitel 8 enthalten.

12.2.8 Filmkennzeichnung, Überlappung von Aufnahmen

Zur exakten Lokalisierung einer Durchstrahlungsaufnahme muss eine Filmkennzeichnung erfolgen. Der Film muss gegenüber dem Gussstück nachträglich zur Auswertung vorhandener Fehler einwandfrei zuordenbar sein. Bei großen Bauteilen, wie bei großen Gussteilen werden Filmlagepläne angefertigt, um die Aufnahmepositionen in einem Bezugssystem zu erfassen (Rastereinteilung).

Eine dauerhafte Kennzeichnung auf dem Prüfgegenstand ist nur selten in der Praxis realisierbar. Die Kennzeichnung erfolgt auf dem Prüfgegenstand vor der Durchstrahlungsaufnahme mit Ölkreide oder mit Skizzen zum Prüfbericht. Zur Zuordnung des Prüfbefundes im Durchstrahlungsfilm zum Prüfgegenstand gibt es verschiedene Hilfsmittel wie Bleibuchstaben, -zahlen, -symbole oder Bleimaßbänder, die am Prüfgegenstand angebracht und mit durchstrahlt werden.

Gekennzeichnet werden insbesondere das Datum der Prüfung, eine auftragsbezogene Nummer und z.B. die laufende Nummer des Filmlageplanes. Die Kennzeichnung auf dem Film darf nicht zu umfangreich sein, um den auswertbaren Bereich nicht einzuschränken und den Bildgütenachweis eindeutig zuzulassen.

Sind zur Durchstrahlung eines Prüfgegenstandes mehrere Teilaufnahmen erforderlich, die sich in einer Reihe zusammenfügen, wie z.B. bei Rohrrundnähten, so soll eine Überlappung der Filme an der Grenze ihrer auswertbaren Bereiche erfolgen. Damit wird sichergestellt, dass der gesamte Prüfbereich abgebildet wird. Eine Überlappung von 20 mm ist zumeist ausreichend.

Die Überlappung von Filmen soll durch Bleizeichen markiert werden. Im Allgemeinen sind nach DIN EN 12681 [12.3] zwei Zeichen je Überlappung und Filmrand ausreichend, falls die Überlappung nicht durch andere Merkmale am Prüfgegenstand nachweisbar ist (Abb. 12.13).

12.2.9 Bildgütenachweis

Die Bildgüte einer Durchstrahlungsaufnahme muss durch Bildgüteprüfkörper (BPK) nach DIN EN ISO 11699-1 [12.8] nachgewiesen werden. Vorzugsweise soll der BPK auf der

Abb. 12.13 Überlappungskennzeichnung

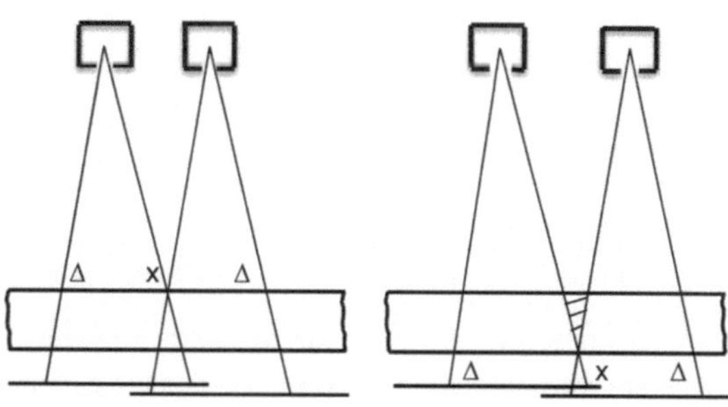

strahlernahen Seite des Prüfgegenstandes, in der Mitte des auszuwertenden Bereiches und in einem Bereich gleichmäßiger Wanddicke aufgelegt werden.

Die Auswertung der Bildgüte erfolgt nach DIN EN ISO 19232-1 [12.9], indem die Zahl des kleinsten Drahtes oder Loches, der bzw. das bei der Abbildung des BPK auf dem Film unterschieden werden kann, bestimmt wird. Dabei gilt ein Draht des BPK als erkannt, wenn er im Bereich gleichmäßiger Schwärzung auf mindestens 10 mm Länge zusammenhängend eindeutig sichtbar ist. Wenn es beim Stufe/Loch-BPK zwei Löcher mit gleichem Durchmesser gibt, müssen beide unterscheidbar sein, damit die Stufe als sichtbar angesehen werden kann.

12.2.10   Verminderung der Streustrahlung

12.2.10.1   Filter und Blenden

Um die Wirkung der Streustrahlung zu vermindern, soll die direkte Strahlung weitgehend auf den auswertbaren Prüfabschnitt begrenzt sein. Diesbezüglich sollten Bleifilter oder Blenden, wie z.B. Kollimatoren, eingesetzt werden. Günstig ist es jedoch immer, eine Bleischicht auf der Rückseite der Film-Folien-Kombination zum Schutz des Filmes vor Streustrahlung anzubringen. Die Dicke dieses Schirms sollte nach DIN EN ISO 5579 [12.4] in Abhängigkeit von der durchstrahlten Wanddicke zwischen 0,5 und 2 mm betragen.

12.2.10.2   Vermeidung von Streustrahlung

Wenn erforderlich, muss der Film gegen Streustrahlung durch eine ausreichende Bleischicht von mindestens 1 mm oder Zinnschicht von mindestens 1,5 mm abgeschirmt werden, die an der Rückseite der Film-Folien-Kombination angebracht werden. Die Wirkung der Streustrahlung muss bei jeder neuen Prüfanordnung mit einem Bleibuchstaben B (mit einer Höhe von mindestens 10 mm und einer Dicke von mindestens 1,5 mm) direkt hinter jeder Kassette geprüft werden. Wenn das Bild dieses Zeichens als helleres Bild auf der Durchstrahlungsaufnahme erscheint, muss es verworfen werden. Ist das Zeichen dunkler oder unsichtbar, ist die Durchstrahlungsaufnahme zulässig und weist einen guten Schutz gegen Streustrahlung nach.

12.2.11   Filmbetrachtungsbedingungen

Die Durchstrahlungsaufnahmen sollen in einem verdunkelten Raum auf einem Betrachtungsschirm mit einstellbarer Beleuchtung nach DIN EN 25580 [12.10] oder ISO 5580 [12.14] ausgewertet werden. Der Betrachtungsschirm sollte bis auf den Prüfbereich abgedeckt werden.

12.3 Ungänzenklassifizierung und -beurteilung

Man unterscheidet objektbezogene Regelwerke mit den Zulässigkeiten sowie prüftechnische Normen und Regelwerke, die die verfahrensspezifischen Details beschreiben (Abb. 12.14).

12.3.1 ASME-Code

An dieser Stelle soll die Ungänzenklassifizierung und -beurteilung zunächst nach dem ASME-Code behandelt werden, weil auch die europäischen Regelwerke insbesondere hinsichtlich der Vergleichsaufnahmen Bezug auf die vom ASME-Code abgeleiteten Atlanten nehmen. Was die Prüfung der Gussteile betrifft, so wird sie jeweils im Artikel 2500 behandelt, wo man in der Regel nur einen Verweis auf Sect. II findet. Sect. II enthält Vormaterialspezifikationen („material specifications"), in denen auch die ZfP behandelt wird (Tabelle 12.8).

Die Beurteilung erfolgt getrennt nach „unzulässigen Ungänzentypen", d.h. Risse und unverschweißte Kernstützen – und „zulässigen Anzeigentypen" – d.h. Poren, Einschlüsse und Lunker. Letztere sind nach den ASTM-Atlanten zu klassifizieren, so dass dem Gussstück eine Gütestufe zugeordnet werden kann. Eine Übersicht über die vorhandenen ASTM-Vergleichskataloge bietet Tabelle 12.9, andere Gusskataloge gibt es für Aluminium, Magnesium, Kupfer, Nickel und Bronze. Die Handhabung der Kataloge ist in den zugehörigen ASTM-Verfahrensnormen angegeben. Die prinzipielle Verfahrensweise soll

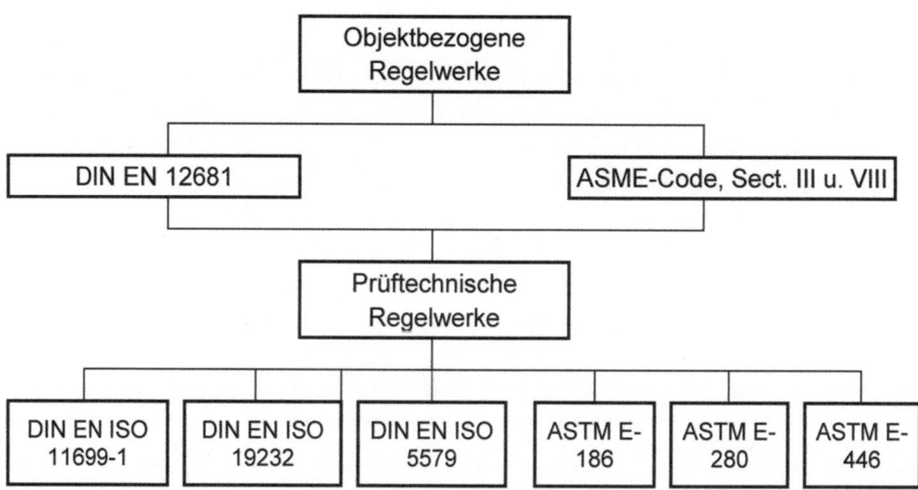

Abb. 12.14 Objektbezogene und prüftechnische Regelwerke für die radiografische Gussstückprüfung [12.1], [12.15], [12.16], [12.17]

Tab. 12.8 Vormaterialprüfung nach ASME-Code Sect. II und III [12.11]

Sec. III, NX 2500 Prüfung von Vormaterial	
Sec. II A Vormaterial - Spezifikationen	
Rohre	SA - 655
Fittings	SA - 652
Gußteile	SA - 613

am Beispiel von ASTM E-446 [12.15] herausgearbeitet werden, die für Wanddicken bis 50 mm gilt:

1. Die Auswahl des Kataloges erfolgt anhand von Wanddicke und Strahlenenergie.
2. Die Aufnahmen entsprechen $D = 2$ und $BZ = 2 - 2T$.
3. Die Prüfklasse und Zulässigkeit sind zwischen Besteller und Hersteller für jeden Abschnitt des Gussteils festzulegen.
4. Jede Aufnahme bezieht sich nur auf einen einzelnen Anzeigentyp. Die einzelnen Typen sind nach ihrer Größe (Lunker) bzw. Anzahl und Verteilung (Poren, Einschlüsse) geordnet. Daher ist die Größe der Vergleichsaufnahme die Bezugsflächeneinheit für die Häufigkeit.
5. Für die Gesamtbewertung ist der schlechteste Einzelbefund maßgebend.
6. Zwei Anzeigentypen auf einer Aufnahme, deren Ausmaß für sich genommen jeweils gerade noch zulässig ist, sind zusammen als unzulässig zu bewerten.

Tab. 12.9 ASTM – Vergleichskataloge [12.1]

Strahlung	ASTM E-446 $\leq$ 50 mm	ASTM E-186 > 50 bis 115 mm	ASTM E-280 > 115 bis 305 mm
250 kV Rö Strahlung	Vol. I	--	--
Ir- bzw. 1 MeV-Rö-Strahlung	Vol. II	Vol. I	--
Co- bzw. 2 MeV-Rö-Strahlung	Vol. III	Vol. II	Vol. I
4 MeV - 30 MeV-Rö-Strahlung	--	Vol. II	Vol. II
Anzahl Aufnahmen je Volume	34	28	28

Folgende Gütestufen sind nach Tabelle 12.10 gefordert:

Tab. 12.10 Gütestufen in Gussstücken nach Sect. VIII [12.1]

Anzeigentyp		Wanddicke (mm)			
		< 25	< 50	< 114	< 304
A	Porosität	1	2	2	2
B	Sand oder Schlacke	2	3	2	2
C	Lunker Typ 1	1	3	1	2
D	Lunker Typ 2	1	3	2	2
E	Lunker Typ 3		3	3	2

Der zugehörige Atlas ist nach Tabelle 12.11 wie folgt zu wählen:

Tab. 12.11 Auswahl der ASTM – Vergleichsbildkataloge [12.1]

Wanddicke (mm)	Vergleichsatlas
bis 50,8	ASTM E-446
bis 115	ASTM E-186
bis 304	ASTM E-280

Über 305 mm Wanddicke ist eine Ultraschallprüfung anstelle einer Durchstrahlungsprüfung durchzuführen.

12.3.2 DIN EN 12681

Zur Zeit werden Gussstücke aus Gusseisen, Stahl, Aluminium, Kupfer sowie Kupfer-Legierungen und Magnesium nach DIN EN 12681 geprüft. In Abhängigkeit von der Wanddicke und der Strahlenquelle werden die Ungänzen (Fehlercodes) und ihre Zulässigkeiten in 8 Qualitätsklassen bewertet. Zur Bewertung der Fehler werden Vergleichsbildreihen vorwiegend aus dem amerikanischen Regelwerk (ASTM-Atlanten) vorgeschrieben. In der Tabelle 12.12 sind die Fehlercodes (Nummern) und in Tabelle 12.13 die zugehörigen Kurzzeichen dargestellt.

Die Tabellen 12.14 und 12.15 zeigen Vergleichsbildreihen zur Bewertung von Durchstrahlungsaufnahmen.

Tab. 12.12 Fehlercode (Nummern) nach DIN EN 12681 [12.3]

Fehlercode-Nummer	Gussstücke aus Aluminium- und Aluminiumlegierungen und Magnesiumlegierungen (nach ASTM E 155)	Stahlfeingussstücke (nach ASTM E 192)	Fehlercode-Nummer	Gussstücke aus Titan und Titanlegierungen (nach ASTM E 1320)
3.2.1	—	Gas	4.1.1	Gas
.1	—	Gasblasen	.1	Gasblasen
3.2.2	Fremdmaterial	Lunker	.2	Gasporennest
.1	—	Schwindungshohlraum	.3	Gasporosität
.2	—	Schwammlunker	4.1.2	Lunker
.3	—	dendritischer Lunker	.1	verstreute Lunker
.4	—	Fadenlunker	.2	Mittellinienlunker
3.2.3	Gasblasen	Ungänzen	.3	Schwindungshohlraum
.1	—	Fremdmaterial — geringerer Dichte	4.1.3	Einschlüsse geringerer Dichte
.2	—	Fremdmaterial — höherer Dichte	4.1.4	Einschlüsse höherer Dichte
3.2.4	Gasporosität	Einzelfehler		
3.2.5	Mikrolunker (federartiger Typ)	Formfehler		
3.2.6	Mikrolunker (schwammartiger Typ)	Beugungsmuster		
3.2.7	Einschlüsse durch Sandreaktion	—		
3.2.8	Seigerung	—		
3.2.9	Schwindungshohlraum	—		
3.2.10	Lunkerporosität oder Schwamm	—		

Sind die möglichen Vergleichsbilder festgestellt, ist die mit Ungänzen behaftete Fläche auf dem Film der Fläche auf der Vergleichsaufnahme gegenüber zustellen. Sollte der Flächenanteil auf der zu beurteilenden Aufnahme größer sein als auf der Vergleichsaufnahme, so ist der Film in Abschnitte zu unterteilen, die der Größe der Vergleichsaufnahme entsprechen. Lassen sich auf dem Film verschiedene Ungänzen feststellen, so sind diese nacheinander mit den zutreffenden Vergleichsbildern zu bewerten (z.B. A und B-Anzeigen festgestellt nach Vergleichsbild A und Level II sowie B und Level III. Für die Gussstückbeurteilung nach ASME ergibt sich ein Arbeitsablauf nach Abb. 12.15. Für Gusseisen gibt es ebenfalls Vergleichsatlanten. ASTM E 802 [12.12] gilt für Gussstücke aus Gusseisen mit Lamellengraphit mit Wanddicken bis 115 mm (4,5 inch). Der DGZfP-Atlas vom Februar 1998, auch DGZfP-Richtlinie D5 [12.13] genannt, beinhaltet Vergleichs-Durchstrahlungsbilder für Gussstücke aus Gusseisen mit Lamellen- und mit Kugelgraphit. Der Atlas ist geordnet nach drei Kategorien:

1. Fehlerkategorien
   A Gasblasen, B Sand- und Schlackeneinschlüsse, C Lunker, D Risse.

Tab. 12.13 Fehlercode (Kurzzeichen) nach DIN EN 12681 [12.3]

Fehlercode-Kurzzeichen		Gussstücke aus Stahl und Gusseisen (nach ASTM E 186, E 280 oder E 446, wie zutreffend)	Gussstücke aus Kupfer und Kupferlegierungen (nach ASTM-E 272 oder E 310, wie zutreffend)	Druckgussstücke aus Aluminium und Aluminiumlegierungen und Magnesium und Magnesiumlegierungen (nach ASTM-E 505)
A		Gasporosität	Gasporosität	Porosität
B		Sand- und Schlacken-einschlüsse		Kaltlauf
Ba		—	Sandeinschlüsse	—
Bb		—	Dross	—
C		Lunker	Lunker	Lunker
	C 1, CA, Ca	Lunker	Fadenlunker	—
	C 2, CB	Lunker	—	—
	C 3, CC	Lunker	—	—
	CD, Cd	Lunker	federartig oder schwammig[a]	—
D		Riss	—	Fremdmaterial
	Da	—	Warmriss[a]	—
E		Warmriss	—	—
	Eb	—	Einsatz, Kernstütze[a]	—
F		Einsatz	—	—
G		Beugungsmuster	—	—
[a] Kupfer-Zinn-Legierungen.				

2. Bewertungsgrad für Größe, Häufigkeit und Verteilung von Inhomogenitäten von 1 bis 6 für die Fehlerkategorien A, B und C. Für Risse (D) ist kein Bewertungsgrad angegeben, er ist zwischen Hersteller und Besteller zu vereinbaren. Der Bewertungsgrad ist zur Verdeutlichung in den Karteneintragungen des Atlanten farbig wie folgt markiert: Bewertungsgrad 1 = grau, Bewertungsgrad 2 = blau, Bewertungsgrad 3 = grün, Bewertungsgrad 4 = gelb, Bewertungsgrad 5 = braun, Bewertungsgrad 6 = rot.

3. Kennzeichnung der Strahlungsenergien
   - Röntgenstrahlung (bis 30 mm Wanddicke),
   - Gammastrahlung mit Ir_{192} (von 20 bis 60 mm Wanddicke),
   - Gammastrahlung mit Co_{60} (bis 180 mm Wanddicke),
   - Hochenergiestrahlung ($E \geq 2$ MeV, vorwiegend Linearbeschleuniger).

Im Atlas sind darüber hinaus einige Vergleichsdurchstrahlungsbilder durch makroskopische, metallografische Aufnahmen der mechanisch bearbeiteten Fehlerbereiche sowie durch die bei den Vergleichsaufnahmen vorliegenden Wanddicken und Filmklassen G1, G2 und G3 ergänzt worden.

Die Anwendung der Vergleichsbilder ist ähnlich wie bei den ASTM-Atlanten. Die Durchstrahlungsbilder von den Prüfgegenständen sind in derselben Wanddicken- und Strahlungsenergiegruppe mit den Vergleichsbildern im Atlas zu vergleichen. Dabei werden sie mit Buchstaben für die Fehlerart und der Ziffer für den Bewertungsgrad gekennzeichnet. Bei einer Anwendung des Kataloges für andere Wanddicken muss bei der Be-

Tab. 12.14 Vergleichsbildreihen zur Bewertung von Durchstrahlungsbildern nach DIN EN 12681 [12.3]

Werkstoff[a]		Strahlenquelle	ASTM		Wanddickenbereich[c] mm	Fehlercode (siehe Tabellen A.2 und A.3)	Qualitätsklasse
Gussstücke aus Aluminium und Magnesium	Aluminium	X[b]	E 155		≤ 12,7	3.2.2 (weniger dicht oder dichter); 3.2.3; 3.2.4; 3.2.10	1 bis 8
					über 12,7 bis 51		
					alle Wanddicken	3.2.9	
	Magnesium				≤ 12,7	3.2.2 (weniger dicht oder dichter); 3.2.3; 3.2.5; 3.2.6	
					über 12,7 bis 51		
					alle Wanddicken	3.2.7; 3.2.8	
Druckgussstücke aus Aluminium und Magnesium	Aluminium und Magnesium	X[b]	E 505		≤ 3	A, B	1 bis 4
					über 3 bis 25	A, C	
					≤ 25	D	
Gussstücke aus Kupfer	hoch feste Kupferbasis- und Nickel-Kupfer-Legierungen	X[b] Co-60 (2 MeV)	E 272		≤ 51	A, Ba, Bb, Cd	1 bis 5
					über 51 bis 152	A, Ba, Bb, Ca, Cd	
	Kupfer-Zinn-Legierungen	X[b] Ir-192	E 310		≤ 51	A, B, Ca, Cd, Da, Eb	
Eisengussstücke	Gusseisen mit Lamellengraphit	X[b] Ir-192 Co-60	E 802		≤ 114	C	
	Gusseisen mit Kugelgraphit	X[b] Ir-192 (1 MeV) Co-60 (2 MeV) 4-30 MeV	E 689	E 446 E 186	≤ 51 / über 51 bis 114	A, B, CA, CB, CC, CD, D, E, F, G	
				E 280	über 114 bis 305	A, B, C1, C2, C3, D, E, F	
Stahlgussstücke[d]	Stahl	Ir-192 (1 MeV) Co-60 (2 MeV) 4-30 MeV	E 186		über 51 bis 114	A, B, C1, C2, C3 D, E, F	
		Co-60 (2 MeV) 4-30 MeV	E 280		über 114 bis 305		
		X[b] Ir-192 (1 MeV) Co-60 (2-4 MeV)	E 446		≤ 51	A, B, CA, CB, CC, CD D, E, F, G	

wertung u.a. auch die Wanddicke des zu beurteilenden Bereiches berücksichtigt werden. Sofern Zwischenbeurteilungen zweckmäßig erscheinen, ist eine Doppelkennzeichnung möglich, wie z.B. bei Lunkern C2/C3. Analoges gilt, wenn in einem Wanddickenbereich mehrere Fehlerarten festgestellt werden sollten, wie z.B. bei B2/C4 Schlackeneinschlüsse und Lunker.

Tab. 12.15 Vergleichsbildreihen zur Bewertung von Durchstrahlungsbildern nach DIN EN 12681 (Fortsetzung) [12.3]

Werkstoff[a]		Strahlenquelle	ASTM	Wanddickenbereich[c] mm	Fehlercode (siehe Tabellen A.2 und A.3)	Qualitätsklasse
Stahlfeingussstücke	Stahl	X[b]	E 192	≤ 6,4 über 6,4 bis 12,7 über 12,7 bis 25,4	3.2.1.1; 3.2.2.2; 3.2.2.3; 3.2.3.1	1 bis 8
				alle Wanddicken	3.2.2.1; 3.2.2.4	
Gussstücke aus Titan	Titan	X[b]	E 1320	≤ 9,5 über 9,5 bis 16 über 16 bis 25,4	4.1.1.2; 4.1.1.3; 4.1.2.1; 4.1.2.2; 4.1.3; 4.1.	1 bis 8
				über 6,35 bis 25,4	4.1.2.3	
				über 25,4 bis 38,1 über 38,1 bis 51	4.1.1.3; 4.1.2.3; 4.1.2.2	

[a] Zum Zeitpunkt der Vorbereitung dieser Norm existieren keine Vergleichsbildreihen für Gussstücke aus Nickel und Zinklegierungen.

[b] X = Röntgenstrahlung: ≤ 0,5 MeV

[c] Gruppeneinteilung für besondere Sätze von Vergleichsbildern.

[d] Im Falle einer Kombination von Durchstrahlungs- und Ultraschallprüfungen siehe 4.3.3 in EN 12680-1:2003 und EN 12680-2:2003, Bild 4, und 7.3.3.1 in EN 1559-2:2000.

Literatur

[12.1] Schiebold, Skript RT 3 LVQ-WP Werkstoffprüfung GmbH;

[12.2] Agfa-Gevaert NV. Industrielle Radiografie 1990;

[12.3] DIN EN 12681, Gießereiwesen – Durchstrahlungsprüfung, Juni 2003;

[12.4] DIN EN 444, ZfP, Grundlagen für die Durchstrahlungsprüfung von metallischen Werkstoffen mit Röntgen- und Gammastrahlen, April 1994;

[12.5] ASME-Code, Sect. V, 2013;

[12.6] ASTM – SE-1079, Standard Practice for Calibration of Transmission Densitometers, 2010;

[12.7] DIN EN ISO 17636-1, ZfP von Schweißverbindungen – Durchstrahlungsprüfung, Röntgen- und Gammastrahlungstechniken mit Filmen, Mai 2013;

[12.8] DIN EN ISO 11699-1, ZfP – Industrielle Filme für die Durchstrahlungsprüfung, Klassifizierung von Filmsystemen für die industrielle Durchstrahlungsprüfung, Jan. 2012;

[12.9] DIN EN ISO 19232-1, ZfP- Bildgüte von Durchstrahlungsaufnahmen, Bildgüteprüfkörper, Ermittlung der Bildgütezahl mit Draht-Typ-BPK, Dez. 2013;

[12.10] DIN EN 25580, ZfP, Betrachtungsgeräte für die industrielle Radiographie, Minimale Anforderungen, Juni 1992;

[12.11] ASME-Code Sect. II und III, 1989;

[12.12] ASTM E 802, Bezugsdurchstrahlungsbilder für Graugußstücke mit einer Dicke bis 4 1/2 Zoll (114 mm);

[12.13] DGZfP-Richtlinie D5, Vergleichs-Durchstrahlungsbilder für Gussstücke aus Gusseisen mit Lamellen- und mit Kugelgraphit, Febr. 1998;

[12.14] ZfP, Durchleuchtungsgeräte für die industrielle Radiographie; Mindestanforderungen, März 1985;

[12.15] ASTM E-446, Standard Reference Radiographs for Steel Castings Up to 2 in. (50.8 mm) in Thickness, 2010;
[12.16] ASTM E-186, Reference Radiographs for Heavy-Walled (2 to 412-in. (50.8 to 114-mm) Steel Castings, 2010;
[12.17] ASTM E-280, Reference Radiographs for Heavy-Walled (412 to 12-in. (114 to 305-mm) Steel Castings, 2010;
[12.18] DIN EN 5579, Zerstörungsfreie Prüfung; Grundlagen für die Durchstrahlungsprüfung von metallischen Werkstoffen mit Röntgen- und Gammastrahlen, April 2014;

Abb. 12.15 Ablaufschema: Beurteilung von Gussaufnahmen durch Klassifizierung mit Vergleichsbildern [12.1], [12.12]

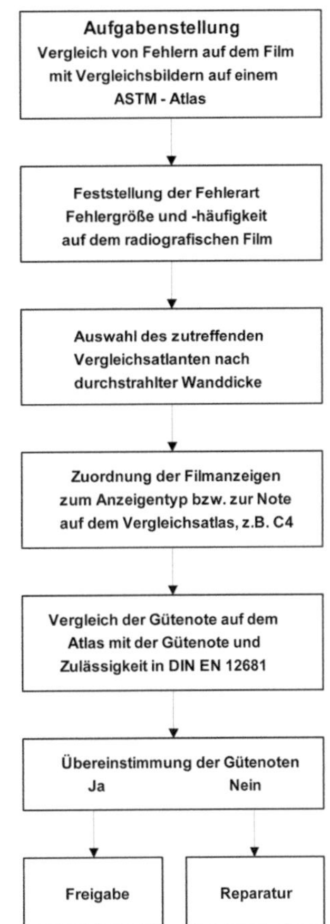

13.1 Aufbau von Schweißnähten

Flüssiges Schweißgut wird in eine Fuge zwischen den Grundwerkstoffen gebracht und unter Anschmelzen des Grundwerkstoffes entsteht eine Verbindung Grundwerkstoff/ Schweißgut/Grundwerkstoff. Der Aufbau einer solchen Naht ist fertigungsabhängig: Wird das gesamte Schweißgut auf einmal in die Fuge gefüllt, so spricht man von Einlagenschweißung. Das Gefüge ist dann meist sehr stengelartig wie ein Gussgefüge. Diese Stengelstruktur lässt sich im Falle eines ferritischen Stahls durch Wärmebehandlung beseitigen. Bei mehrlagigen Schweißungen wird die Stengelstruktur vermieden, da jede übereinanderliegende Lage die untere Lage quasi wärmebehandelt (Abb. 13.1). Bei austenitischen Nähten muss mehrlagig nach Strichraupentechnik geschweißt werden, da bei hochlegiertem Material die Gefahr der Heißrissbildung sonst zu groß wäre.

In der Fuge erstarrt der Zusatzwerkstoff zu festem Schweißgut. die dabei freiwerdende Wärme wird durch den Grundwerkstoff abgeleitet. Dabei wird er auf einer Breite von einigen Zentimetern neben dem Schweißgut auf so hohe Temperatur erhitzt, dass seine mechanisch-technologischen Eigenschaften drastisch beeinflusst werden (Wärmebeeinflusste Zone = WEZ). Insbesondere bei höherlegierten ferritischen Stählen wird der Grundwerkstoff spröde, so dass Risse auftreten können (Abb. 13.2). In verschiedenen Regelwerken ist daher grundsätzlich festgelegt, dass der zur Naht angrenzende Grundwerkstoff auf einer definierten Breite mitzuprüfen ist.

13.2 Stoß- und Fugenformen

Der Begriff „Stoßform" kennzeichnet die geometrische Konfiguration der miteinander zu verbindenden Teile an der Verbindungslinie. Im Anlagenbau kommen am häufigsten Stumpf- und T-Stöße (13.3) vor, wenn die Teile höheren Beanspruchungen ausgesetzt sind.

K. Schiebold, *Zerstörungsfreie Werkstoffprüfung – Durchstrahlungsprüfung,*
DOI 10.1007/978-3-662-44669-0_13, © Springer-Verlag Berlin Heidelberg 2015

a)   Einlagenschweißung, dentritisches Gefüge mit ungünstigen mechanischen
     Eigenschaften

(b) Mehrlagenschweißung, t.w. unvollständige Umkristallisation mit verbesserten
     mechanischen Eigenschaften

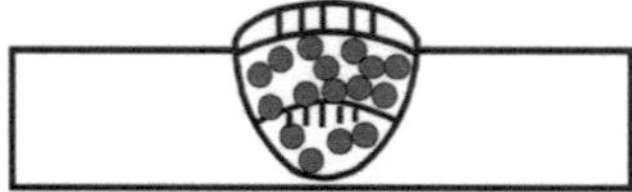

(c) Mehrlagenschweißung, vollständige Umkristallisation mit günstigen
     mechanischen Eigenschaften

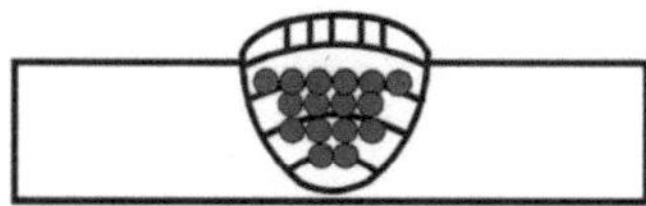

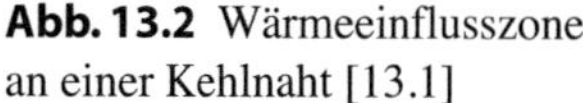

Abb. 13.1 Aufbau einer Schweißnaht [13.1]

Abb. 13.2 Wärmeeinflusszone
an einer Kehlnaht [13.1]

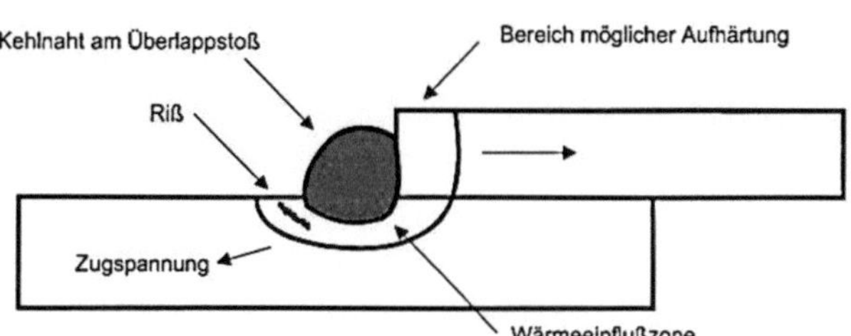

In Abb. 13.4 sind vier Möglichkeiten für Kesselbödenanschlüsse dargestellt. Während
die Anschlüsse A und B für niedrige Beanspruchung gewählt werden, sind die Anschluss-
arten C und D für hohe und höchste Beanspruchungen geeignet. Der Aufwand bzgl. Nahtvorbereitung und Bereitstellung von Formteilen etc. steigt.

A entspricht einem Eckstoß, B einem Überlappstoß, C einem T-Stoß und D einem
Stumpfstoß.

Der Begriff „Fugenform" kennzeichnet die Nahtvorbereitung und ist in Fertigungs-
zeichnungen meist in Detailskizzen zu finden. Besonders wichtig für den Prüfer kann der
Öffnungswinkel der meist wannenartig vorbereiteten Nähte für die spätere Prüfung sein
(Flankenwinkel), um einen geeigneten Einstrahlwinkel zu wählen. Grundsätzlich unterscheidet man die Fugenformen nach ihrer Geometrie: Zu verbindende Flächen können parallel verarbeitet sein. Dann spricht man bei Stumpfstößen von I – Nähten und bei allen anderen Stoßformen von Kehlnähten. Bei nichtparalleler Vorbereitung erfolgt die Benen-

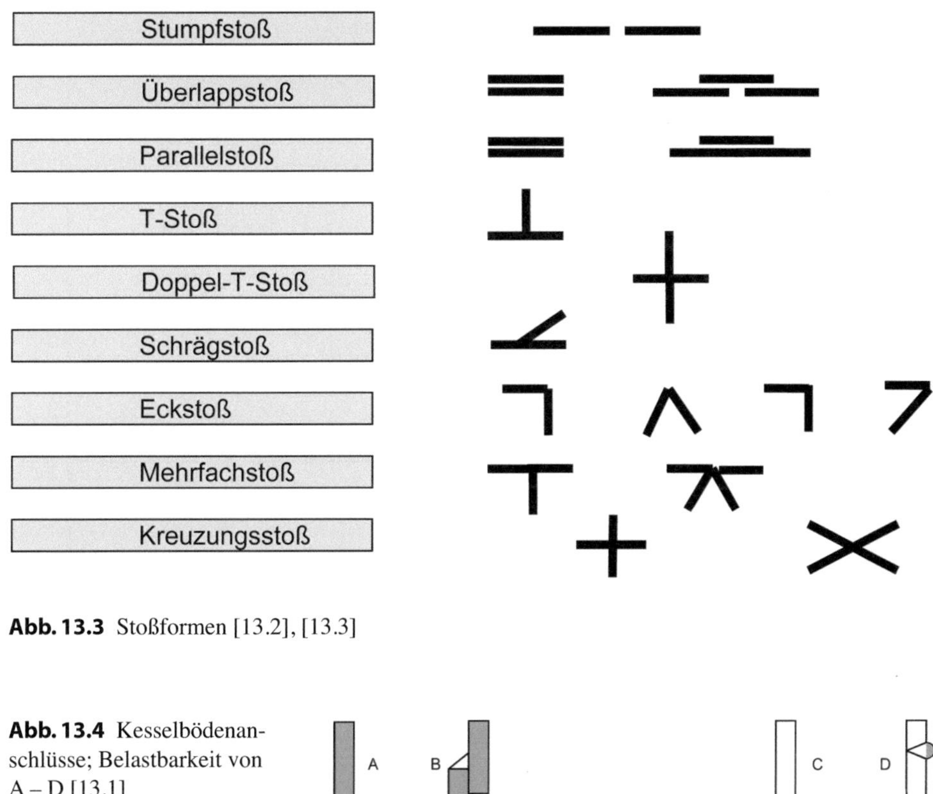

Abb. 13.3 Stoßformen [13.2], [13.3]

Abb. 13.4 Kesselbödenanschlüsse; Belastbarkeit von A – D [13.1]

nung nach Schnittzeichnung. Man spricht von V- und Y-Nähten (Abb. 13.5). Beispielsweise werden X – Nähte als Doppel- V – Nähte bezeichnet.

Für verschiedene Konstruktionsmöglichkeiten im Anlagenbau gibt Abb. 13.6 ein Beispiel. Verschiedene Stutzenformen sind dargestellt: (A)-Kehlnaht und HV-Naht, (B)-Kehlnaht und DHV-Naht, (C) 2 Stumpfnähte über Formstück.

Abb. 13.7 zeigt eine Detailzeichnung von Verbindungen von Wärmetauscherrohren mit Rohrböden:

Nahtart	Symbol	Bild
V-Naht mit ebener Oberfläche	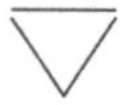	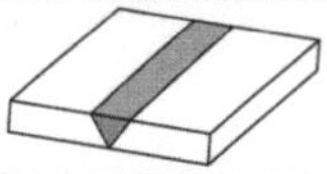
Doppel V-Naht (DV-Naht) mit gewölbten Oberflächen		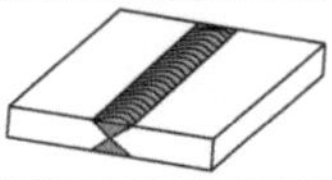
Kehlnaht mit hohler Oberfläche		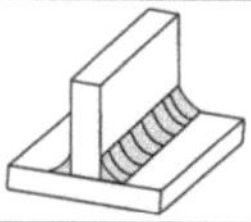
V-Naht mit Gegenlage und ebenen Oberflächen		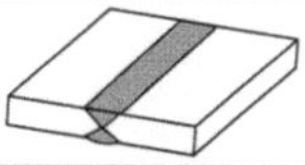
I-Naht mit beidseitig gewölbten Oberflächen, z.B. Wulstnaht		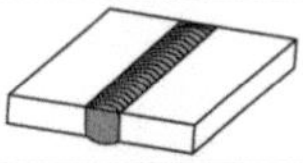
Doppel V-Naht (X-Naht)		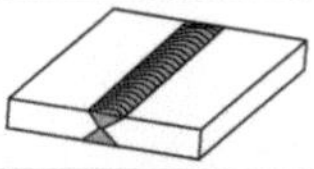
Doppel HV-Naht (K-Naht)		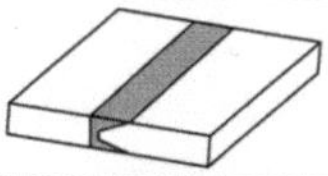
Doppel Y-Naht		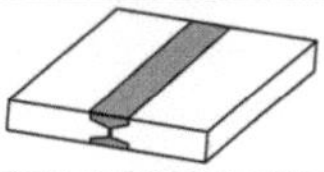
Doppel HY-Naht (K-Stegnaht)		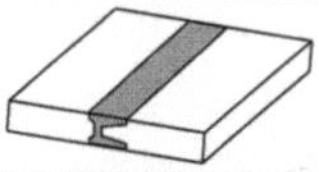
Doppel U-Naht		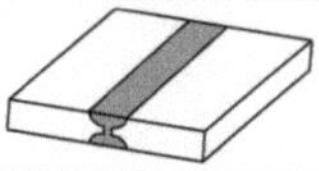
Doppel HU-Naht		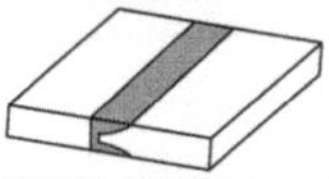
V-U-Naht		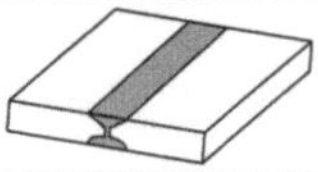
V-Naht mit Gegenlage		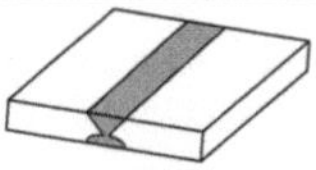
Doppel-Kehlnaht	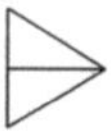	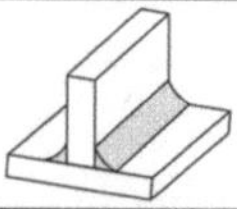

Abb. 13.5 Fugenformen [13.1], [13.3]

Abb. 13.6 Stutzenformen
[13.3]

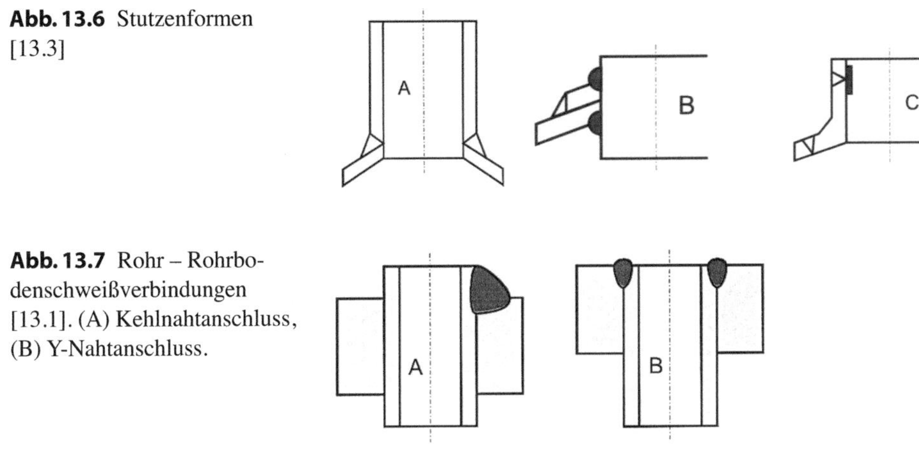

Abb. 13.7 Rohr – Rohrbo-
denschweißverbindungen
[13.1]. (A) Kehlnahtanschluss,
(B) Y-Nahtanschluss.

13.3 Fertigungs- und Prüffolge einer Schweißnaht

Die Herstellung einer Schweißnaht lässt sich in folgende Fertigungsschritte einteilen:

a) Nahtvorbereitung,
b) Wurzelschweißung,
c) Füll-Lagenschweißung,
d) Wärmebehandlung.

Bei hochbeanspruchten Nähten erfolgt nach jedem Fertigungsschritt eine zerstörungsfreie Prüfung. Dies gilt insbesondere dann, wenn eine abschließende Volumenprüfung aus geometrischen Gründen (Kehlnaht) nicht uneingeschränkt möglich ist (ASME-Code, Sect. III). Eine entsprechende Prüffolge ist

nach a): Ultraschallrandzonenprüfung Blech bzw. Schweißfasenprüfung Eindringverfahren,
nach b): Magnetpulverprüfung Trockenmethode oder Eindringprüfung,
nach c): Magnetpulverprüfung Trockenmethode oder Eindringprüfung,
nach d): Ultraschall- und/oder Durchstrahlungsprüfung.

Die DIN EN ISO 17635 [13.5] bestimmt Anforderungen an die Auswahl des Prüfverfahrens für verschiedene Werkstoffe und Arten der Schmelzschweißverbindungen (Tabellen 13.1 und 13.2). Diese Verfahren dürfen einzeln oder in Kombination eingesetzt werden, um die geforderten Ergebnisse zu erzielen.

An dieser Stelle sei darauf hingewiesen, dass die Norm DIN EN ISO 17635 „Allgemeine Regeln für die zerstörungsfreie Prüfung von Schweißverbindungen für metallische

Werkstoffe" vorgibt. Im Anhang zu dieser Norm wird dann eine Verbindung zwischen den Bewertungsgruppen der DIN EN ISO 5817 [13.4] und der DIN EN 30042 [13.6] und den Prüfverfahren, Prüfklassen und Zulässigkeitsgrenzen der Normen der zerstörungsfreien Prüfung hergestellt (siehe Tabellen 13.8 und 13.9).

Tab. 13.1 Allgemein anerkannte Verfahren für den Nachweis innerer Unregelmäßigkeiten in Stumpf- und T-Stumpf-Stößen mit voller Durchschweißung [13.5]

Werkstoff	Prüfverfahren
Ferritischer Stahl	VT VT und MT VT und PT VT und (ET)
Austenitischer Stahl, Aluminium, Nickel, Kupfer und Titan	VT VT und PT VT und (ET)
( ) bedeutet, dass dieses Verfahren nur begrenzt anwendbar ist.	

Tab. 13.2 Allgemein anerkannte Verfahren für den Nachweis innerer Unregelmäßigkeiten in Stumpf- und T-Stumpf-Stößen mit voller Durchschweißung [13.5]

Werkstoffe und Verbindungstyp	Wanddicke in mm [1]		
	$t \leq 8$	$8 < t \leq 40$	$t > 40$
Ferritische Stumpfverbindungen	RT oder (UT)	RT oder (UT)	UT oder (RT)
Ferritische T-Verbindungen	(UT) oder (RT)	UT oder (RT)	UT oder (RT)
Austenitische Stumpfverbindungen	RT	RT oder (UT)	UT oder (RT)
Austenitische T-Verbindungen	(UT) oder (RT)	(UT) u./oder (RT)	(UT) oder (RT)
Stumpfverbindungen aus Aluminium	RT	RT oder UT	RT oder UT
T-Verbindungen aus Aluminium	(UT) oder (RT)	UT oder (RT)	UT oder (RT)
Stumpfverbindungen aus Ni- u. Cu	RT	RT oder (UT)	RT oder (UT)
T-Verbindungen aus Ni- u. Cu	(UT) oder (RT)	(UT) oder (RT)	(UT) oder (RT)
Stumpfverbindungen aus Titan	RT	RT oder (UT)	-
T-Verbindungen aus Titan	(UT) oder (RT)	UT oder (RT)	-
[1] Die Wanddicke t ist die Nennwanddicke des Ausgangswerkstoffes der zu verbindenden Teile. ( ) bedeutet, dass dieses Verfahren nur begrenzt anwendbar ist.			

13.4 Schweißnahtfehler

Nachfolgend werden die wichtigsten herstellungsbedingten Fehlerarten aufgeführt. Die schematische Darstellung der Fehlerarten ist analog der DIN EN 6520 [13.8] gewählt und die Durchstrahlungsaufnahmen sind dem IIW-Katalog entnommen [13.9].

13.4.1 Flächenhafte Fehler

Längsriss in Schweißnahtrichtung verlaufend

Abb. 13.8 Längsriss (schematisch) [13.1], [13.8]

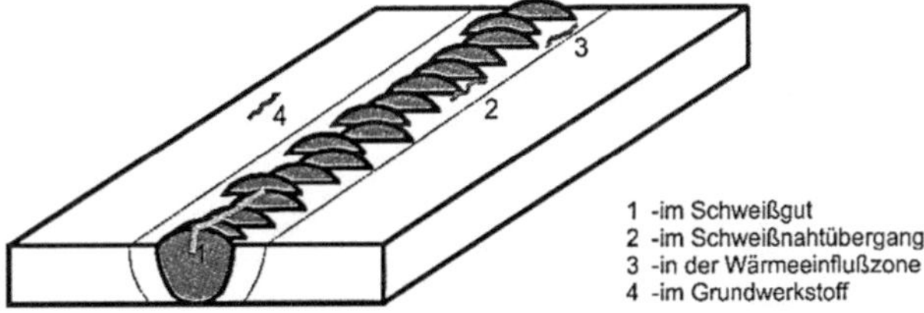

Abb. 13.9 Längsriss (in einer Durchstrahlungsaufnahme) [13.9], [13.10]

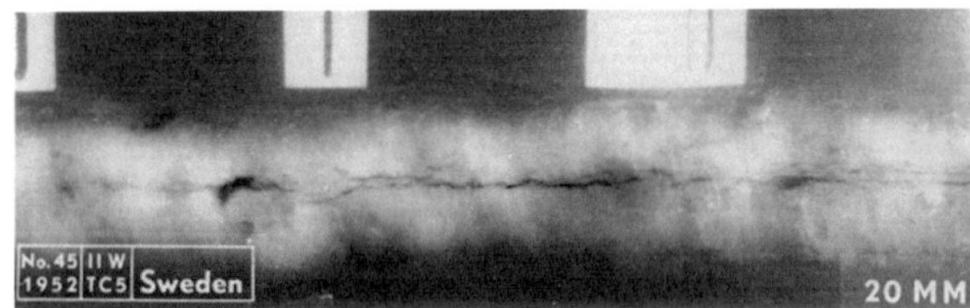

Querriss, quer zur Schweißnaht verlaufend

Abb. 13.10 Querriss (schematisch) [13.1], [13.8]

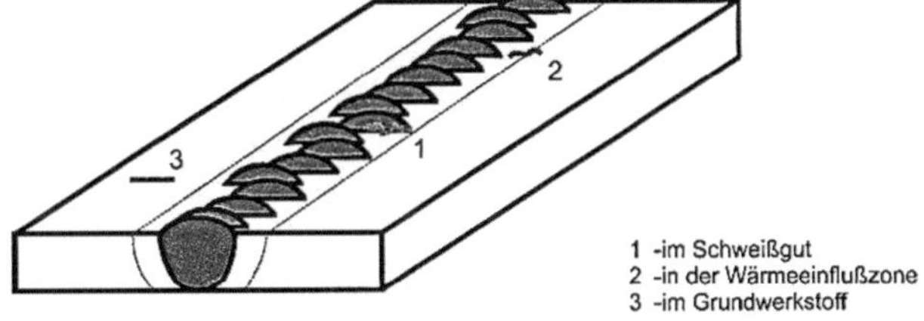

Abb. 13.11 Querriss (in einer Durchstrahlungsaufnahme) [13.9], [13.10]

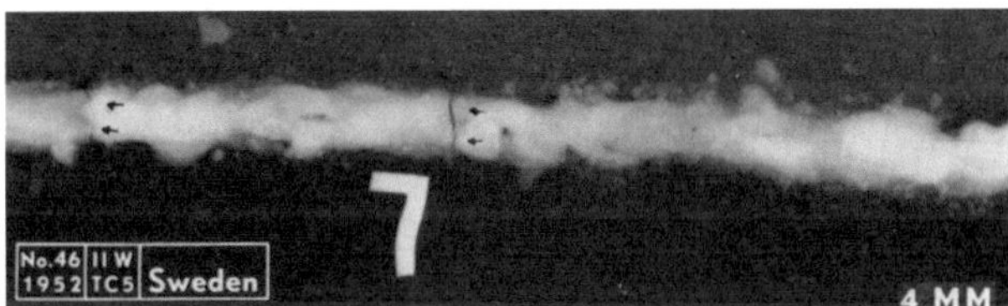

Abb. 13.12 Bindefehler
(schematisch) [13.1]

Flankenbindefehler

Lagenbindefehler

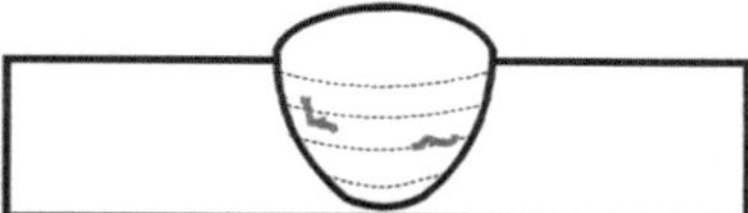

Wurzelbindefehler

Abb. 13.13 Ungenügende
Durchschweißung (schema-
tisch) [13.1], [13.8]

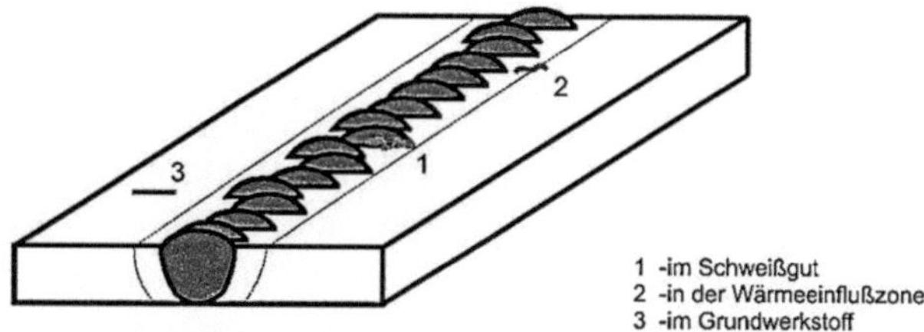

Abb. 13.14 Ungenügende
Durchschweißung (in einer
Durchstrahlungsaufnahme)
[13.9], [13.10]

13.4.2 Volumenhafte Fehler

Abb. 13.15 Schlackeneinschlüsse als scharfkantige Einlagerung im Schweißgut (schematisch) [13.1], [13.8]

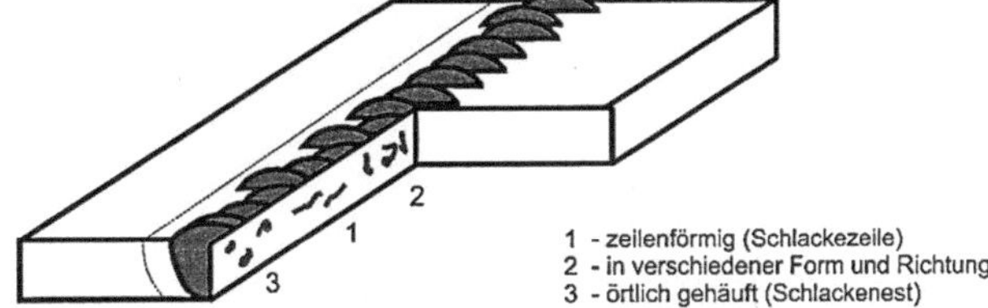

Abb. 13.16 Schlackeneinschlüsse (in einer Durchstrahlungsaufnahme) [13.9], [13.10]

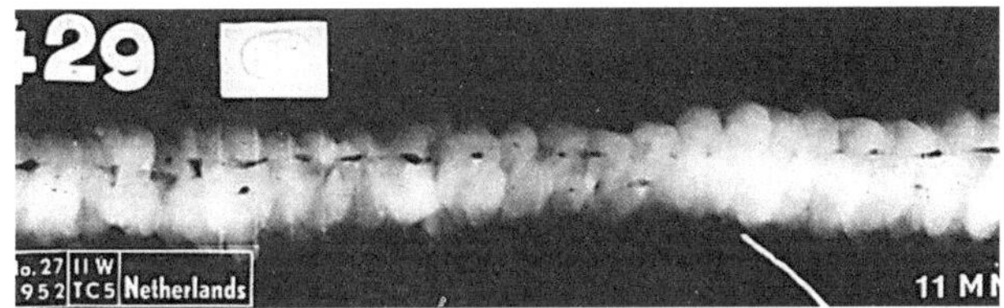

Abb. 13.17 Poren als kugelartige Gaseinschlüsse (schematisch) [13.1], [13.8]

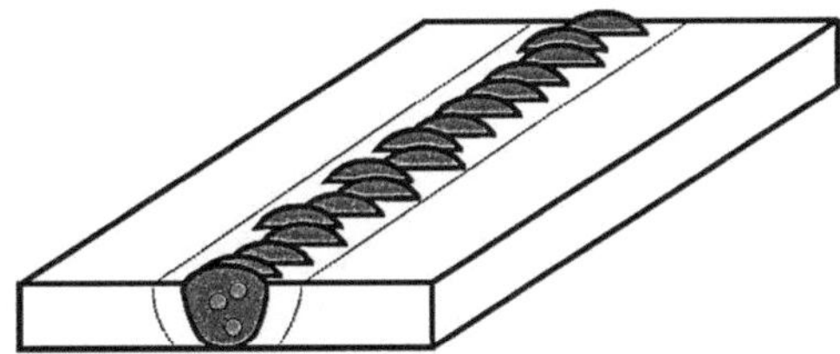

Abb. 13.18 Porennester (in einer Durchstrahlungsaufnahme) [13.9], [13.10]

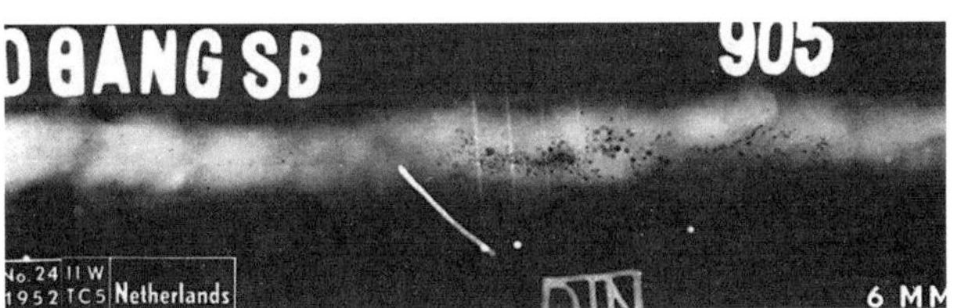

Abb. 13.19 Schlauchporen als Gaseinschlüsse in verschiedenartiger Lage; einzeln oder gehäuft auftretend (schematisch) [13.1], [13.8]

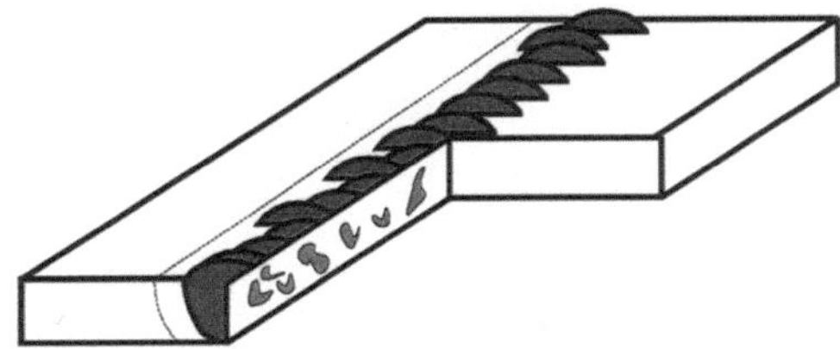

Abb. 13.20 Gasporen (in
einer Durchstrahlungsaufnahme) [13.9], [13.10]

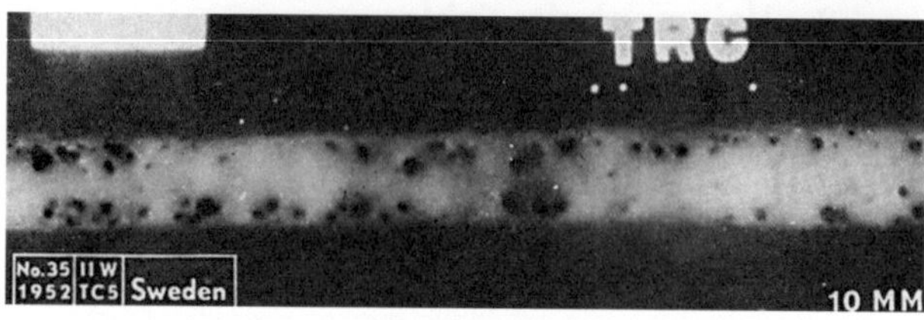

Abb. 13.21 Lunker als
Schwindungshohlräume im
Schweißgut (schematisch)
[13.1], [13.8]

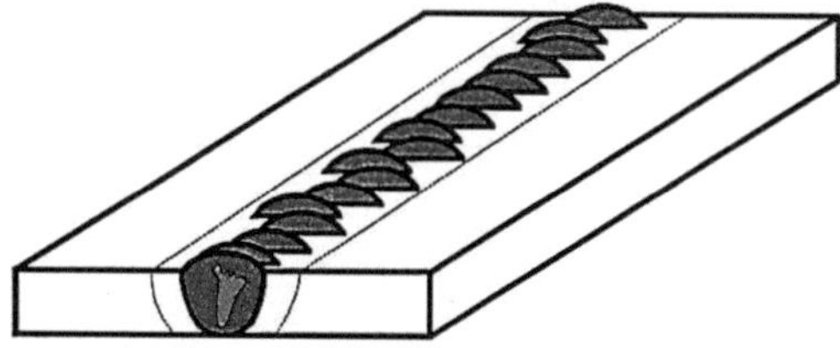

Abb. 13.22 Endkraterrisse
[13.1]

13.5   Anzeigenformen

Die festgestellten Ungänzen sind für die Beurteilung des Prüfstücks auf seine Verwendbarkeit „relevante" oder „erhebliche" Anzeigen, wenn sie in ihren Maßen die vorgegebene Registriergrenze erreichen oder überschreiten. Generell ist eine Anzeige solange als re-
levant zu betrachten, bis bewiesen ist, dass sie für die Beurteilung des Bauteilzustandes
ohne Belang ist und keine relevanten Anzeigen verdeckt. Dabei ist zu berücksichtigen,
dass die Qualität eines Bauteiles zu schlecht eingestuft wird, wenn nichtrelevante Anzei
gen deshalb mit protokolliert werden, weil sie nicht von relevanten Anzeigen unterschieden werden können. Auch kann die Protokollierung in einem solchen Fall für den Prüfer
sehr aufwendig werden, so dass oft nur der Befund nach einer Reparaturmaßnahme aufgenommen wird.

Relevante Anzeigen können nach ihrer Form und Art sowie auch unter dem Aspekt ihrer
Beurteilung zur Bauteilverwendbarkeit grundsätzlich in rundliche und längliche Anzeigen
mit der Ergänzung von Anzeigenreihen beim Auftreten einer bestimmten Häufigkeit unter-

Abb. 13.23 Beispiele für rundliche Anzeigen [13.1], [13.11]

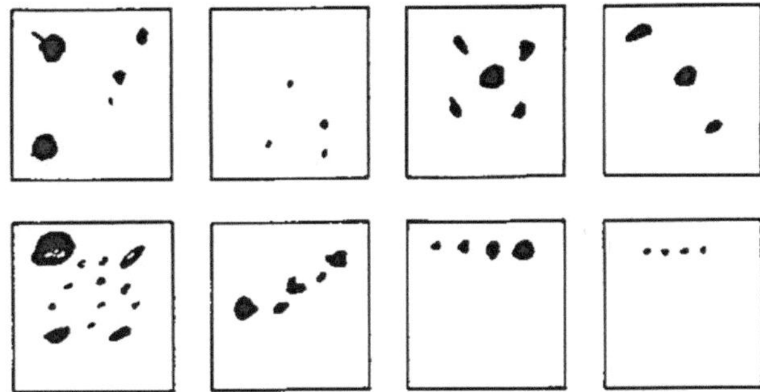

teil werden. Als **rundliche Anzeigen** werden danach Anzeigen eingestuft, **deren Länge kleiner ist als ihre 3-fache Breite** (Abb. 13.23).

Längliche Anzeigen, deren Charakter immer auch ohne Kenntnis der Ungänzenart Risse oder zumindest trennungsartige Fehlstellen vermuten lässt, haben demzufolge eine Länge, die größer ist als ihre 3-fache Breite (Abb. 13.24). In diese Kategorie sind auch laminare Anzeigen einzuordnen, wie z.B. von Dopplungen in gewalztem Material (Abb. 13.25).

In Abhängigkeit von der Häufigkeit wird auch eine Aufreihung der Anzeigen definiert. Sie wird einerseits durch die Länge der Einzelanzeigen und andererseits durch die Abstände zwischen den Einzelanzeigen geprägt. Man geht davon aus, dass solche Aufreihungen bei der Beurteilung schwerwiegendere Befunde darstellen als einzelne rundliche oder längliche Anzeigen.

Abb. 13.24 Beispiele für längliche Anzeigen [13.1], [13.11]

Abb. 13.25 Laminare Anzeigen [13.1], [13.11]

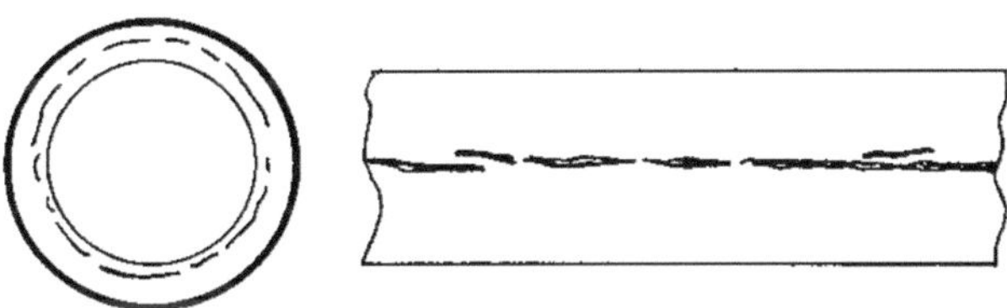

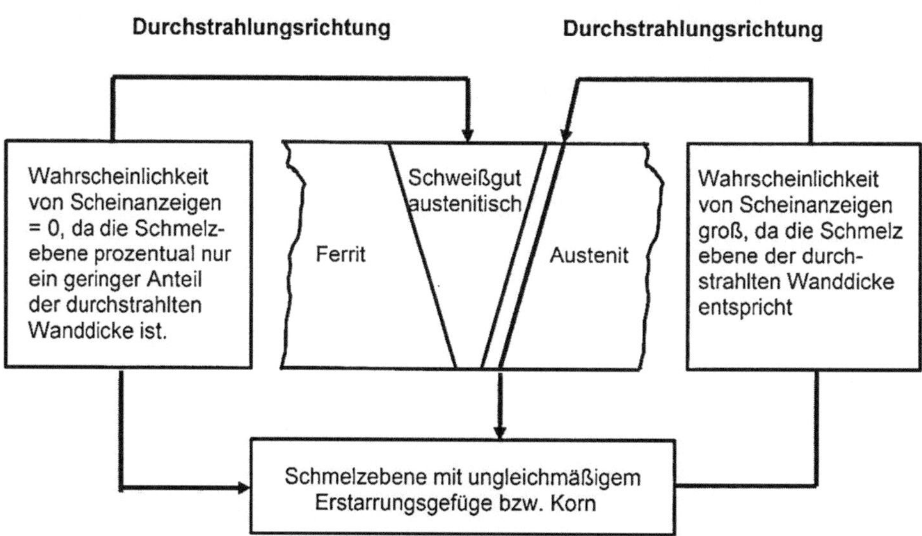

Abb. 13.26 Austenitische Schweißverbindungen und die Wahrscheinlichkeit von Scheinanzeigen [13.36]

Nach bestimmten Regelwerken werden Einzelanzeigen und Mehrfachanzeigen, lineare und nichtlineare Anzeigen unterschieden (z.B. DIN EN 10228 [13.12]). Weitere Regelwerke schreiben die Klassifizierung der Anzeigen anhand von Vergleichsfotografien vor (ASTM-E-433 [13.13]).

Bei der Durchstrahlung von austenitischen und Cr-Ni-Schweißnähten wurden auch Anzeigen festgestellt, die sich bei näherer Untersuchung mit metallografischen Methoden als Scheinanzeigen erwiesen haben [13.36]. In Abb. 13.26 werden der Aufbau solcher Schweißverbindungen und die Wahrscheinlichkeit von Scheinanzeigen wiedergegeben. Man erkennt aus der Abbildung, dass in der Schmelzebene ungleichmäßiges Korn bzw. Erstarrungsgefüge mit einem relativ großen Konzentrationsgradienten der Legierungselemente vorliegen und vor allem parallel zueinander ferritisches und austenitisches Grundmaterial und austenitisches Schweißgut miteinander verbunden sind. Daher spielt auch die Durchstrahlungsrichtung eine Rolle für das Auftreten der Scheinanzeigen, weil nahezu 100% der durchstrahlten Materialdicke der Schmelzebene entspricht, die immer einen Gefügeübergang von grober dendritischer zu einer feinkörnigen Struktur bedeutet. Dieses feinkörnige Gefüge wiederum bringt keine Beeinträchtigungen durch Beugungserscheinungen für Scheinanzeigen mit sich [13.36].

13.6   Durchführung von Durchstrahlungsprüfungen nach DIN EN ISO 17636-1 u. -2 und DIN EN ISO 10893-6 u. -7

13.6.1   Prüfklassen

In den für die Durchstrahlungsprüfung von Gussstücken und Schweißverbindungen gültigen Normen, wie DIN EN ISO 5579 [13.14], DIN EN 12681 [13.16], DIN EN ISO 17636-1 [13.15], DIN EN ISO 10893-6 [13.15] und DIN EN ISO 10893-7 [13.15] werden, wie bereits in den Kapiteln 5, 6 und 9 beschrieben, die Prüfklassen A und B unterschieden. Die Festlegung der Prüfklasse richtet sich deshalb nach den prüftechnischen Anforderungen und kann zwischen Hersteller und Besteller der zu prüfenden Erzeugnisse vereinbart werden.

Im Folgenden werden die Anforderungen an die Prüftechnik nach den zutreffenden Regelwerken demgemäß stets nach den beiden Prüfklassen unterschieden. Danach ist es mit Ausnahme spezieller Sonderregelungen (z.B. Abstandsreduzierungen) prinzipiell möglich, die Prüfklasse B als erfüllt zu betrachten oder die Prüfklasse A zu wählen, wenn nach Absprache die Schwärzung auf mindestens S = 3,0 erhöht wird oder durch die Wahl eines Filmsystems mit höherem Kontrast eine größere Prüfempfindlichkeit erreicht werden kann.

In den Normen für die Prüfung von Gussstücken DIN EN 12681 [13.16] und für die Prüfung von Schweißverbindungen DIN EN ISO 17636-1 [13.15] und DIN EN ISO 10893-6 [13.37] sind einige Anforderungen fast identisch ausgeführt, wie beispielsweise die Prüfklassen, f_{min}, die Wahl der Strahlenquelle und der Energie, die Filmschwärzung, die Film-Folien-Kombination, der auswertbare Bereich, die Filmkennzeichnung und der Bildgütenachweis. Deshalb sind Wiederholungen bei getrennter Darstellung der Gussstück- und Schweißnahtprüfung nicht zu vermeiden. Auch muss unterstellt werden, dass die EN-Norm DIN EN 12681 [13.16] in der nächsten Zeit überarbeitet und in eine ISO-Norm umgewandelt wird.

13.6.2   Film-Fokus-Abstand, f_{min}

Zur Vorbereitung der Einrichtung von Durchstrahlungsaufnahmen gehört zunächst die Ermittlung des Film-Fokus-Abstandes. Dafür benötigt man Angaben zur zu erwartenden Unschärfe der Aufnahme. Die Einhaltung einer möglichst kleinen geometrischen Unschärfe der Durchstrahlungsaufnahme ist jedoch eine wichtige Bedingung für die Erkennbarkeit kleiner Objektdetails. Optimale geometrische Unschärfe wird erreicht, wenn

1. Der Brennfleck der Strahlenquelle klein ist (d),
2. Der Abstand Strahlenquelle – Werkstückoberfläche (f) relativ groß ist,
3. Der Abstand strahlerseitige Werkstückoberfläche – Film (b) klein ist.

Die Zusammenhänge werden durch die nachstehende Formel beschrieben:

$$U_g = \frac{d \times b}{f}.$$

Liegt der Film eng an einem Werkstück gleichmäßiger Dicke w an, so ist b = w und

$$U_g = \frac{d \times w}{f}.$$

Die geometrische Unschärfe muss so klein wie möglich gehalten werden, was erreicht wird, wenn man wie oben dargestellt, einen sehr kleinen Brennfleck und einen möglichst großen Abstand Strahlenquelle – Werkstückoberfläche hat. Letzteres ist jedoch wegen der hohen Strahlzeiten und aus Strahlenschutzgründen nicht ratsam. Es ist auch nicht notwendig, da innere Unschärfe sowieso im Film vorhanden und nicht ganz zu beseitigen ist. Um den minimalen Film-Fokus-Abstand zu bestimmen, sollte deshalb die geometrische gleich groß wie die innere Unschärfe sein. Daraus resultiert die Beziehung

$$f_{min} = \frac{d \times w}{U_i}.$$

Mit dieser Formel und einem Messwert für U_i lässt sich daher rein theoretisch ein solcher Mindestabstand errechnen.

Beispiel:
Es soll ein Blech von 15 mm Dicke mit einer Röhre (Brennfleck d = 4 mm) durchstrahlt werden, die mit 160 KV arbeitet.

Lösung:
Die innere Unschärfe ist für 160 KV bei optimalem Film-Folien-Kontakt lt. Tabelle 3.6 U_i = 0,13 mm.

$$f_{min} = \frac{4 \times 15}{0,13} = \textbf{462 mm}.$$

Im ASME-Code sind im Gegensatz zu DIN EN ISO 17636 bei bestimmten Wanddickenbereichen feste höchstzulässige Werte für die geometrische Unschärfe vorgegeben. Diese Werte sind nicht einfach zur Berechnung eines Mindestabstandes gedacht, sondern nach Wahl einer Aufnahmeanordnung zur Überprüfung der zu erwartenden Aufnahmeunschärfe. Die geometrische Unschärfe sollte die in Tabelle 13.3 aufgeführten Werte nicht übersteigen:

In DIN EN ISO 17636-1 [13.15] werden wie bereits dargestellt zwei Prüfklassen unterschieden. Das Verhältnis Abstand (f) zum optisch wirksamen Brennfleck (d) wird in Beziehung zu einer funktionellen Abhängigkeit von (b) (Abstand filmfernster Punkt zum Film) für die beiden Prüfklassen limitiert. Der Abstand f muss, wenn möglich, so bemes-

Tab. 13.3 Maximale geometrische Unschärfe nach ASME-Code [13.11]

Materialdicke in mm	Maximale U_g in mm
unter 50	0,510
von 50 bis 75	0,760
von 75 bis 100	1,020
über 100	1,780

sen werden, dass das Verhältnis dieses Abstandes zur Größe d der Strahlenquelle f/d, nicht die Werte unterschreitet, die durch die folgenden Gleichungen gegeben sind:

$$\text{f/d} \cdot \geq \cdot 7{,}5 \times (\text{b/mm})^{2/3} \ \text{Prüfklasse A}$$
$$\text{f/d} \cdot \geq \cdot 15 \times (\text{b/mm})^{2/3} \ \text{Prüfklasse B}$$

Es lassen sich die Mindestabstände auch mittels Taschenrechner berechnen oder aus einem Leiterdiagramm ablesen (Abb. 13.27). Falls der Abstand b < 1,2 w ist, muss die Größe b durch die Nennwanddicke w ersetzt werden.

Abb. 13.27 Leiterdiagramm nach DIN EN ISO 17636-1 und DIN EN ISO 10893-6 zur Ermittlung der Mindestabstände Strahlenquelle zum Prüfgegenstand f_{min} für die Prüfklasse A und B [13.15], [13.37]

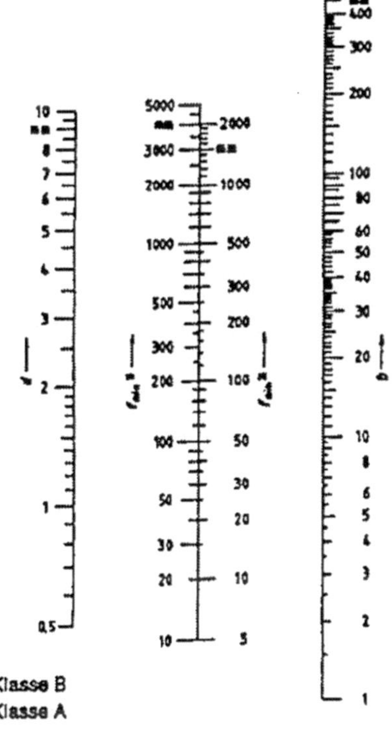

Beispiel

Blech 15 mm Dicke, Röntgenröhre Brennfleck d = 4 mm

$$\text{Prüfklasse A: fmin} = 4 \cdot 7{,}5 \times b^{2/3} = 179{,}2 \text{ mm,}$$
$$\text{Prüfklasse B: fmin} = 4 \cdot 15 \times b^{2/3} = 358{,}4 \text{ mm.}$$

13.6.3   Wahl der Strahlenquelle und Energieauswahl

Nach DIN EN ISO 17636-1 [13.15] sollte bei Röntgenanlagen die Röhrenspannung so niedrig wie möglich gehalten werden, um eine gute Fehlerauffindbarkeit zu gewährleisten. Eine Erhöhung der Röhrenspannung in Grenzfällen sollte für Stahl nicht mehr als 50 KV, für Titan nicht mehr als 40 KV und für Aluminium nicht mehr als 30 KV betragen. ASME benutzt die größere Abmessung für den Brennfleck d und akzeptiert die Vorlage von Zerfallskurven.

In Abb. 13.28 sind Grenzwerte für die maximale Röhrenspannung von Röntgengeräten bis 1000 kV in Abhängigkeit von der durchstrahlten Dicke und vom Werkstoff dargestellt.

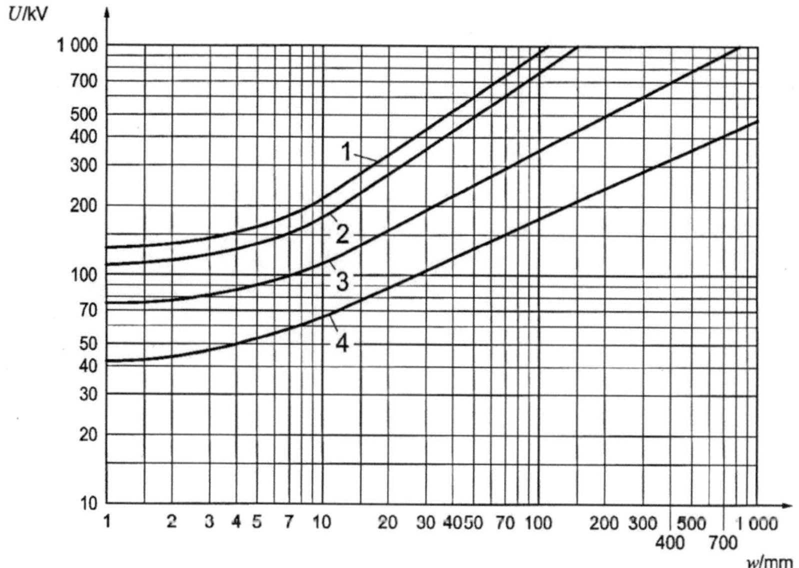

Legende: 1 Kupfer/Nickel und deren Legierungen
           2 Stahl
           3 Titan und dessen Legierungen
           4 Aluminium und dessen Legierungen
           w durchstrahlte Dicke
           U Spannung des Röntgenstrahlers

Abb. 13.28 Grenzwerte für die max. Röhrenspannung von Röntgengeräten bis 1000 kV [13.15]

Tab. 13.4 Bereich der durchstrahlten Dicke des Prüfgegenstandes für Röntgenstrahler mit einer Energie über 1 MeV und für radioaktive Präparate [13.15]

Strahlenquelle	Durchstrahlte Wanddicke in mm für	
	Prüfklasse A	Prüfklasse B
Se 75	$10 \leq w \leq 40$	$14 \leq w \leq 40$
Ir 192	$20 \leq w \leq 100$	$20 \leq w \leq 90$
Co 60	$40 \leq w \leq 200$	$60 \leq w \leq 150$
Rö-Strahler 1-4 MeV	$30 \leq w \leq 200$	$50 \leq w \leq 180$
Rö-Strahler 4-12 MeV	$w \geq 50$	$w \geq 80$
Rö-Strahler >12 MeV	$w \geq 80$	$w \geq 100$

Der Bereich der durchstrahlten Dicke des Prüfgegenstandes für Röntgenstrahler mit einer Energie über 1 MeV und für radioaktive Präparate richtet sich entsprechend Tabelle 13.4 nach der Wanddicke für Stahl, Kupfer und Nickel-Basis-Legierungen [13.15].

Mit Zustimmung der Vertragspartner darf der Wert für Ir 192 weiter auf 10 mm und für Se 75 auf 5 mm verringert werden und für bestimmte Anwendungen dürfen auch größere Wanddickenbereiche zugelassen werden, wenn die Bildgüte ausreichend ist.

Die Grenzwerte des ASME-Codes für die maximale Spannung von Röntgengeräten für den Werkstoff Stahl entsprechen Abb. 12.10. Die Verwendung von radioaktiven Präparaten richtet sich gemäß Tabelle 13.5 nach der Wanddicke [13.11].

Bei der Verwendung radioaktiver Isotope richtet sich die maximale Wanddicke in erster Linie nach der Belichtungsdauer, deshalb sind keine oberen Grenzwerte angegeben worden. Die angegebenen Grenzwerte können herabgesetzt werden, wenn nachgewiesen werden kann, dass durch die angewandte Durchstrahlungstechnik die erforderliche Empfindlichkeit der Durchstrahlungsprüfung erreicht worden ist.

Tab. 13.5 Mindestwanddicken für die Anwendung radioaktiver Strahlung

Werkstoff	Mindestwanddicke in mm für	
	Iridium 192	Cobalt 60
Stahl	19	38
Kupfer und Nickel	17	33
Aluminium	64	-

13.6.4 Anforderungen an die Filmschwärzung

Die Belichtung muss so gewählt werden, dass die auf der Durchstrahlungsaufnahme erzielte Gesamtschwärzung einschließlich der Schleierschwärzung im auszuwertenden Bereich mindestens den Werten der Tabelle 13.6 entsprechen [13.15]. Dies gilt auch für alle Einzelfilme, wenn die Mehrfilmtechnik angewendet wird. Die Schleierschwärzung ist festgelegt als die gesamte Schwärzung eines verarbeiteten unbelichteten Films und darf den Wert 0,3 nicht überschreiten.

Nach ASME-Code, Sect. V muss die Mindestschwärzung in der Einzelfilmbetrachtung bei Röntgenstrahlung 1,8 und bei Gammastrahlung 2,0 betragen. Bei Doppelfilmbetrachtung von Mehrfilmbelichtungen muss jeder Film mindestens 1,3 aufweisen. Der maximale Schwärzungsgrad darf stets nur 4,0 betragen. Eine Toleranz von 0,05 Schwärzung ist zulässig bei Abweichungen zwischen den Messwerten verschiedener Densitometer. Die Schwärzungsmessgeräte sind regelmäßig nach ASTM – SE-1079 [13.17] durch Vergleich mit einem geeichten Stufenkeilfilm zu kalibrieren.

Die Aufnahmeanordnung und die Bestimmung der Aufnahmeparameter (f und b) für Rundnähte in Rohren oder Behältern sind bekannt. Bei der Betrachtung wird der FFA bei senkrechter Durchstrahlung, z.B. der Rohr- oder Behälterwände und entsprechender Lage der Mitte des Films hinter der Wand bestimmt. Von der Filmmitte zum Filmrand sind die Abbildungsparameter – mit Ausnahme der Zentralaufnahme – jedoch anders, weil einerseits die effektiv durchstrahlte Wanddicke steigt und andererseits der Abstand Werkstückoberfläche – Strahler sich verändert. Folglich verändert sich auch die Bildqualität, insbesondere die Schwärzung, von der Filmmitte zum Filmrand. Aus diesem Grunde begrenzt DIN EN ISO 17636-1 [13.15] den auswertbaren Schweißnahtbereich auf die Einhaltung der Schwärzungsbedingungen, d.h. er reicht links und rechts von der Mitte bis zu dem Punkt der Naht, an dem die Schwärzung unter die in Tabelle 13.6 aufgeführten Werte abfällt.

Die Zahl der anzuwendenden Teilaufnahmen wird von einer Überlappung der auswertbaren Bereiche auf den Filmen um ca. 10% bestimmt. Außerhalb der Filmmitte werden die Prüfgegenstände immer schräger durchstrahlt und liefern damit einen schlechteren Kontrast, je weiter die Filmmitte vom Fehlerort entfernt ist. Da reale Fehler keinen geradlinigen, sondern einen gekrümmten Verlauf zeigen, rechnet man mit einem Winkel von ca. 25° zur Hauptachse des Risses, der zur Fehlerabbildung ausreicht, was einem Unterschied in der Wanddicke Filmmitte zum Rand des auswertbaren Bereichs von 10 % entspricht.

Tab. 13.6 Mindestschwärzung der Durchstrahlungsbilder nach DIN EN ISO 17636-1 [13.15]

Prüfklasse	Mindestschwärzung	Maximalschwärzung
A	≥ 2,0*	≤ 4
B	≥ 2,3*	≤ 4

* darf durch besondere Vereinbarung zwischen den Vertragspartnern in Prüfklasse A auf 1,5
und in Prüfklasse B auf 2,0 vermindert werden.

13.6.5 Auswahl der Film-Folien-Kombination

Für die Durchstrahlungsprüfung sind Filmsystemklassen nach DIN EN ISO 17636-1 [13.15] zu verwenden (Tabelle 13.7 für Stahl, Kupfer und Nickel-Basis-Legierungen). In der Tabelle sind für die verschiedenen Strahlenquellen in Abhängigkeit von der durchstrahlten Wanddicke des Prüfgegenstandes und der Grenzenergie der Röntgenstrahlung bzw. der Art des Gammastrahlers die auszuwählenden Filmklassen und Folienkombinationen für die Prüfklassen A und B angegeben. Tabelle 13.8 enthält Filmsystemklassen und Aufnahmefolien für Aluminium und Titan. Der ASME-Code enthält keine konkreten Angaben zu Filmklassen oder Film-Folien-Kombinationen. Man verweist auf handelsübliche Produkte.

13.6.6 Auswertbarer Bereich, Anzahl der Teilaufnahmen

Der auswertbare Bereich einer Durchstrahlungsaufnahme ergibt sich aus dem Längenabschnitt des Films, innerhalb dessen die Mindestschwärzungswerte erreicht worden sind oder der mit einer Aufnahme zu erfassende Prüfbereich soll so begrenzt werden, dass die geforderte Filmschwärzung im auszuwertenden Bereich eingehalten wird. Diese Begrenzung soll ferner so ausgewählt werden, dass innerhalb des auszuwertenden Bereiches der Winkel zwischen Durchstrahlungsrichtung und der Normalen zum Film nicht mehr als 30° beträgt. Das Verhältnis der durchstrahlten Wanddicken beim Zentralstrahl zu dem am äußeren Rand eines auszuwertenden Bereiches mit gleichbleibender Dicke darf nicht größer sein als 1,1 für Prüfklasse B und 1,2 für Prüfklasse A. Diese Werte dürfen jedoch dann überschritten werden, wenn bevorzugte Fehlerorientierungen nachweisbar werden oder bestimmte Abschnitte des Prüfgegenstandes dadurch prüfbar werden. Bei Schweißverbindungen soll die Größe des zu prüfenden Bereiches die Schweißnaht und die Wärmeeinflusszone einschließen. Dazu müssen normalerweise ca. 10 mm des Grundwerkstoffes auf jeder Seite der Schweißnaht mitgeprüft werden.

Die erforderliche Anzahl von Teilaufnahmen ist abhängig vom auszuwertenden Bereich eines Prüfgegenstandes. Bei Schweißkonstruktionen mit einer Reihe von Schweißnähten wird ein Filmlageplan erforderlich. Analog nimmt die Zahl der Teilaufnahmen bei Schweißverbindungen zu, je länger der zu prüfende Bereich ist. Das trifft insbesondere bei Rohren mit einem Außendurchmesser von ≥ 100 mm zu. In DIN EN ISO 17636-1 [13.15] werden hierzu Diagramme zur Ermittlung der Mindestaufnahmezahl bei einwandiger und bei doppelwandiger Durchstrahlung in Abhängigkeit vom Verhältnis Rohraußendurchmesser zum Abstand f und vom Rohrverhältnis Wanddicke zum Rohraußendurchmesser angegeben.

Die in diesen Diagrammen enthaltenen Grenzen berücksichtigen bereits ein in der Praxis bestätigtes Kriterium zur Bestimmung der notwendigen Aufnahmezahl bei der Beurteilung der Qualität von Rohrrundnähten. Die gefährlichen Fehler in solchen Schweißverbindungen stellen bei Innendruckbeanspruchung Längsfehler bezogen auf die Rohrachse

Tab. 13.7 Filmsystemklassen für Stahl, Kupfer- und Nickel-Basis-Legierungen nach DIN EN ISO 17636-1 [13.15]

Strahlenquelle	Durchstrahlte Dicke w	Filmsystemklasse [a]		Art und Dicke der Aufnahmefolien	
		Klasse A	Klasse B	Klasse A	Klasse B
Spannung des Röntgenstrahlers ≤ 100 kV		C 5	C 3	Keine oder bis 0,03 mm Vorder- und Hinterfolie aus Blei	
Spannung des Röntgenstrahlers > 100 kV bis 150 kV				Bis 0,15 mm Vorder- und Hinterfolie aus Blei	
Spannung des Röntgenstrahlers > 150 kV bis 250 kV			C 4	0,02 mm bis 0,15 mm Vorder- und Hinterfolie aus Blei	
Yb 169 Tm 170	$w \leq 5$ mm	C 5	C 3	Keine oder bis 0,03 mm Vorder- und Hinterfolie aus Blei	
	$w > 5$ mm		C 4	0,02 mm bis 0,15 mm Vorder- und Hinterfolie aus Blei	
Spannung des Röntgenstrahlers > 250 kV bis 500 kV	$w \leq 50$ mm	C 5	C 4	0,02 mm bis 0,2 mm Vorder- und Hinterfolie aus Blei	
	$w > 50$ mm		C 5	0,1 mm bis 0,2 mm Vorderfolien aus Blei [b] 0,02 mm bis 0,2 mm Hinterfolie aus Blei	
Spannung des Röntgenstrahlers > 500 kV bis 1 000 kV	$w \leq 75$ mm	C 5	C 4	0,25 mm bis 0,7 mm Vorder- und Hinterfolie aus Stahl oder Kupfer [c]	
	$w > 75$ mm	C 5	C 5		
Se 75		C 5	C 4	0,02 mm bis 0,2 mm Vorder- und Hinterfolie aus Blei [b]	
Ir 192		C 5	C 4	0,02 mm bis 0,2 mm Vorderfolie aus Blei	0,1 mm bis 0,2 mm Vorderfolie aus Blei [b]
				0,02 mm bis 0,2 mm Hinterfolie aus Blei	
Co 60	$w \leq 100$ mm	C 5	C 4	0,25 mm bis 0,7 mm Vorder- und Hinterfolie aus Stahl oder Kupfer [c]	
	$w > 100$ mm		C 5		
Röntgenstrahler mit Energien von 1 MeV bis 4 MeV	$w \leq 100$ mm	C 5	C 3	0,25 mm bis 0,7 mm Vorder- und Hinterfolie aus Stahl oder Kupfer [c]	
	$w > 100$ mm		C 5		
Röntgenstrahler mit Energien von 4 MeV bis 12 MeV	$w \leq 100$ mm	C 4	C 4	Bis 1 mm Vorderfolien aus Kupfer, Stahl oder Tantal [d] Hinterfolie aus Kupfer oder Stahl bis 1 mm und Tantal bis 0,5 mm [d]	
	100 mm $< w \leq 300$ mm	C 5	C 4		
	$w > 300$ mm		C 5		
Röntgenstrahler mit einer Energie von mehr als 12 MeV	$w \leq 100$ mm	C 4	nicht anwendbar	Bis 1 mm Vorderfolie aus Tantal [e] Keine Hinterfolie	
	100 mm $< w \leq 300$ mm	C 5	C 4		
	$w > 300$ mm		C 5	Bis 1 mm Vorderfolie aus Tantal [e] Bis 0,5 mm Hinterfolie aus Tantal	

[a] Bessere Filmsystemklassen dürfen ebenfalls verwendet werden, siehe ISO 11699-1.

[b] Herstellerverpackte Filme mit Vorderfolien bis 0,03 mm dürfen angewendet werden, wenn zusätzlich zwischen Prüfgegenstand und Film eine 0,1-mm-Bleifolie angebracht wird.

[c] In Klasse A dürfen auch 0,5-mm- bis 2,0-mm-Bleifolien verwendet werden.

[d] In Klasse A dürfen nach Vereinbarung zwischen den Vertragspartnern 0,5-mm- bis 1-mm-Bleifolien verwendet werden.

[e] Wolframfolien dürfen nach Vereinbarung verwendet werden.

Tab. 13.8 Filmsystemklassen und Aufnahmefolien für Aluminium und Titan nach DIN EN ISO 17636-1 [13.15]

Strahlenquelle	Filmsystemklasse [a]		Art und Dicke der Aufnahmefolien
	Klasse A	Klasse B	
Spannung des Röntgenstrahlers ≤ 150 kV			Keine oder bis 0,03 mm Vorder- und bis 0,15 mm Hinterfolie aus Blei
Spannung des Röntgenstrahlers > 150 kV bis 250 kV	C 5	C 3	0,02 mm bis 0,15 mm Vorder- und Hinterfolie aus Blei
Spannung des Röntgenstrahlers > 250 kV bis 500 kV			0,1 mm bis 0,2 mm Vorder- und Hinterfolie aus Blei
Yb 169			0,02 mm bis 0,15 mm Vorder- und Hinterfolie aus Blei
Se 75			0,2 mm Vorder- [b] und 0,1 mm bis 0,2 mm Hinterfolie aus Blei

[a] Bessere Filmsystemklassen dürfen ebenfalls angewendet werden, siehe ISO 11699-1.

[b] Anstelle einer 0,2-mm-Bleifolie dürfen zwei 0,1-mm-Bleifolien verwendet werden.

dar. Diese Längsfehler sind jedoch in Bezug auf den Umfang der Schweißnaht von Rohrrundnähten Querfehler. Sie werden oft nur in Filmmitte bei der Zentralaufnahme senkrecht durchstrahlt und liefern nur dann einen optimalen Kontrast und eine gute Bildqualität. Außerhalb der Filmmitte werden sie jedoch immer schräger durchstrahlt und geben damit auch einen schlechteren Kontrast, je weiter die Filmmitte vom Fehlerort entfernt ist. Bei idealen nutartigen Querfehlern, wäre ab 5 bis 7° Abweichung bereits kein wahrnehmbarer Kontrast mehr vorhanden.

Da reale Fehler keinen geradlinigen, sondern einen gekrümmten Verlauf zeigen, rechnet man mit einem Winkel zur Hauptachse des Risses von ca. 25°, der zur Fehlerabbildung ausreicht, was einem Unterschied der Wanddicke Filmmitte zum Rand des auswertbaren Bereichs von 10% entspricht. Diese 25° stellen den sog. Verzerrungswinkel β als Winkel zwischen der Einfallrichtung der Strahlung und der Normalen auf die Oberfläche der Rohrinnenwand dar (Abb. 13.29).

Ist also mit Querfehlern zu rechnen, so begrenzt der Verzerrungswinkel den auswertbaren Bereich und damit die maximale Filmanzahl.

13.6.7 Erhöhung des Objektumfanges

Bei sehr dickwandigen Schweißverbindungen mit abweichenden Wanddicken kann es erforderlich sein, einen größeren Wanddickenbereich innerhalb der zulässigen Schwär-

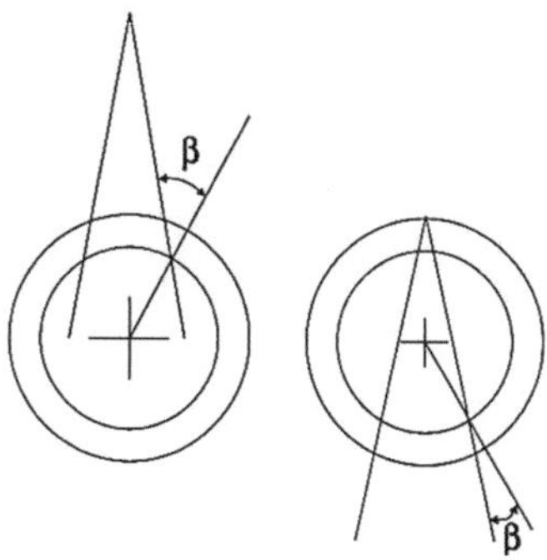

Abb. 13.29 Schematische Darstellung des Verzerrungswinkels bei verschiedenen Aufnahmeanordnungen [13.1]

zungsgrenzen mit einer Aufnahme abzubilden. Eine solche Objektumfangserhöhung kann entsprechend Kapitel 8 mit folgenden Verfahren umgesetzt werden:

- Mehrfilmverfahren mit gleich empfindlichen und unterschiedlich empfindlichen Filmen und Folien,
- Kontrasterniedrigung durch Erhöhung der Strahlungsenergie und durch Aufhärtung der Strahlung,
- Wanddickenausgleich.

13.6.8　Filmkennzeichnung, Überlappung von Aufnahmen

Zur exakten Lokalisierung einer Durchstrahlungsaufnahme muss eine Filmkennzeichnung erfolgen. Der Film muss gegenüber der Schweißnaht nachträglich zur Auswertung vorhandener Fehler einwandfrei zuordenbar sein. Bei großen Bauteilen, wie geschweißten Behältern werden Filmlagepläne angefertigt, um die Aufnahmepositionen in einem Bezugssystem zu erfassen (Rastereinteilung).

Eine dauerhafte Kennzeichnung auf dem Prüfgegenstand ist nur selten in der Praxis realisierbar. Die Kennzeichnung erfolgt auf dem Prüfgegenstand vor der Durchstrahlungsaufnahme mit Ölkreide oder mit Skizzen zum Prüfbericht. Zur Zuordnung des Prüfbefundes im Durchstrahlungsfilm zum Prüfgegenstand gibt es verschiedene Hilfsmittel wie Bleibuchstaben, -zahlen, -symbole oder Bleimaßbänder, die am Prüfgegenstand angebracht und mit durchstrahlt werden. Gekennzeichnet werden insbesondere das Datum der Prüfung, eine auftragsbezogene Nummer und z.B. die laufende Nummer des Filmlageplanes. Die Kennzeichnung auf dem Film darf nicht zu umfangreich sein, um den auswertbaren Bereich nicht einzuschränken und den Bildgütenachweis eindeutig zuzulassen.

Sind zur Durchstrahlung eines Prüfgegenstandes mehrere Teilaufnahmen erforderlich, die sich in einer Reihe zusammenfügen, wie z.B. bei Rohrrundnähten, so soll eine Überlappung der Filme an der Grenze ihrer auswertbaren Bereiche erfolgen. Damit wird sichergestellt, dass der gesamte Prüfbereich abgebildet wird. Eine Überlappung von 20 mm ist zumeist ausreichend. Die Überlappung von Filmen soll durch Bleizeichen markiert werden. Ein Beispiel für die Überlappungsanordnung wurde bereits im Abb. 12.13 gegeben.

13.6.9   Bildgütenachweis

Die Bildgüte einer Durchstrahlungsaufnahme muss durch Bildgüteprüfkörper (BPK) nach DIN EN ISO 19232-1 bis -5 [13.18] bis [13.22] nachgewiesen werden. Vorzugsweise soll der BPK auf der strahlernahen Seite des Prüfgegenstandes, in der Mitte des auszuwertenden Bereiches und in einem Bereich gleichmäßiger Wanddicke aufgelegt werden.

Bei Schweißverbindungen muss der BPK auf dem Grundmaterial neben der Schweißnaht plaziert werden. Bei Verwendung eines Drahtsteg-BPK müssen die Drähte senkrecht zur Schweißnaht ausgerichtet werden und für ihre Lage muss sichergestellt werden, dass mindestens 10 mm der Drahtlänge in einem Bereich gleichmäßiger Schwärzung, also im Grundmaterial liegt. Bei Verwendung eines Stufe/Loch-BPK muss dieser so gelegt werden, dass sich die geforderte Lochnummer dicht an der Schweißnaht befindet.

Bei bestimmten Aufnahmeanordnungen kann der BPK auch filmnah angebracht werden. In diesen Fällen muss nach DIN EN ISO 17636-1 [13.15] der Buchstabe F nahe an den BPK gelegt und im Prüfbericht angegeben werden. In DIN EN ISO 10893-6 [13.37] und -7 [13.38] werden die Grundanforderungen an die Positionierung der Bildgüteprüfkörper und die Anwendung der Beilagefolien zur Höhenkorrektur beschrieben, wie in Abb. 13.30 gezeigt.

Die Auswertung der Bildgüte erfolgt nach DIN EN ISO 11699-1 [13.23], indem die Zahl des kleinsten Drahtes oder Loches, der bzw. das bei der Abbildung des BPK auf dem Film unterschieden werden kann, bestimmt wird. Dabei gilt ein Draht des BPK als erkannt, wenn er im Bereich gleichmäßiger Schwärzung auf mindestens 10 mm Länge zusammenhängend eindeutig sichtbar ist. Wenn es beim Stufe/Loch-BPK zwei Löcher mit gleichem Durchmesser gibt, müssen beide unterscheidbar sein, damit die Stufe als sichtbar angesehen werden kann.

Für die Durchstrahlungsprüfung von Schweißverbindungen werden in DIN EN ISO 17636-1 [13.15] Mindestbildgütezahlen für Eisenwerkstoffe in Abhängigkeit von der Art des BPK, der Anordnung des BPK, von ein- oder doppelwandiger Durchstrahlungsanordnung und von der Bildgüteklasse angegeben. Man unterscheidet die Bildgüteklassen I für die Prüfklasse B und II für die Prüfklasse A.

13.6.10   Abschirmung gegen nicht bildzeichnende Strahlung

Bei einer Durchstrahlungsanordnung muss der Zentralstrahl auf das Zentrum des Prüfbereiches ausgerichtet sein und sollte möglichst senkrecht zur Oberfläche des Prüfgegenstandes stehen. Ausnahmen bilden solche Anordnungen, bei denen durch eine andere ge-

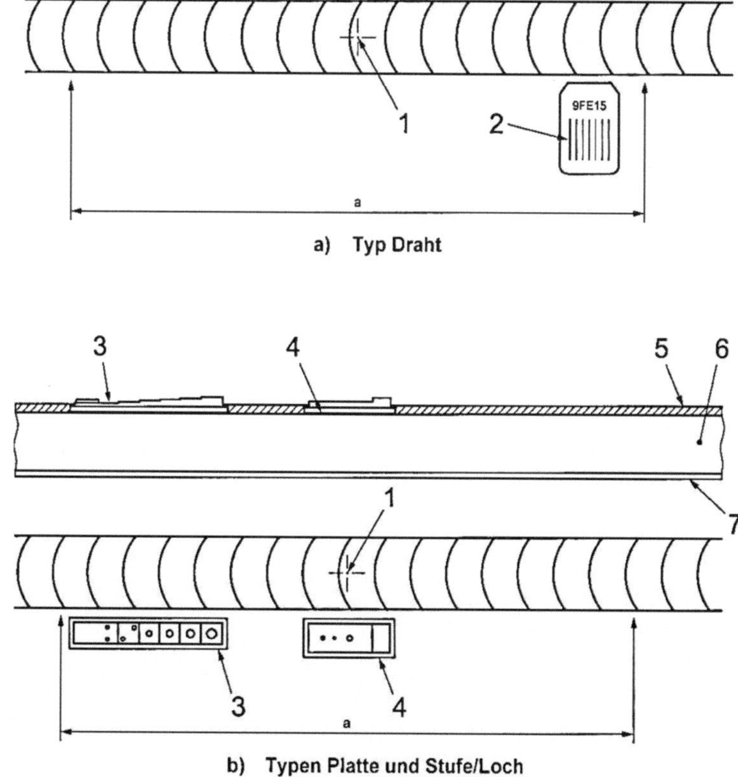

Legende:

1   Zentrum des Strahls   2   Drahtsteg-BPK, dünnster Draht vom Strahlzenrum abgewandt
3   Stufe/Loch-BPK, kleinste Stufe vom Strahlzenrum abgewandt
4   Platten-BPK mit Beilagefolie zur Höhenkorrektur   5   Äußere Schweißnahtüberhöhung
6   Rohrwand   7   Innere Schweißnahtüberhöhung   a   Auswertbare Länge

Abb. 13.30 Positionierung der Bildgüteprüfkörper und die Anwendung der Beilagefolien zur Höhenkorrektur [13.37], [13.38]

eignetere Strahlenrichtung bestimmte Fehler festgestellt werden können, wie z.B. Flankenbindefehler. Um die Wirkung der Streustrahlung zu vermindern, soll die direkte Strahlung weitgehend auf den auswertbaren Prüfabschnitt begrenzt sein. Diesbezüglich sollten Bleifilter oder Blenden, wie z.B. Kollimatoren, eingesetzt werden. Günstig ist es jedoch immer, eine Bleischicht auf der Rückseite der Film-Folien-Kombination zum Schutz des Filmes vor Streustrahlung anzubringen.

Die Wirkung der Streustrahlung muss nach DIN EN ISO 17636-1 [13.15] bei der Durchstrahlungsaufnahme durch Anbringen eines Bleibuchstaben B direkt hinter der

Filmkassette festgestellt werden. Wenn das B als helleres Bild auf dem Film erscheint, muss der Film verworfen werden, als dunkleres Bild ist der Film zulässig.

13.7 Ungänzenklassifizierung und -beurteilung

Man unterscheidet auch bei Schweißnähten objektbezogene Regelwerke mit den Zulässigkeiten sowie prüftechnische Normen und Regelwerke, die die verfahrensspezifischen Details beschreiben (Abb. 13.31).

Allen Regelwerken ist gemeinsam, längliche und rundliche Anzeigen getrennt zu analysieren. Wie diese Trennung vorgenommen wird, ist verschieden. Während der ASME-Code völlig auf eine Anzeigentypenunterscheidung verzichtet, nennt das AD Merkblatt HP 5/3 ausdrücklich, welche Anzeigentypen als längliche (Schlacken, Porenketten, Schlauchporen etc.) und welche als rundliche (Poren, Porennester) zu beurteilen sind. Für längliche Anzeigen gilt als Größenkriterium in der Regel ihre Länge, für rundliche ihr Durchmesser. Das Lage- und Häufigkeitskriterium verlangt nach der Fläche oder die Beurteilungslänge der Naht, auf die der Befund zu beziehen ist. Die Lage von Anzeigen zueinander (Porenkette oder nicht) wird meist über die Gesamtlänge der Anzeigen auf die Beurteilungslänge bezogen. Eine Aufreihung bilden Anzeigen nach AD z.B. nur, wenn ihr Abstand nicht größer als $2 \times$ Länge der größeren Anzeige ist. Die Anzeigenbeurteilung durch Analyse eines Befundes zeigt Abb. 13.32.

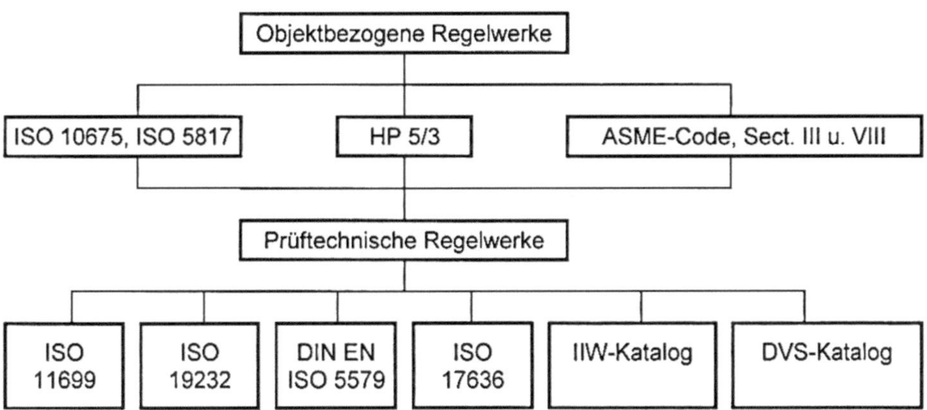

Abb. 13.31 Objektbezogene und prüftechnische Regelwerke für die radiografische Schweißnahtprüfung [13.1]

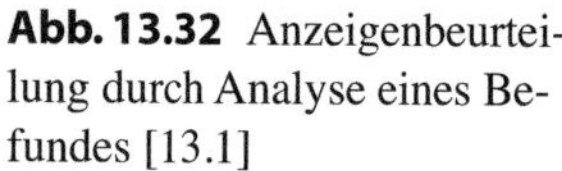

Abb. 13.32 Anzeigenbeurteilung durch Analyse eines Befundes [13.1]

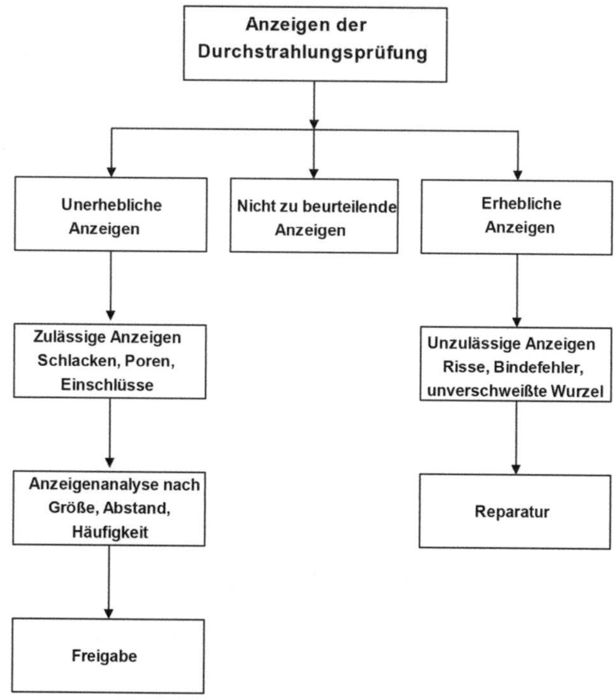

13.7.1 DIN EN ISO 10675-1 [13.26]

Diese Norm legt die Zulässigkeitsgrenzen für Anzeigen von Unregelmäßigkeiten an Stumpfschweißnähten in Stahl fest. Sie hat die DIN EN 12517 [13.25] abgelöst. Falls vereinbart, dürfen die Zulässigkeitsgrenzen auch auf andere Arten von Schweißverbindungen oder andere Werkstoffe angewendet werden. Die Grundlage für die Durchstrahlungsprüfung nach dieser Norm bilden DIN EN ISO 17636-1 [13.15], DIN EN ISO 5817 [13.4] und DIN EN 30042 [13.6]. In Abhängigkeit von den Schweißnahtbewertungsgruppen und den Prüfklassen wird in Tabelle 13.9 eine Einteilung der Zulässigkeitsgrenzen nach DIN EN ISO 10675-1 [13.26] wiedergegeben.

Die Zulässigkeitsgrenzen in Abhängigkeit von den Fehlerarten (nach DIN EN ISO 6520 [13.8]) und den Bewertungsgruppen nach DIN EN ISO 5817 [13.4] sind in Tabelle 13.10 zusammengefasst. Etwas andere Zulässigkeitsgrenzen werden in DIN EN ISO 10893-6 [13.37] und -7 [13.38] festgelegt. Darin heißt es:

- Risse, unvollständige Durchschweißung und Bindefehler sind unzulässig.
- Einzelne kreisförmige Schlackeneinschlüsse und Gasblasen mit einem Durchmesser bis 3,0 mm oder T/3 (T = Nennwanddicke) sind zugelassen. Die Summe der Durch-

Tab. 13.9 Einteilung von Zulässigkeitsgrenzen nach DIN EN ISO 10675-1

Bewertungsgruppen in Übereinstimmung mit DIN EN 5817 und 30042	Prüfklassen in Übereinstimmung mit DIN EN ISO 17636-1	Zulässigkeitsgrenzen
B	B	1
C	B*	2
D	A	3

* Die maximale Fläche für eine Einzelaufnahme muss den Anforderungen der Prüfklasse A von DIN EN ISO 17636-1 [13.15] entsprechen.

messer aller derartiger zugelassener Einzelunvollkommenheiten auf jeweils 150 mm oder 12T Schweißnahtlänge darf 6,0 mm oder 0,5 T nicht überschreiten, wenn der Abstand der einzelnen Einschlüsse kleiner als 4 T ist (siehe auch Abb. 13.33).

- Einzelne langgestreckte Schlackeneinschlüsse mit einer Länge bis 12 mm oder bis 1,5 mm Breite sind zulässig. Die Summe der Durchmesser aller derartiger zugelassener Einzelunvollkommenheiten auf jeweils 150 mm oder 12T Schweißnahtlänge darf 12,0 mm nicht überschreiten, wenn der Abstand der einzelnen Unvollkommenheiten kleiner als 4 T ist (siehe auch Abb. 13.34).

- Einzelne Einbrandkerben beliebiger Länge mit einer Tiefe von höchstens 0,4 mm sind zulässig, solange die minimal zulässige Wanddicke nicht unterschritten wird. Einbrandkerben mit einer Länge von höchstens T/2 und einer Tiefe von 0,5 mm sind zulässig, wenn nicht mehr als zwei derartige Einbrandkerben auf jeweils 300 mm Schweißnahtlänge auftreten und alle Kerben ausgeschliffen werden.

- Einbrandkerben auf der Innen- und Außenlage der Schweißnaht, die sich in Längsrichtung überdecken, sind nicht zulässig.

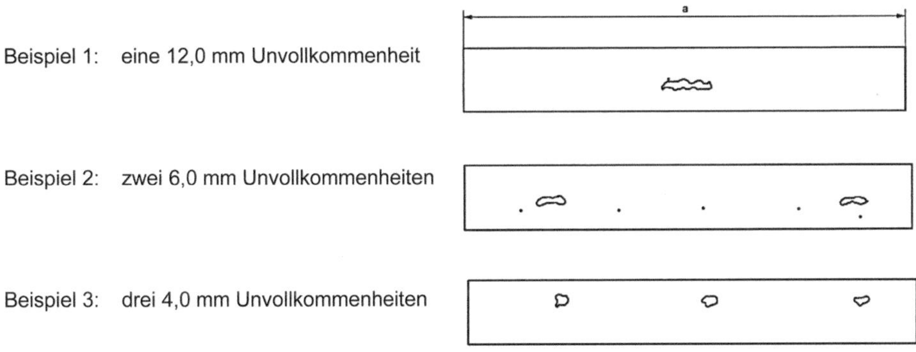

Beispiel 1:   eine 12,0 mm Unvollkommenheit

Beispiel 2:   zwei 6,0 mm Unvollkommenheiten

Beispiel 3:   drei 4,0 mm Unvollkommenheiten

Abb. 13.33 Beispiele für die größtzulässige Dichte von gestreckten Schlackeneinschlüssen für Nennwanddicken größer 12 mm [13.37]

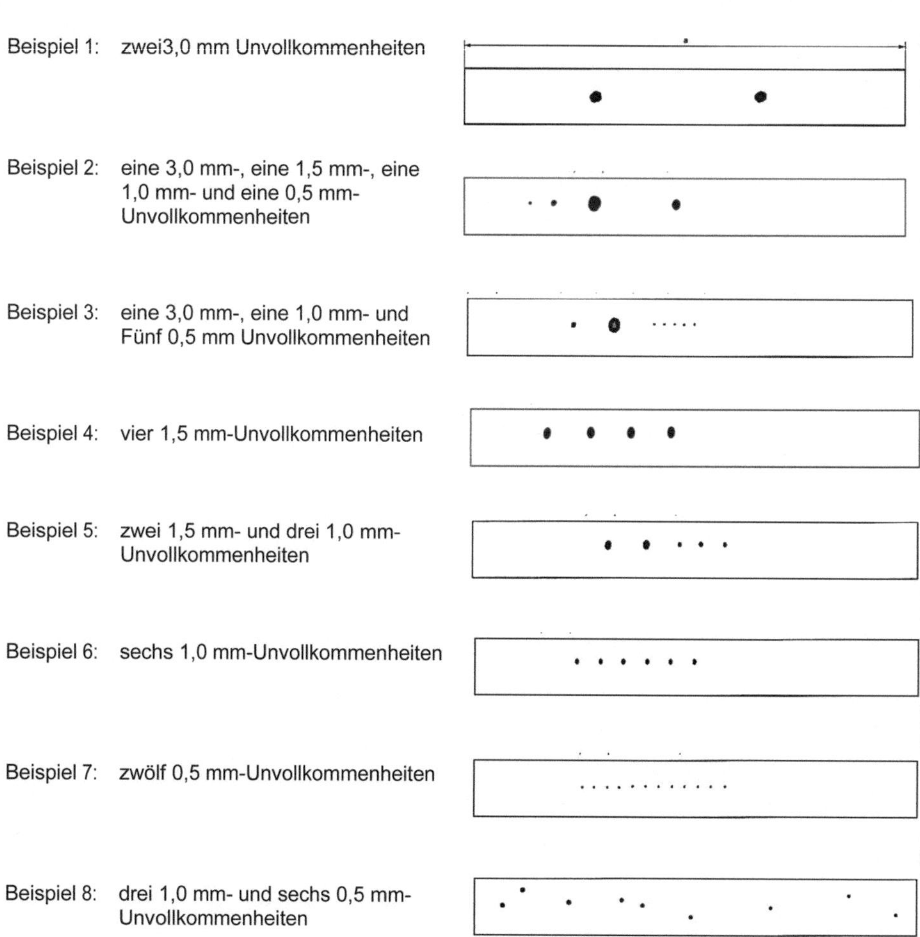

Abb. 13.34 Beispiele für die größtzulässige Dichte von Gasblaseneinschlüssen für Nennwanddicken größer 9 mm [13.37]

13.7.2   AD-Merkblatt HP 5/3

13.7.2.1   Anwendungsbereich, Prüfverfahren und Prüfumfang

Das Merkblatt regelt die ZfP an Schweißnähten von Druckbehältern. Die Festlegung des Prüfverfahrens und des Prüfumfangs regelt die Übersichtstafel 1 zu HP 0 im AD-Merkblatt HP 5/3 [13.27]. Zunächst ist die Werkstoffgruppe zu bestimmen. Dann müssen der gewünschte Prüfzeitpunkt und die rechnerische Nahtausnutzung bekannt sein. Mit diesen Daten lässt sich unter Kenntnis der Nahtform und der Nahtdicke der Prüfumfang bestimmen. Ein Beispiel dafür ist aus der Tabelle 13.11 zu entnehmen.

Tab. 13.11 Beispiel für die Festlegung des Prüfumfangs nach HP 5/3

Werkstoff:	13 Cr Mo 4 4
Nahtausnutzung	100 %
Prüfzeitpunkt	nach der letzten Wärmebehandlung
Nahtort	Rohrrundnaht
Wanddicke	25 mm

13.7.2.2 Prüftechnische Festlegungen

Die prüftechnischen Festlegungen befinden sich in der Anlage 1 des Merkblatts. Im Abschnitt 2 wird die Durchstrahlungsprüfung behandelt und grundsätzlich DIN EN 1435 [13.28] für die Prüftechnik zugrunde gelegt. Weil DIN EN 1435 durch DIN EN ISO 17636-1 ersetzt worden ist, muss wohl eine Überarbeitung des AD HP-5/3 erfolgen. Folgende Erleichterungen sind statthaft:

- bei Werkstoffgruppe 4a (z.B. 13 Cr Mo 4 4) bis 30 mm Wanddicke G 3 zulässig,
- bei Wanddicken über 60 mm ist G 3 generell zulässig, wenn Röntgenstrahlen bis 400 keV verwendet werden,
- Stutzen mit D_a < 120 mm oder s ≤ 15 mm sind nicht zu durchstrahlen. Werden die Bedingungen der DIN EN ISO 17636-1 nicht eingehalten, dann ist auf Ultraschall oder ein anderes Prüfverfahren auszuweichen.

13.7.2.3 Zulässigkeiten

Das Merkblatt enthält nur Beispiele für eine Beurteilung und betont die Verantwortung von Besteller, Hersteller und Sachverständigen. Insbesondere bei einschlussartigen Anzeigen wird angemerkt, dass systematische Fehler auf keinen Fall tolerierbar sind.

Unzulässige Anzeigentypen sind
- Risse,
- Flankenbindefehler,
- Schlauchporen senkr. zur Oberfläche (Ausnahme: E-Hand-Nähte s > 10 mm),
- Nicht durchgeschweißte Wurzeln in einseitig geschweißten Nähten.

Nahtbereiche mit diesen Fehlertypen sind grundsätzlich auszubessern. Lagenbindefehler in drei- oder mehrlagigen Schweißverbindungen und Wurzelfehler in beidseitig geschweißten Nähten sind wie Einschlüsse zu behandeln.

Tab. 13.10 Zulässigkeitsgrenzen in Abhängigkeit von den Fehlerarten nach DIN EN ISO 6520 und den Bewertungsgruppen nach DIN EN ISO 5817

Nr.	Arten von Unregelmäßigkeiten nach EN 26520 Bewertungsgruppe nach EN ISO 25817	Zulässigkeitsgrenze 3 [1] D	Zulässigkeitsgrenze 2 [1] C	Zulässigkeitsgrenze 1 [1] B
1	Risse (100)	Nicht zulässig	Nicht zulässig	Nicht zulässig
2	Endkraterriss (104)	Einer je 40 mm Schweißnaht	Nicht zulässig	Nicht zulässig
3	Porosität und Poren (2011, 2013, 2014, 2017)	$l \leq \min (0{,}5s;\ 5\ mm)$, $\sum l \leq s$ für $l = \min$ (12s; 150 mm),	$l \leq \min (0{,}4s;\ 4\ mm)$, $\sum l \leq s$ für $l = \min$ (12s; 150 mm),	$l \leq \min (0{,}3s;\ 3\ mm)$, $\sum l \leq s$ für $l = \min$ (12s; 150 mm),
4	Schlauchporen (2016)	$l \leq \min (0{,}5s;\ 4\ mm)$, $\sum l \leq s$ für $l = \min$ (12s; 150 mm),	$l \leq \min (0{,}4s;\ 3\ mm)$, $\sum l \leq s$ für $l = \min$ (12s; 150 mm),	$l \leq \min (0{,}3s;\ 2\ mm)$, $\sum l \leq s$ für $l = \min$ (12s; 150 mm),
5	Feste und metallische Einschlüsse (300), Gaskanal (2015)	$l \leq 2s$ und $\sum l \leq L/10$	$l < s$ und $\sum l \leq L/10$	$l \leq \max (0{,}3s;\ 6\ mm)$ und $l \leq 25\ mm$, $\sum l \leq s$ für $l = \min$ (12s; 150 mm),
6	Cu-Einschlüsse (3042)	Nicht zulässig	Nicht zulässig	Nicht zulässig
7	Bindefehler (401)	Zulässig, nur unterbrochen und nicht bis zur Oberfläche, $l \leq 25\ mm$ und $\sum l \leq 25\ mm$ für $L = \min$ (12s; 150 mm)	Nicht zulässig	Nicht zulässig
8	Ungenügende Durchschweißung (402)	$l \leq 25\ mm$ und $\sum l \leq 25\ mm$ für $L = \min$ (12s; 150 mm)	Zulässig, wenn nicht zur Oberfläche $l \leq 12\ mm$ und $\sum l \leq 15\ mm$ für $L = \min$ (12s; 150 mm)	Nicht zulässig
9 [2]	Einbrandkerbe (501)	Weicher Übergang verlangt, $h \leq 1{,}5\ mm$	Weicher Übergang verlangt, $h \leq 1{,}0\ mm$	Weicher Übergang verlangt, $h \leq 0{,}5\ mm$
10 [2]	Zu große Wurzelüberhöhung (504)	Groß, $h \leq \min [5\ mm;\ (1\ mm + 1{,}2b)]$	Ziemlich groß, $h \leq \min [4\ mm;\ (1\ mm + 0{,}6b)]$	Gut ausgeformt, weicher Übergang zum Grundwerkstoff, $h \leq \min [3\ mm;\ (1\ mm + 0{,}3b)]$
11 [2]	Örtlicher Vorsprung (5041)	Zulässig	Gelegentliche örtliche Überschreitung zulässig, der Übergang muss glatt sein	
12 [2]	Zündstelle, Schweißspritzer (601, 602)	Zulässigkeit von Zündstellen und Schweißspritzern hängt ab von der Art des Grundwerkstoffes, Zündstellen und Risswahrscheinlichkeit		

[1] Zulässigkeitsgrenzen 3 und 2 dürfen mit einem X versehen werden, das angibt, dass alle Anzeigen über 25 mm nicht annehmbar sind.

[2] Oberflächenunregelmäßigkeiten: Die Zulässigkeitsgrenzen sind diejenigen, die für die Sichtprüfung definiert sind. Diese Unregelmäßigkeiten werden üblicherweise angenommen oder abgelehnt für die Sichtprüfung.

Zulässige Anzeigentypen (Einschlüsse/Poren)

Für feste Einschlüsse, Porenketten, parallel zur Oberfläche verlaufende Schlauchporen sowie Wolfram-Einschlussketten bei mehrlagigen Schweißverbindungen erfolgt die Beurteilung der Längenausdehnung nach Tafel 4 des Merkblatts (siehe Tabelle 13.12).

Anmerkungen:

1) Bei zwei verschiedenen verschweißten Wanddicken ist die kleinere Wanddicke zugrunde zu legen. Außerdem gilt Abb. 13.35 für die äquivalenten Wanddickenmaße t oder a.

2) Die Tiefenlage kann mittels Ultraschall oder Stereoaufnahme ermittelt werden.

Die zulässige Anzeigenlänge ist von der Nennwanddicke abhängig. Mehrere hintereinander liegende Einschlüsse in mehrlagigen Schweißverbindungen, welche die Bedingungen der Tabelle 13.12 erfüllen, können belassen werden, wenn die Summe ihrer Längen auf einer Nahtlänge von 6 × t oder 6 × a kleiner als t oder a bleibt und wenn das fehlerfreie Schweißgut zwischen zwei benachbarten Fehlern eine Ausdehnung aufweist, die mindestens gleich der doppelten Länge des größeren der beiden Einschlüsse ist. Bei Nahtlängen unter 6 t oder a gilt diese Bedingung proportional. Die Fläche der auf dem Durchstrahlungsbild erkennbaren Poren darf, auf 150 mm Nahtlänge bezogen, nicht mehr als 1,5 t

Tab. 13.12 Anhaltswerte für zulässige Längen von Einschlüssen in mehrlagigen Schweißverbindungen bei der Beurteilung von Durchstrahlungsbildern nach HP 5/3 [13.27]

Nennwanddicke s (t,a) [1]	Fehlerlänge
≤ 10 mm	7 mm
> 10 mm bis ≤ 75 mm	2/3 t oder a
> 75 mm bis ≤150 mm	50 mm; 2/3 t oder a bei mehr als 10 mm Fehlerabstand von der endgültigen Oberfläche
> 150 mm	50 mm; 100 bei mehr als 10 mm Fehlerabstand von der endgültigen Oberfläche [2]

Abb. 13.35 Maße für die Wanddicke bei verschiedenen Schweißnahtformen

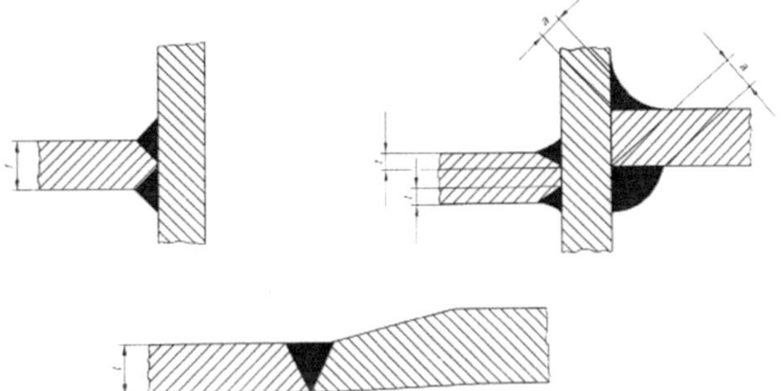

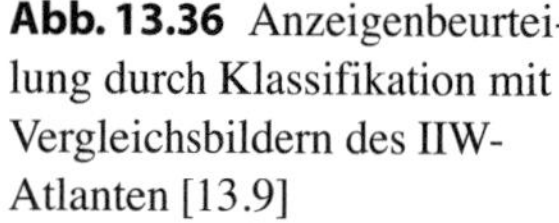

Abb. 13.36 Anzeigenbeurteilung durch Klassifikation mit Vergleichsbildern des IIW-Atlanten [13.9]

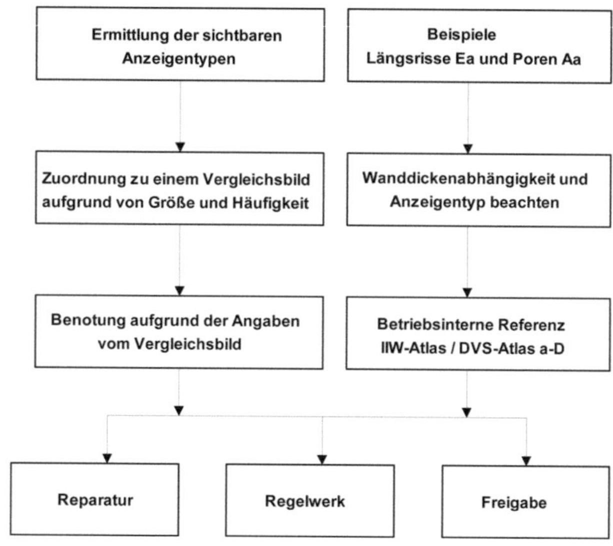

oder a, der maximale Porendurchmesser nicht mehr als 0.25 t oder a, jedoch höchstens 4 mm, betragen. Wolframeinschlüsse sollen bei Wanddicken bis 12 mm eine Länge von 3 mm, bei größeren Wanddicken den Wert von t/4 oder a/4 (max. 5 mm) nicht überschreiten. Örtliche Einschlusskonzentrationen sollten nur vereinzelt (max. 3 je m) auftreten. Bei einlagigen Schweißverbindungen dürfen vereinzelte Poren belassen werden, wenn deren Durchmesser 0.25 t oder a nicht überschreitet.

13.7.3 Vergleichsaufnahmen im Atlas des IIW

Das IIW ist das International Institute of Welding. Es gibt eine Reihe von Vergleichsaufnahmesätzen für Schweißnähte, die in den Regelwerken allgemeinverbindlich vorgeschrieben werden. Daneben existieren in der Serienfertigung betriebsinterne Vergleichsaufnahmen und betriebsinterne, oft auftragsbezogene Abnahmestandards. Die Vorgehensweise ist aus Abb. 13.36 zu entnehmen.

Die IIW-Vergleichsbilder sind nach Anzeigentypen geordnet [13.9]. Größe und Häufigkeit der Anzeigentypen spiegeln sich in einer fünfteiligen Bewertungsskala wieder. Den einzelnen Bewertungsstufen (Tabelle 13.13) sind Kennfarben zugeordnet: (1) schwarz, (2) blau, (3) grün, (4) braun und (5) rot. Dabei ist schwarz die höchste Güteanforderung und rot die schlechteste Nahtgüte.

Der IIW-Atlas ist geeignet, um Güteanforderungen für relativ geringe Beanspruchungen abzustufen; z. B. für den Stahlbau bei ruhender Belastung. Stahlbaunormen (z.B. DIN 4100) schreiben daher z.B. IIW – blau als Güteanforderung von Stahlbaunähten vor. Für

Tab. 13.13 Klassifizierungs-Farbskala des IIW-Atlas [13.9]

IIW-Kennfarbe	Anzeigenbeschreibung
schwarz	Der Durchstrahlungsfilm zeigt eine homogene Schweißnaht oder eine solche mit wenigen feinen und verteilten Poren.
blau	Der Durchstrahlungsfilm zeigt sehr geringe Abweichungen von der Homogenität in Form von einem oder mehreren der im Folgenden genannten Anzeigentypen: Poren, Schlackeneinschlüsse, Einbrandkerben.
grün	Der Durchstrahlungsfilm zeigt schwache Abweichungen von der Homogenität in Form von einem oder mehreren der im Folgenden genannten Anzeigentypen: Poren, Schlackeneinschlüsse, Einbrandkerben, unvollkommene Durchschweißung.
braun	Der Durchstrahlungsfilm zeigt ausgeprägte Abweichungen von der Homogenität in Form von einem oder mehreren der im Folgenden genannten Anzeigentypen: Poren, Schlackeneinschlüsse, Einbrandkerben, unvollkommene Durchschweißung, Bindefehler.
rot	Der Durchstrahlungsfilm zeigt sehr starke Abweichungen von der Homogenität in Form von einem oder mehreren der im Folgenden genannten Anzeigentypen: Poren, Schlackeneinschlüsse, Einbrandkerben, unvollkommene Durchschweißung, Bindefehler, Risse.

den Druckbehälterbau sind oft auch die Anforderungen von IIW – schwarz zu niedrig, weshalb hier andere Klassifizierungskriterien herangezogen werden müssen.

13.7.4 Vergleichsaufnahmen im DVS-Atlas

Der DVS-Atlas (Deutscher Verband für Schweißtechnik) beruht auf dem Klassifizierungsregelwerk DIN 8563-3 [13.29], das durch DIN EN ISO 5817 [13.4] abgelöst worden ist. Dieses Regelwerk stuft die Güteklassen in A, B, C und D für Stumpfnähte und in A, B und C für Kehlnähte ab. Für die Bestimmung der Nahtgüte ist ein äußerer Befund (visuelle Kontrolle) und ein innerer Befund (Durchstrahlungsprüfung) heranzuziehen, der sich jeweils aus verschiedenen Einzelmerkmalen ergibt. In DIN EN ISO 5817 [13.4] werden nur noch 3 Bewertungsgruppen für Unregelmäßigkeiten (Ungänzen) vorgegeben (Tabelle 13.14).

Für die verschiedenen Ungänzenarten sind in DIN EN ISO 5817 [13.4] die Zulässigkeiten als Grenzwerte in Abhängigkeit von der Bewertungsgruppe aufgeführt.

Für die Schweißnahtbeurteilung mit Vergleichsaufnahmen ergibt sich folgender Arbeitsablauf:

Tab. 13.14 Bewertungsgruppen für Ungänzen nach DIN EN ISO 5817

Gruppe / Symbol	Bewertungsgruppe
D	niedrig
C	mittel
B	hoch

- Ermittlung der Anzeigentypen,
- Klassifizierung nach DIN EN ISO 5817 [13.4]
- oder Vergleich mit IIW-Atlas,
- Bewertung im Regelwerk suchen,
- Vorgabe mit Befund vergleichen: Beurteilung.

Andere Regelwerke, wie z.B. SEP 1916 [13.30], DVGW [13.31] oder ASME-Code, Sec. III [13.32] gehen prinzipiell ähnlich vor.

Literatur

[13.1] Schiebold, Skript RT 3 LVQ-WP Werkstoffprüfung GmbH;

[13.2] https://www.google.de/#q=Schwei%C3%9Fn%C3%A4hte

[13.3] http://www.lehrerfreund.de/technik/1s/schweissnaehte-darstellen/3642

[13.4] DIN EN ISO 5817, Schweißen- Schmelzschweißverbindungen an Stahl, Nickel, Titan und deren Legierungen (ohne Strahlschweißen)- Bewertungsgruppen von Unregelmäßigkeiten, Okt. 2006;

[13.5] DIN EN ISO 17635, ZfP, Allgemeine Regeln für metallische Werkstoffe, Aug. 2010;

[13.6] DIN EN 30042, Empfehlungen zur Auswahl von Bewertungsgruppen Stumpfnähte und Kehlnähte an Aluminiumwerkstoffen, Mai 1995;

[13.7]

[13.8] DIN EN 6520-1, Schweißen und verwandte Prozesse- Einteilung von geometrischen Unregelmäßigkeiten an metallischen Werkstoffen, Schmelzschweißen, Nov. 2007;

[13.9] IIW-Referenz-Katalog, Durchstrahlungsfilmbilder- Referenzkarten für die Bewertung von Unregelmäßigkeiten in Schweißnähten nach ISO 5817

[13.10] Agfa-Gevaert NV. Industrielle Radiografie 1990;

[13.11] ASME-Code Sect. V 1989;

[13.12] DIN EN 1371, Gießereiwesen- Eindringprüfung Sand-, Schwerkraftkokillen- und Niederdruckkokillengussstücke, Febr. 2012;

[13.13] ASTM-E-433, Bezugsbilder für die Eindringprüfung 2013;

[13.14] DIN EN ISO 5579, ZfP, Durchstrahlungsprüfung von metallischen Werkstoffen mit Film und Röntgen- und Gammastrahlen, April 2014;

[13.15] DIN EN ISO 17636-1, ZfP von Schweißverbindungen – Durchstrahlungsprüfung, Röntgen- und Gammastrahlungstechniken mit Filmen, Mai 2013;

[13.16] DIN EN 12681, Gießereiwesen – Durchstrahlungsprüfung, Juni 2003;

[13.17] ASTM – SE-1079, Standard Practice for Calibration of Transmission Densitometers, 2010;

[13.18] DIN EN ISO 19232-1, ZfP- Bildgüte von Durchstrahlungsaufnahmen, Bildgüteprüfkörper, Ermittlung der Bildgütezahl mit Draht-Typ-BPK, Dez. 2013;

[13.19] DIN EN ISO 19232-2, ZfP- Bildgüte von Durchstrahlungsaufnahmen, Bildgüteprüfkörper, Ermittlung der Bildgütezahl mit Stufe/Loch-Typ-BPK, Dez. 2013;

[13.20] DIN EN ISO 19232-3, ZfP- Bildgüte von Durchstrahlungsaufnahmen, Bildgüteklassen, Febr. 2014;

[13.21] DIN EN ISO 19232-4, ZfP- Bildgüte von Durchstrahlungsaufnahmen, Experimentelle Ermittlung v. Bildgütezahlen u. Bildgütetabellen, Dez. 2013;

[13.22] DIN EN ISO 19232-5, ZfP- Bildgüte von Durchstrahlungsaufnahmen, Bestimmung der Bildunschärfezahl mit Doppel-Draht-Typ-BPK, Dez. 2013;

[13.23] DIN EN ISO 11699-1, ZfP – Industrielle Filme für die Durchstrahlungsprüfung, Klassifizierung von Filmsystemen für die industrielle Durchstrahlungsprüfung, Jan. 2012;

[13.24] ISO 5580, ZfP, Durchleuchtungsgeräte für die industrielle Radiographie; Mindestanforderungen, März 1985;

[13.25] DIN EN ISO 12517, Zerstörungsfreie Prüfung von Schweißverbindungen, Bewertung von Schweißverbindungen in Stahl, Nickel, Titan und ihren Legierungen mit Durchstrahlung-Zulässigkeitsgrenzen, Juni 2006;

[13.26] DIN EN ISO 10675-1, Zerstörungsfreie Prüfung von Schweißverbindungen-Zulässigkeitsgrenzen für die Durchstrahlprüfung Stahl, Nickel, Titan und deren Legierungen, Febr. 2013;

[13.27] HP-5/3, Herstellung und Prüfung der Verbindungen- Zerstörungsfreie Prüfung der Schweißverbindungen, Mai 2011;

[13.28] DIN EN 1435, ZfP von Schweißverbindungen, Durchstrahlungsprüfung von Schmelzschweißverbindungen, Sept. 2002;

[13.29] DIN 8563-3, Sicherung der Güte von Schweißarbeiten; Schmelzschweißverbindungen an Stahl (ausgenommen Strahlschweißen); Anforderungen, Bewertungsgruppen, Okt. 1985;

[13.30] SEP 1916, Zerstörungsfreie Prüfung, schmelzgeschweißter ferritischer Stahlrohre, Dez. 1989;

[13.31] DVGW-Regelwerk, Verzeichnis, Juli 2009;

[13.32] ASME-Code Sect. III 1989;

[13.33] DIN 8563, Sicherung der Güte von Schweißarbeiten; Schmelzschweißverbindungen an Stahl (ausgenommen Strahlschweißen); Anforderungen, Bewertungsgruppen, Okt. 1985;

[13.34] DIN 8524, Fehler an Schweißverbindungen aus metallischen Werkstoffen; Risse, Einteilung, Benennungen, Erklärungen, Aug. 1975;

[13.35] DIN 54111-1, Zerstörungsfreie Prüfung; Prüfung metallischer Werkstoffe mit Röntgen- und Gammastrahlen; Aufnahme von Durchstrahlungsbildern von Schmelzschweißverbindungen, Mai 1988;

[13.36] Sonenberg, Schumann, Wesseling, Bewertung von Scheinanzeigen bei der Durchstrahlungsprüfung austenitischer und Cr-Ni-Schweißverbindungen, DGZfP-Jahrestagung Lindau 1996;

[13.37] DIN EN ISO 10893-6, ZfP von Stahlrohren, Durchstrahlungsprüfung der Schweißnaht geschweißter Stahlrohre zum Nachweis von Unvollkommenheiten, Juli 2011;

[13.38] DIN EN ISO 10893-7, ZfP von Stahlrohren, Digitale Durchstrahlungsprüfung der Schweißnaht geschweißter Stahlrohre zum Nachweis von Unvollkommenheiten, Juli 2011;

Normen, Regelwerke, Verfahrensbeschreibungen, Prüfanweisungen

14.1 Normen und Regelwerke

Während Normen und Standards zumeist von nationalen oder internationalen Normen-ausschüssen erarbeitet werden und deshalb in den beteiligten Ländern verbindlichen Charakter besitzen, sind Regelwerke, wie z.B. HP 5/3 [14.1] und der ASME-Code [14.2] Vorschriften spezieller Anwendungen (Druckbehälter) oder Anwender (Kernkraftwerke). Grundsätzlich sind verfahrens- und objektbezogene Regelwerke zu unterscheiden. Verfahrensbezogene Regelwerke (Tabelle 14.1) beziehen sich auf die im Allgemeinen zu verwendende Prüftechnik eines bestimmten ZfP-Verfahrens und enthalten Angaben

- zum Anwendungsbereich,
- zur Definition der Verfahrensvarianten,
- zur möglichen Aufnahmeanordnung,
- zur Auswahl von Strahlenquellen,
- zur Auswahl von Film und Folien,
- zur Wahl des Film-Fokus-Abstandes,
- zur Bildgüteanforderung,
- zu den Schwärzungsanforderungen.
- zur Dokumentation.

Objektbezogene Regelwerke (Tabelle 14.2) treffen ausgehend von konstruktiven Vorgaben Aussagen über:

- zu verwendende Werkstoffe und zu erreichende Werkstoffkennwerte,
- zu verwendende Fertigungsverfahren und -techniken,
- Prüf- und Fertigungsfolge bzw. Umfang der Prüfung,

K. Schiebold, *Zerstörungsfreie Werkstoffprüfung – Durchstrahlungsprüfung,*
DOI 10.1007/978-3-662-44669-0_14, © Springer-Verlag Berlin Heidelberg 2015

- Zulässigkeit der Befunde für die einzelnen ZfP-Verfahren und in diesem Zusammenhang einschränkende Vorgaben bzgl. der in dem speziellen Fall anzuwendenden Prüfverfahren und -techniken, auf denen die Befunde beruhen.

In den objektbezogenen Regelwerken wird oft auf die verfahrensbezogenen prüftechnischen Regelwerke Bezug genommen, wie z.B. beim AD-Merkblatt HP 5/3 auf die DIN EN 1435 [14.3] oder im ASME-Code Sect. III [14.4] oder VIII [14.5] auf die Sect. V. DIN EN ISO 5817 [14.6] legt Bewertungsmaßstäbe fest, die zwischen Hersteller und Besteller zu vereinbaren sind.

Die Beurteilung eines ZfP-Befundes ist nur möglich, wenn Vorgaben hinsichtlich:

- der Konstruktion; d.h. Beanspruchung des Bauteils im Betrieb,
- der Fertigung; d.h. der verwendeten Techniken und
- der Werkstofftechnik; d.h. der Anfälligkeit (Rissempfindlichkeit)

vorliegen. Die Festlegung dieser Kriterien kann nur durch Zusammenarbeit verschiedener Fachleute erfolgen. Sie kann auftragsbezogen in einem objektbezogenen Regelwerk niedergelegt sein. Ohne die Hilfe der entsprechenden Fachleute kann der Stufe 2-Prüfer daher keine Befunde beurteilen. Diese Hilfe kann in einer bauteilbezogenen Beratung erfolgen, aufgrund der ein Stufe 3-Prüfer eine solche Festlegung trifft (Prüfspezifikationserstellung). Sie kann aber auch dadurch erfolgen, dass der Stufe 3-Prüfer nach Bestellung die Kriterien eines objektbezogenen Regelwerks für die Beurteilung des speziellen Bauteils

Tab. 14.1 Verfahrensbezogene Regelwerke Durchstrahlungsprüfung

Bezeichnung	Inhalt
DIN EN ISO 17636	Durchstrahlungsprüfung von Schweißnähten
DIN EN 12681	Durchstrahlungsprüfung von Gussteilen
DIN EN ISO 9712	Qualifikation und Zertifikation von Personal in der ZfP
DIN EN ISO 5579	Grundlagen für die Durchstrahlungsprüfung von metallischen Werkstoffen mit Röntgen- und Gammastrahlen
DIN EN ISO 19232	Bildgütebestimmung
DIN EN ISO 11699	Durchstrahlungsprüfung, Filmsystemklassen
DIN EN ISO 5580	Betrachtungsgeräte für die industrielle Radiographie
AD Merkblatt HP 5/3 u. Anlage	ZfP von Schweißverbindungen an Druckbehältern
ASTM E-94	Verfahrenstechnik Durchstrahlungsprüfung
ASTM E-142	Bildgütebestimmung

Tab. 14.2 Objektbezogene Regelwerke

Bezeichnung	Inhalt
DIN EN 12681	Gießereiwesen „Durchstrahlungsprüfung"
AD-Merkblatt HP 5/3	ZfP von Schweißverbindungen an Druckbehältern
DIN EN ISO 10675	ZfP von Schweißverbindungen-Zulässigkeitsgrenzen für die Durchstrahlungsprüfung von Stahl, Nickel, Titan und deren Legierungen
DIN EN 30042	Empfehlungen zur Auswahl von Bewertungsgruppen Stumpfnähte und Kehlnähte an Aluminiumwerkstoffen
ASME-Code, Sect. III	Druckbehälter für kerntechnische Anlagen
ASME-Code, Sect. VIII	Allgemeiner Druckbehälterbau
KTA 3201.3	Zerstörungsfreie Prüfungen
GW1	ZfP von Schweißverbindungen an Rohrleitungen
DIN EN ISO 5817	Lichtbogenschweißverbindungen an Stahl

vorgibt bzw. übernimmt. Regelwerke, Normen oder Standards sind nicht auf einen bestimmten Auftrag bezogen. Sie stellen allgemeine Standards der Fertigungs- und Prüftechnik dar, die die Fachleute als Stand von Wissenschaft und Technik definiert haben.

Kommt es zu einem Vertrag zwischen Besteller und Hersteller über die Fertigung eines Produkts, so werden in den Auftragsunterlagen bestimmte Qualitätsstandards festgeschrieben. Meist bezieht man sich dabei auf verschiedene Regelwerke. In vielen Fällen trifft man zusätzlich besondere Vereinbarungen. Bei der Qualitätsplanung eines Produktes fließt all dies in Vorgaben hinsichtlich Konstruktion, Fertigung und Werkstofftechnik eines Produktes ein. Diese Unterlagen stellen komponentenbezogene Spezifikationen dar.

Aus den Vorgaben der Spezifikation sind für die einzelnen Bauteile verschiedener Abmessungen Abnahmekriterien zu definieren. Diese Kriterien werden u. a. in ZfP-Prüfanweisungen zusammengefasst, in denen gemäß den Qualitätsvorgaben das Erreichen eines bestimmten Qualitätsstandards überprüft wird. Um diese Prüfung durchzuführen, sind exakte Festlegungen hinsichtlich Prüfumfang, -verfahren, -technik und Beurteilung des Befundes notwendig (Abb. 14.1).

14.2 Verfahrensbeschreibungen

Zerstörungsfreie Werkstoffprüfungen werden im Sinne der Qualitätssicherung sowohl als technologische als auch als Abnahmeprüfungen durchgeführt. Technologische Prüfungen haben in erster Linie die Überwachung von Erzeugnisgruppen oder -linien zum Ziel. Die durch die Prüfungen zusammengetragenen Informationen werden statistisch aufbereitet, in das Qualitätssicherungssystem eingebracht und helfen unmittelbar bei der Verbesserung

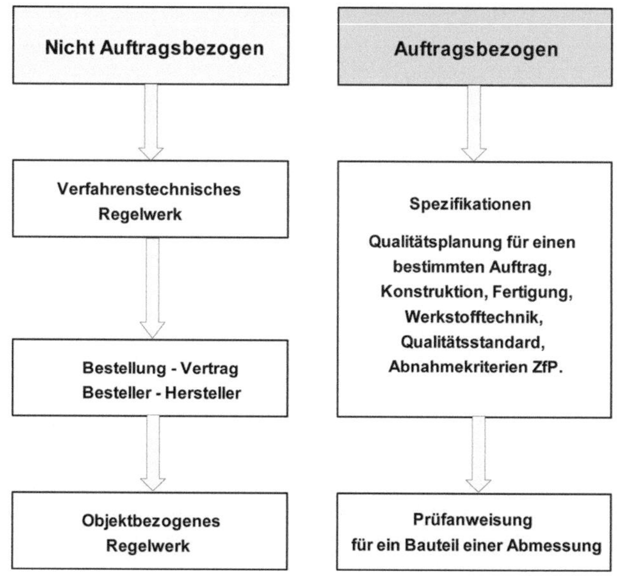

Abb. 14.1 Zur Unterscheidung Regelwerke – Spezifikation – Prüfanweisung

der Qualität der Produkte. Beispielsweise können mit Hilfe der Ergebnisse von zerstörungsfreien Prüfungen an Guss- oder Schmiedestücken die spezifischen Wärmebehandlungstechnologien optimiert werden. Schon durch das Erkennen bestimmter Fehler in den Erzeugnissen können Maßnahmen im eigenen Betrieb zur Abstellung dieser Fehler ergriffen und Reklamationen vermieden werden. Dagegen sind Abnahmeprüfungen direkt auf ein bestimmtes Werkstück bezogen und sollen den Nachweis für eine gute Qualität an diesem Werkstück erbringen.

Obwohl bei technologischen Prüfungen oft betriebliche Maßstäbe zur Vorbereitung, Durchführung und Auswertung der Prüfungen ausreichend sind, sollten die Prüfer generell nach diesbezüglichen schriftlichen Unterlagen tätig werden, weil die Prüfungen damit objektiver in ihrer Handhabung und unabhängiger vom Können des einzelnen Prüfers werden. Solche Arbeitsanweisungen sind in Form von Verfahrensbeschreibungen oder Prüfanweisungen für das jeweilige Prüfverfahren und Prüfsortiment (Industriesortiment) vorzugeben und zwar entweder vom Kunden oder von der Prüfaufsicht der eigenen oder einer anderen Firma. Verfahrensbeschreibungen sind dabei übergeordnet zu betrachten. Sie beziehen sich zumeist auf ein Erzeugnis und ein bestimmtes Regelwerk. Eine Verfahrensbeschreibung („written procedure") bedarf einer Revision. Verfahrensbeschreibungen sollten folgende Grobgliederung aufweisen:

1. Zweck und Geltungsbereich
2. Mitgeltende Vorschriften
3. Anforderungen an das Prüfpersonal
4. Zeitpunkt und Umfang der Prüfung

 5. Anforderungen an das Prüfsystem
 6. Durchführung der Prüfung
 7. Auswertung von Anzeigen
 8. Zulässigkeiten
 9. Reparaturmaßnahmen
10. Dokumentation

Bei eingehender Betrachtung vor allem der letzten Punkte fällt es schwer, die Verfahrensbeschreibung von der Prüfanweisung zu unterscheiden. Deshalb sollten die einzelnen Punkte in der Verfahrensbeschreibung mit den notwendigsten Verfahrenshinweisen ausgefüllt werden und zwar so allgemein wie möglich, ohne die von den Regelwerken vorgegebenen Vorschriften außer Acht zu lassen. Die nachstehende Vorlage zur Verfahrensbeschreibung soll dazu dienen, diese Gliederungspunkte vollständig zu erfassen.

Arbeitsschritt	Angaben zur Verfahrensbeschreibung
1. Titel	Durchstrahlungsprüfung von Schweißnähten nach DIN EN 1435
2. Geltungsbereich	Diese Verfahrensbeschreibung deckt die Anforderungen an die Durchführung von Durchstrahlungsprüfungen an Schweißnähten (Einzelbügel Zeichnung 5506-4540 Rev: E) nach DIN EN 1435 ab.
3. Mitgeltende Regelwerke, Normen	$\Rightarrow$ DIN EN 473 „Qualifizierung und Zertifizierung von Personal der zerstörungsfreien Prüfung", $\Rightarrow$ DIN EN 1435 „Durchstrahlungsprüfung v. Schmelzschweißverbindungen", $\Rightarrow$ DIN EN ISO 6520-1 „Einteilung von geometrischen Unregelmäßigkeiten an Metallen" $\Rightarrow$ DIN EN ISO 5817 „Bewertungsgruppen von Unregelmäßigkeiten an Schmelzschweißverbindungen" $\Rightarrow$ DIN EN 12517-1 „Bewertung v. Schweißverbindungen, Zulässigkeitsgrenzen" $\Rightarrow$ DIN EN 444 „Grundlagen für die Durchstrahlungsprüfung von metallischen Werkstoffen mit Röntgen- und Gammastrahlen", $\Rightarrow$ DIN EN 462 „Bildgüte von Durchstrahlungsaufnahmen" $\Rightarrow$ DIN EN 584 „Industrieelle Filme für die Durchstrahlungsprüfung", $\Rightarrow$ DIN EN 25580 „Betrachtungsgeräte für die industrielle Radiographie".
4. Anforderungen an das Prüfpersonal	Qualifikation und Zertifikat in Qualifikationsstufe 2 nach DIN EN 473 (2008)
5. Zeitpunkt und Umfang der Prüfung	Die Prüfung erfolgt nach der letzten Wärmebehandlung und beträgt im Bereich der Schweißnähte, incl. Wärmeeinflusszone 100% der geforderten Bereiche. Der mit einer Aufnahme zu erfassende Prüfbereich soll so begrenzt werden, dass die geforderte Filmschwärzung im auszuwertenden Bereich eingehalten wird.

Arbeitsschritt	**Angaben zur Verfahrensbeschreibung**
6. Anforderungen an die Prüftechnik und -flächen 6.1 Prüftechnik S Strahlenquelle F Bildschicht (Film) b Abstand zwischen dem filmfernsten Punkt des Prüfbereiches und dem Film t Wanddicke f Abstand Strahlenquelle und Werkstück	Die Durchstrahlungsprüfung ist aufgrund der unterschiedlichen Wanddicken und dem Materialgefüge mit Iridium 192 durchzuführen, wobei die Prüfung nach Prüfklasse A erfolgt. Die Aufnahmeanordnung muss mit Bild 6.1 übereinstimmen. Die Bildgüte ist in Übereinstimmung mit DIN EN 1435, Anhang B, Prüfklasse A nachzuweisen. Bild 6.1 Aufnahmeanordnung für ebene Nähte und einwandige Durchstrahlung Die Schwärzungsmessgeräte (Densitometer) sind vor Gebrauch mit Hilfe eines Stufenkeilfilmes zu überprüfen, indem an drei Stufen die Schwärzungsmesswerte (zumeist 0,3 / 3,0 / 3,9) mit den Angaben auf dem Film vergleichen werden. Die Messwerte müssen in der Toleranz von ± 0,1 bleiben. Ist das nicht der Fall, so muss das Densitometer solange nachkalibriert werden, bis die Toleranzwerte eingehalten werden. Nach der Durchführung der Prüfung und Entwicklung der Filme, muss die Filmauswertung in einem abgedunkelten Raum stattfinden. Die Adaptionszeit ist dabei in jedem Falle einzuhalten, um kleinere Details nicht zu übersehen. Die Betrachtungsgeräte müssen den Mindestanforderungen aus der DIN EN 25580 entsprechen. Die Filme dürfen keine Mängel aufweisen, die die Bewertung stören.
6.2 Prüfflächen	Die Filmlagepläne sind Bild 6.2 zu entnehmen. Im Allgemeinen ist eine Oberflächenvorbehandlung nicht notwendig, wenn jedoch Unebenheiten der Oberfläche Schwierigkeiten bei der Feststellung von Fehlern verursachen, ist die Oberfläche mittels Schleifen zu glätten.

Arbeitsschritt	Angaben zur Verfahrensbeschreibung

Angaben zum Prüfgegenstand:

Prüfgegenstand: Einzelbügel	Prüfvorschriften: siehe Prüfanweisung Prüfklasse: A Bildgüteklasse: A
Werkstoff: S 355 J2 H+V	Abmessungen: siehe Zeichnung
Schweißverfahren: Nahtform: 141;WIG HV	Prüfumfang: 100% gefordert SN+WEZ

Prüftechnische Angaben:

		EB…..N1		EB…..N2A		EB…..N2B	
Aufnahmekennzeichnung		EB…..N1		EB…..N2A		EB…..N2B	
Art der Strahlenquelle		Ir 192		Ir 192		Ir 192	
Brennfleckgröße d [mm]		Präparatabhängig		Präparatabhängig		Präparatabhängig	
Aufnahmeanordnung nach Bild		1		1		1	
Einstrahlwinkel		0°		0°		0°	
Grenzenergie E_G [keV]		---------------------		----------------------		---------------------------	
Filmklasse/Filmtyp/Verpackung		C4/D5/V		C4/D5/V		C4/D5/V	
Folien: Art / Dicke [mm]		Pb 0,027 VF/HF		Pb 0,027 VF/HF		Pb 0,027 VF/HF	
f_{min} [mm]	FFA [mm]	104	400	163,5	400	229	400
U [kV]	I [mA]	----------	----------	----------	----------	----------	----------
A [GBq]		Tages- und Geräte abhängig		Tages- und Geräte abhängig		Tages- und Geräte abhängig	
Dicke w [mm]	B.-Gr.B [mAmin]	15	---------	30	---------	50	---------
	Aufnahmeanzahl N	1		1		1	
BPK	Lage des BPK	10FE EN	FN	6FE EN	FN	6FE EN	FN

Auswertbarer Bereich L gefordert [X] erreicht [ ]	Gesamte SN + WEZ	Gesamte SN + WEZ	Gesamte SN + WEZ
Schwärzung D gefordert [X] erreicht [ ]	min. 2,0	min. 2,0	min. 2,0
BZ gefordert [X] erreicht [ ]	12	10	8

Arbeitsschritt	Angaben zur Verfahrensbeschreibung
7. Durchführung der Prüfung	Die Filme sind so zu kennzeichnen, dass sie später dem entsprechenden Bauteil und der Schweißnaht zugeordnet werden können. Der Bildgüteprüfkörper ist so auszuwählen, dass die geforderte Bildgüte auch nachgewiesen werden kann. Außerdem ist seine Lage auf dem Film zu kennzeichnen. Der Strahler ist so auszurichten, dass der Zentralstrahl das Zentrum des Prüfbereichs trifft und sollte senkrecht zur Oberfläche des Prüfgegenstandes stehen. Streustrahlung und Randüberstrahlungen sind durch entsprechende Bleiabdeckungen zu vermeiden.
8. Anzeigenbewertung	Die Einordnung und Beschreibung der Schweißnahtfehler ist DIN EN ISO 6520-1 zu entnehmen. Die Bewertung der Anzeigen erfolgt nach DIN EN ISO 5817, Bewertungsgruppe B
9. Zulässigkeitsgrenzen	Die Bewertung der eventuell vorhandenen Ungänzen ist in Verbindung mit DIN EN 12517-1, Zulässigkeitsgrenze 1 vorzunehmen
10. Maßnahmen bei Abweichungen	Werden bei der Prüfung Fehler festgestellt, die ausgebessert werden müssen, so ist der fehlerhafte Prüfbereich anschließend wieder einer Durchstrahlungsprüfung zu unterziehen.
11. Protokollierung, Dokumentation	Die Dokumentation erfolgt auf dem Prüfbericht. Fehler sind mit dem Film zu dokumentieren.
12. Freigabe des Dokumentes	Titel, Vorname, Name: Ort: Datum: Freigabe erteilt: Ja ☐ Nein ☐ Unterschrift:
13. Anlagen	Filmlagepläne (Bild 6.2)

Abb. 6.2 Filmlagepläne

14.3   Prüfanweisungen, Spezifikationen

Prüfanweisungen werden als konkrete, auf ein bestimmtes Werkstück oder Erzeugnis bezogene Arbeitsanweisungen von der jeweiligen Verfahrensbeschreibung abgeleitet. Sie sind vom Stufe 2/Level II-Prüfer aufzustellen und von der Prüfaufsicht (Stufe 3/Level III) zu bestätigen. Mit dem unterschriebenen Dokument wird der Stufe 1/Level I-Prüfer in die Lage versetzt, ohne eigene Entscheidungen zur Auswahl der Prüftechnik, zur Festlegung des Prüfumfanges und vor allem zur Entscheidungsfindung über die Verwendbarkeit des Erzeugnisses, die Prüfung reproduzierbar durchzuführen und die Ergebnisse in vorgegebenen Prüfberichten zu protokollieren.

Eine Prüfanweisung soll den Teilnehmer einer Ausbildungsmaßnahme befähigen, definierte Prüfungsfragen durch gründliches Durcharbeiten zu beantworten. In der Übung derartiger Testunterlagen wird auch eine gewisse Prüfungsvorbereitung gewährleistet und der Teilnehmer in die Lage versetzt, selbst solche Prüfanweisungen zu erarbeiten.

Eine Prüfanweisung sollte über den Titel hinaus eine ähnliche Gliederung wie eine Verfahrensbeschreibung aufweisen und folgende konkreten Arbeitsschritte enthalten:

1. Zweck und Geltungsbereich

Festlegung des Prüfverfahrens (z.B. Durchstrahlungsprüfung mit Gammastrahlen) und der Prüfstücke mit Angaben zum Objekt, (z.B. Kunde, Kommissionsnummer, Gegenstand (z.B. Armaturengehäuse), Stückzahl, Modell-Nr., Zeichnungsnummer, Abmessungen, Kundennummer, Werkstoff).

2. Vorschriften, Regelwerke, Normen

Angabe der Vorschriften, der Regelwerke oder der Normen, die für die Prüfung des Prüfstückes zutreffend sind. Es sind sowohl verfahrenstechnische als auch objektbezogene Regelwerke zu berücksichtigen.

3. Personalqualifikation

Es ist anzugeben, wie das Prüfpersonal qualifiziert und zertifiziert sein muss, das Durchstrahlungsprüfungen nach der vorliegenden Prüfanweisung durchführen darf, wie z.B. nach SNT-TC-1A oder nach DIN EN ISO 9712 (DIN EN 473).

4. Zeitpunkt und Umfang der Prüfung

Der Prüfzeitpunkt ergibt sich aus dem Fertigungsablauf und den daran orientierten Qualitätsanforderungen. Beim Prüfumfang ist der prozentuale Anteil der zu prüfenden Fläche am Prüfstück zu vergleichen mit dem gesamten Bauteil. Ferner sind die zu prüfenden Bereiche exakt zu definieren, z.B. Schweißnaht, an die Nahtoberfläche angrenzender Bereich und Bereiche des Grundmaterials. Der Prüfumfang muss für jede Prüfung im gesamten Fertigungsprozess beschrieben werden, z.B. Gussstücke nach dem Kiesstrahlen und der mechanischen Bearbeitung oder Schweißverbindungen nach der letzten Wärmebehandlung. Das geschieht vielfach in sog. Arbeitsstammkarten.

5. Anforderungen an die Prüftechnik und -fläche

Hierbei ist auf jeden Fall anzugeben, wie die zu prüfenden Flächen vorbereitet werden müssen und welche Reinigungsmethoden angewandt werden dürfen. Beispielsweise sind Schmutz, Staub und Fett sowie Oxidschichten, Schweißspritzer, Schlacke, Flussmittel oder gegebenenfalls auch Farbüberzüge zu entfernen, bevor die Prüfung beginnen und damit man Filme, Bleizahlen oder –buchstaben auch sicher anlegen kann.

Strahlenquelle, Filme, Folien, Strom, Spannung, Aktivität, FFA, Belichtungszeit, Kennzeichnung für Streustrahlung, Auftrag, Datum und Prüfer sind anzugeben, um die Randbedingungen der Prüfung eindeutig zu gestalten.

Angaben zu den Betrachtungsbedingungen und –geräten sind erforderlich.

6. Durchführung der Prüfung

Das vorgegebenen Regelwerk ist zu benennen und die Durchführung zu beschreiben.

7. Auswertung von Anzeigen

Die relevanten, erheblichen oder protokollpflichtigen Anzeigen sind bezüglich ihrer Abmessungen und ihres Types (länglich, linear, lamellar oder rundlich) zu beschreiben. Der Einsatz von Vergleichsfehlerkatalogen und deren Handhabung sind festzulegen.

8. Zulässigkeiten

Unterschiedliche Zulässigkeiten für verschiedene Fertigungsabschnitte, wie z.B. für Schweißnahtkategorien, Schweißphasen oder fertige Schweißverbindungen, sind in Abhängigkeit von den Abmessungen des Prüfstückes für die auszuwertenden Ungänzentypen festzulegen.

9. Reparaturmaßnahmen

Unzulässige Anzeigen bzw. die Bereiche am Prüfstück, die durch Reparaturschweißen beseitigt werden dürfen, sind zu kennzeichnen und zu protokollieren und nach dem Reparieren nochmals einer Durchstrahlungsprüfung zu unterziehen.

10. Dokumentation

Die Dokumentation umfasst sowohl die Protokollierung registrierpflichtiger Anzeigen vor und nach der Reparatur, als auch erforderlichenfalls die Fixierung solcher Anzeigen am Werkstück selbst. Ein geeignetes Prüfprotokoll muss Angaben zum Prüfobjekt, zur Prüftechnik und zum Prüfergebnis enthalten. Evtl. sind auch eine Skizze und eine Reparaturanweisung zu erstellen.

Der komplette Ablauf einer Durchstrahlungsprüfung von Schweißverbindungen wird anhand der Prüfanweisung „Durchstrahlungsprüfung von Rohrrundnähten nach DIN EN 1435" nachstehend beispielhaft wiedergegeben.

<table>
<tr><td colspan="2" align="center">Durchstrahlungsprüfung
Prüfanweisung PA-w-1 RT2</td></tr>
</table>

Prüfaufgabe	Prüftechnik
Normen / Regelwerke: DIN EN 1435 DIN EN 444, DIN EN 462, DIN EN 584, DIN EN 25580	Aufnahmekennzeichnung: Datum der Aufnahme, Nr.: RR 1 ff., Nullpunkt, Überlappungs- markierungen, Buchstabe B für die Streustrahlung
Personalqualifikation: Stufe 2 nach DIN EN 473	Art der Strahlenquelle: Yxlon Smart 200 ☒ Röntgenröhre ☐ Isotop Art:
Erzeugnisform: Schweißnaht	Grenzenergie E_G: ☒ zulässig: 160 keV (+50keV)
Werkstoff: St 38	☒ Röhrenspannung: 160 kV Röhrenstrom: bis 4,5 mA
Wärmebehandlung: keine	Brennfleckgröße: ☒ d = 3,0 mm ☐
Prüfgegenstand: Rohrrundnaht T3236R bis T3243R und T3260R bis T3265R	Aufnahmeanordnung nach Bild 11 in DIN EN 1435 (Ellipsenaufnahme siehe S. 2)
Hauptabmessungen: siehe S. 2 Zu durchstrahlende Wanddicke: w < 8,8 mm (w = 2 x t)	Einstrahlwinkel: $15 \leq \zeta \leq 30°$
Oberflächenzustand: Kiesgestrahlt	Filmklasse / Filmtyp / Verpackung: 100 kV ≤ U ≤ 150 kV 150 kV < U ≤ 250 kV C 3 / D 4 Vacupac C 4 / D 5 Vacupac
Prüfumfang / Prüfabschnitt: 100% der Schweißnaht und WEZ	Folien: Art / Dicke 0,027 Pb VF und HF
Prüfzeitpunkt: Nach dem Schweißen	Bildgüteklasse: B
Schweißverfahren / Nahtform: Schmelzschweißung / V-Naht	Bildgüteprüfkörper: ☒ W 13 FE ☒ Lage filmfern (FF)
Prüfklasse: B	☒ f_{min}: 15 x d x b$^{2/3}$ mm; b = Ø$_A$ ☒ FFA: 500 bis 900 mm

Beurteilung des Prüfbefundes		Berechnung der Belichtung

	Gefordert	Belichtungsgröße B:
Schwärzung D: nach Norm : gewählt	2,3 2,8	☐
Bildgütezahl:	W 17 / W14	☒ B = mA min aus Belichtungsdiagramm für Yxlon Smart 200 kV
Auswertbarer Bereich L = $\sqrt{2} \times D_A$		

Belichtungszeit:

☒

$$t_B = \frac{B}{I} \times \left[\frac{FFA_n}{FFA_a}\right]^2 \times \frac{D_n}{D_a} \times \frac{RBF_n}{RBF_a}$$

$$t_B = \text{------} \times \left[\text{------}\right]^2 \times \text{------} \times \text{------}$$

$$t_B = \text{min.}$$

☐

$$t_B = \frac{B}{I} \times \left[\frac{FFA_n}{FFA_a}\right]^2 \times \frac{D_n}{D_a} \times \frac{RBF_n}{RBF_a}$$

$$t_B = \text{------} \times \left[\text{------}\right]^2 \times \text{------} \times \text{------}$$

$$t_B = \text{min.}$$

PA-w-1 RT2.Doc

Durchstrahlungsprüfung
Prüfanweisung PA-w-1 RT2

Prüfdokumentation

Skizze des Prüfgegenstandes:

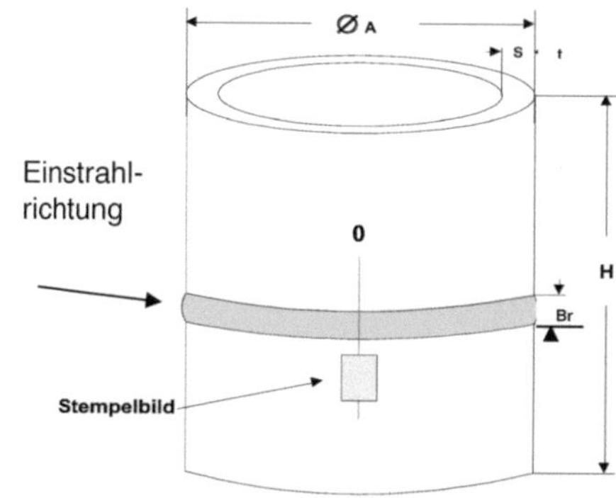

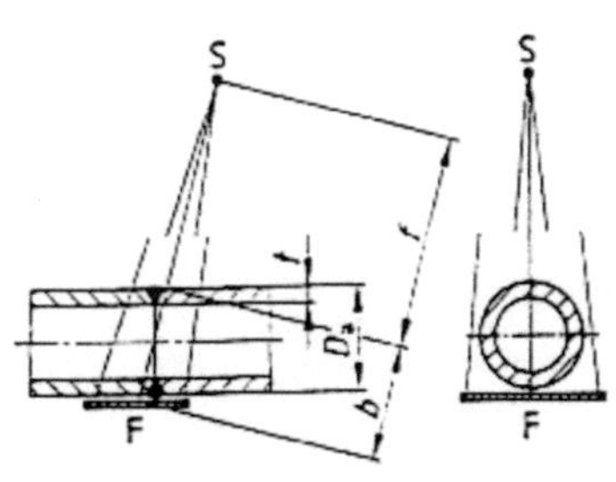

Aufnahmeanordnung 11 für doppelwandige Durchstrahlung (Doppelbild) gekrümmter Prüfgegenstände zur Auswertung beider Wände (Ellipsenaufnahme – Strahlenquelle und Film außerhalb des Prüfgegenstandes)

Übungsstück Nr.	Höhe H mm	$\varnothing_A$ mm	Br mm	$N_Ü$ mm	t mm
T236R	400	25	4,0	0	2
T237R	400	25	4,0	0	2
T238R	400	48	10,0	2	4,4
T239R	400	48	10,0	2	4,4
T240R	285	51	6,0	1	2,7
T241R	285	51	6,0	1	2,7
T242R	300	77	12,0	2	3,6
T243R	300	77	11,0	2	3,6
T260R	300	76	11,0	2	3,5
T261R	300	76	11,0	2	3,5
T262R	300	76,5	9,0	1,5	3,5
T263R	300	76,5	10,0	1,5	3,5
T264R	300	76	11,0	2	3,5
T265R	300	76	10,0	1,5	3,5

Literatur

[14.1] HP 5/3, Herstellung und Prüfung der Verbindungen- Zerstörungsfreie Prüfung der Schweiß-verbindungen, Mai 2011;
[14.2] ASME-Code, Sect. V 1989;
[14.3] DIN EN 1435, ZfP von Schweißverbindungen, Durchstrahlungsprüfung von Schmelz-schweißverbindungen, Sept. 2002;
[14.4] ASME-Code Sect. III 1989;
[14.5] ASME-Code Sect. VIII 1989;
[14.6] DIN EN ISO 5817, Schweißen- Schmelzschweißverbindungen an Stahl, Nickel, Titan und deren Legierungen (ohne Strahlschweißen)- Bewertungsgruppen von Unregelmäßigkeiten, Okt. 2006;

K. Schiebold, *Zerstörungsfreie Werkstoffprüfung – Durchstrahlungsprüfung,*
DOI 10.1007/978-3-662-44669-0, © Springer-Verlag Berlin Heidelberg 2015